不同类型干旱的时空变异性研究

李毅 姚宁 冯浩 陈俊清 蔡焕杰 著

U0262882

科学出版社

北京

内 容 简 介

本书系统介绍降水量偏差校正和参考作物腾发量估算方法对我国不同地区多站点干旱评估的影响。基于小波分析、经验模态分解、经验正交函数分解和多重分形等方法研究了气象、水文和农业等不同类型干旱(以干旱指数反映)的时空变异规律，结合谷歌地球引擎和遥感大数据进行干旱监测，探讨干旱的发生机制，并结合耦合模式比较项目第 5 阶段的多种气候模式，预测未来不同时期和不同气候情景下标准化降水蒸散指数的演变趋势。

本书可供水利工程、农业工程、农业水文和农业气象等领域研究人员参考，也可作为水利工程等专业高校师生的参考用书。

审图号：GS(2021)4696 号

图书在版编目(CIP)数据

不同类型干旱的时空变异性研究/李毅等著. —北京：科学出版社，2021.11

ISBN 978-7-03-070222-7

Ⅰ．①不… Ⅱ．①李… Ⅲ．①干旱—研究—中国 Ⅳ．①P426.615

中国版本图书馆 CIP 数据核字（2021）第 217608 号

责任编辑：祝 洁 罗 瑶 / 责任校对：杨 赛
责任印制：张 伟 / 封面设计：迷底书装

科 学 出 版 社 出版

北京东黄城根北街 16 号
邮政编码：100717
http://www.sciencep.com

北京中石油彩色印刷有限责任公司 印刷
科学出版社发行 各地新华书店经销

*

2021 年 11 月第 一 版 开本：720×1000 1/16
2021 年 11 月第一次印刷 印张：13 3/4 插页：4
字数：285 000

定价：135.00 元
（如有印装质量问题，我社负责调换）

前　　言

在全球变暖和经济高速发展的影响下，随着社会的进步和人口的增长，水资源短缺问题日益严重，干旱频发已经成为严重的环境问题。干旱是最复杂、破坏性最强的自然灾害之一，其发生频率高，影响范围广，每年在全球范围内造成的直接或间接经济损失达数百亿美元。干旱会对农业、经济、社会生活等方方面面造成影响。目前，我国在干旱研究中还有很多问题没有解决，如不同区域、不同类型干旱严重程度的时空变异性，未来不同气候情景下的干旱变量及预测和干旱发生机制等，需要结合大数据和多种时空分析软件进行深入与系统的分析，以便为我国气候变化背景下的防灾减灾及水资源优化管理提供依据。

本书首先论述干旱严重程度的时空变异性及干旱发生机制方面的国内外研究现状，介绍和干旱指数有关水文要素的时空变化规律。其次，分别基于收集的气象站和格点数据，估算不同时间尺度、不同气候区、不同站点和格点的多种干旱指数，分析降水量偏差校正和参考作物腾发量的不同估算方法对干旱评估的影响。再次，采用小波分析、经验模态分解、经验正交函数分解和多重分形等方法对不同类型干旱(以多种干旱指数进行量化)的时空变化规律进行研究，深入探讨我国干旱严重程度的变化规律。最后，结合谷歌地球引擎和遥感大数据进行不同类型干旱的时空变化监测，探讨了干旱的发生机制，并结合耦合模式比较项目第5阶段的多种气候模式，预测未来不同时期和不同气候情景下的干旱演变趋势。

本书相关研究工作得到了国家自然科学基金新疆联合基金项目(U1203182)、国家自然科学基金面上项目(52079114)和西北农林科技大学"农业高效用水与区域水安全"学科群PI团队的资助。团队成员赵会超、吴梦杰也参与了本书的撰写和修改工作。本书分为7章，其中各章内容及团队分工如下。

第1章：绪论。主要撰写人是李毅、冯浩、姚宁、赵会超、吴梦杰、陈俊清和蔡焕杰。

第2章：干旱相关水文要素及土壤参数的变化规律。主要撰写人是姚宁、赵会超、李毅、冯浩和蔡焕杰。

第3章：干旱严重程度的影响因素。主要撰写人是姚宁、李毅和冯浩。

第4章：基于多指标干旱严重程度的时空变异性研究。主要撰写人是姚宁、赵会超、冯浩、吴梦杰、李毅、陈俊清和蔡焕杰。

第5章：基于GEE和遥感大数据的干旱监测。主要撰写人是赵会超、李毅、陈俊清和蔡焕杰。

　　第6章：干旱的发生机制及未来预测。主要撰写人是姚宁、吴梦杰、李毅和冯浩。

　　第7章：结论及建议。主要撰写人是李毅和冯浩。

　　全书由李毅和姚宁负责统稿。诚挚感谢团队成员的共同努力！

　　在近十年的研究工作中得到了诸多同行专家的支持，在此一并表示诚挚的谢意！希望通过本书及其他方式与从事干旱相关问题研究的科研团队及读者进行交流。

　　由于时间和精力有限，本书疏漏与不足之处在所难免，敬请读者批评指正。

目 录

第1章 绪 论

1.1 研究目的及意义

全球近百年的增温速率为(0.74±0.18)℃/(100a)，且在未来仍有增加趋势(赵宗慈等，2020)。我国近百年的增温速率与全球保持一致，而近50年的增温速率高出全球近一倍。气候变暖向世界各国和不同地区的灾害应对提出了严峻挑战。

干旱是水分的收支或者供求不平衡造成的水分短缺现象，是复杂、破坏性很强的自然灾害之一(徐向阳，2006)。干旱从古至今都是人类面临的主要自然灾害之一，即使在科技发达的今天，仍然可能造成灾难性后果。干旱的发生频率高，影响范围广，每年造成的直接或间接经济损失巨大(Dai，2013，2011a，2011b；Wilhite，2000)。干旱的发生会对粮食安全、经济发展和社会稳定等方面造成恶劣影响(Mishra et al.，2010；Sen，1998)。干旱不仅发生在干旱半干旱地区，还发生在湿润地区(Chen et al.，2015)。全球变暖伴随人口的快速增长导致水资源危机，干旱频发已经成为全球严重的环境问题之一(Wilhite，2000)，从而成为被广泛关注的科学问题之一(Guo et al.，2018；Wang et al.，2014b)。

干旱是多种成因机制或驱动因素共同引起的，其发生机理和发展过程十分复杂，是最具灾难性的自然灾害之一(Schubert et al.，2016；Chen et al.，2015；Mishra et al.，2010)。干旱，尤其是极端干旱的发生，直接威胁到国家粮食安全和社会经济稳定。近几十年来，全世界不同地区已经发生了多起严重干旱事件，如2010～2011年东非干旱(Dutra et al.，2013)、2011年美国得克萨斯州干旱(Nielsen-Gammon，2012)、2012年美国中部大平原干旱(Hoerling et al.，2014)和2011～2014年美国加州干旱事件(Seager et al.，2015)等，给农业、社会和生态系统造成了巨大损失，也对农作物生产和供水造成了严重威胁。

我国位于亚洲东部、太平洋西岸，幅员辽阔，纬度跨度较广，地势西高东低，呈三级阶梯形分布，陆地距海洋距离差距较大，因此气温、降水组合多种多样，形成了多样性气候。在全球变暖的背景下，我国陆地地表近100年平均增温为0.5～0.8℃(《气候变化国家评估报告》编写委员会，2007)。我国自然灾害频发，其中气象灾害造成的经济损失占比很大(约70%)，干旱灾害造成的经济损失又占气象灾害的 50%以上(王劲松等，2012)。气温升高将引起干旱事件增加。20 世纪 90 年代，全国受旱面积达 2733 万 hm^2，造成粮食生产的重大损失(损失产量达总产量的 4.7%)(李洁等，2005)。旱灾不仅在我国北方干旱区多发，而且在南方的湿润和半湿润区域频发(Yan et al.，2010)。根据丁一汇(2008)的研究，在我国不同区域，干旱几乎每年都会发生。尤其在 1961 年、1965 年、1972 年、1978 年、1986 年、1988 年、1992 年、1994 年、1997 年、1999 年和 2000 年，发生了全国性的严重干旱。2006 年，重庆发生了严重的高温干旱。四川和湖南在 2004 年和 2007 年分别遭遇了 2 次严重干旱，导致水资源亏缺严重，从而引发了若干问题(如都江堰水库管理问题、湖南湘江水位下降到历史最低等)。2009～2010 年的西南干旱百年一遇，旱情波及云南、贵州、广西、四川、重庆等省(市)，对这些地区甚至全国的经济发展和生态环境造成了严重的影响。2011 年春季，长江中下游地区发生了 1954 年以来最为严重的旱情，给当地农业和水产业造成了严重损失。2011～2012 年，云南出现有史以来最为严重的伏旱和春旱，干旱持续三年，灾情波及了云南大部分地区，造成了严重损失。2014 年，全国 26 个省(市、区)发生了干旱灾害，造成了巨大的经济损失(占当年国内生产总值的 0.14%)。此外，在北部地区持续干旱的情况下，我国南部湿润地区的干旱事件也在增多，如长江中下游地区 2011 年发生的春夏连旱事件(Lu et al.，2014)，2009～2010 年西南地区发生的冬春极端严重干旱事件(Zhao et al.，2013)。这些干旱事件导致大量作物减产，造成巨大经济损失。干旱频发和日益加剧，严重威胁我国粮食和生态环境安全，制约了国民经济的稳步发展。

发生在作物生长季的短期干旱常常伴随着热浪等高温天气，并通过陆面-大气间的正反馈机制进一步加剧(Yuan et al.，2015)。这种短期干旱发生和发展迅速，强度较大，破坏性很强，被称为骤发性干旱(flash drought)，简称骤旱(Senay et al.，2008;Svoboda et al.，2002)。在我国，骤旱更有可能在南方和东北地区发生。1979～2010 年，在全球变暖背景下，中国骤旱事件增加了 109%(Wang et al.，2016b)。由于骤旱持续时间短、发展快且很难预报，对农业生产和粮食安全造成了严重威胁。因此，提高监测干旱和骤旱的准确度，建立实时干旱预警系统，增强防旱抗旱能力，已经成为我国经济发展中亟待解决的重大科学问题。

综上所述，干旱给农业粮食生产、社会经济发展、生态环境系统，甚至人类生存都会带来严重的威胁(Mishra et al.，2011;Quiring et al.，2003)，由此导致的作物减产，使得全球范围内粮食供应不足，将进一步促使粮食价格上涨，加大社会贫困率和饥饿率(Godfray et al.，2010)。因此，研究干旱严重程度的区域化特征、时空分布特征及发生机制，并进一步揭示干旱时空影响因素，预测未来干旱的发展趋势，对提出干旱应对策略至关重要。

1.2 研 究 现 状

1.2.1 干旱与骤旱

1. 干旱

干旱的概念广为人知，但由于学者们的研究领域、目的和出发点不同，干旱的内涵和外延存在分歧(Mcevoy et al.，2012；凌霄霞，2007)。Palmer(1965)认为干旱一般是指持续数月或数年，在此期间某一地区的实际水分供给持续低于数学期望、满足地区经济社会运行、生物生长用水适宜的需水量。Andreadis 等(2005)和 Sheffield 等(2009)认为当某区域大范围土地面积土壤含水量长期低于一定阈值时干旱开始发生，该阈值一般为 20%。陈端生等(1990)将干旱定义为一种气候现象，指某地区长期无降水量(precipitation，P)或降水量很少，造成空气干燥和土壤含水量很低的气候现象。赵聚宝等(1995)对广义干旱进行定义，即在区域自然生态系统的水分循环中，水分收入量小于支出量，水分亏缺的积累使供水量在一定时段内不能满足生物活动需水量的现象。

干旱不等于旱灾，只有对人类造成损失和危害的干旱才称为旱灾。干旱不仅是一种物理过程，而且与作物生长和社会经济有关。根据物理和社会经济原因，干旱可分为气象干旱、农业干旱、水文干旱和社会经济干旱(Vicente-Serrano et al.，2012a；Heim J，2002；Wilhite et al.，1985)四种类型，具体介绍如下。

(1) 气象干旱：某时段内蒸发量和降水量的收支不平衡(水分蒸发大于水分收入)而造成的异常水分短缺现象。降水是主要的收入项，且降水量资料最易获得，因此气象干旱通常以降水量的短缺程度作为标准。气象干旱一般可用降水量低于某数值的日数、连续无雨日数、降水距平的异常偏少及各种大气参数的组合等表征。

(2) 农业干旱：指作物生长关键时期因外界环境影响使土壤含水量持续不足，发生严重水分亏缺，造成作物无法正常生长，导致减产或失收的农业气象灾害。农业干旱的影响因素较多，包括土壤状况、作物品种、大气和人类活动等。按成因不同可将农业干旱分为土壤干旱、大气干旱和生理干旱三种类型。其中，土壤干旱是土壤缺水，植物根系吸收不到足够的水分去补偿蒸腾的消耗造成的危害；大气干旱是空气成分干燥，经常伴有一定的风力，虽然土壤并不缺水，但强烈的蒸腾使植株供水不足而形成的危害；生理干旱是不良的土壤环境使作物生理过程发生障碍，植株水分平衡失调造成的损害。这类不良的条件有土壤温度过高或过低、土壤通气不良、土壤溶液浓度过高及土壤中积累某些有毒的化学物质等。

(3) 水文干旱：降水与地表水、地下水收支不平衡造成的异常水分短缺现象。由于地表径流是大气降水与下垫面调蓄的综合产物，它在一定程度上能反映降水与地面条件的综合特性。

(4) 社会经济干旱：指自然与人类社会经济系统中水资源供需不平衡造成的水分异常短缺现象。工业需水、农业需水和生活与服务行业需水难以满足，需水大于供水时，就会发生社会经济干旱。

一般情况下，气象干旱的发生早于其他类型的干旱，其发展和结束较为迅速，而农业干旱发生晚于气象干旱。当气象干旱结束后，水文干旱仍将持续较长的时间(图 1-1)。

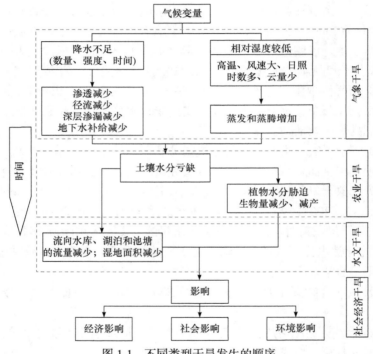

图 1-1　不同类型干旱发生的顺序

2. 骤旱

通常情况下，干旱是一个缓慢发展的过程，可能需要持续几个月甚至几年才能达到最大的强度，但是持续几个星期的短期大气异常，也会使干旱迅速发生(Senay et al., 2008; Svoboda et al., 2002)。Mo 等(2015)提出两种类型的骤旱，即热浪型骤旱和降水亏缺型骤旱。热浪型骤旱指高温条件下蒸散增加和土壤含水量降低导致的快速干旱，其中降水有很重要的作用，但是降水异常并不是这类骤旱的驱动因素。降水亏缺型骤旱是指降水量短缺条件下蒸散的减少和温度增加导致的干旱。如果骤旱出现在作物生长的敏感阶段(如出苗、开花授粉和灌浆阶段),短期的严重水分胁迫会导致减产,甚至降低作物的品质。降水亏缺只是骤旱发生的因素之一,因此此用仅基于降水量的干旱指数不能完全监测骤旱(Otkin et al.,2013)。虽然标准化降水指数(standardized precipitation index,SPI)可以计算短的时间尺度,但是其效果有限,因为 SPI 并没有考虑温度、风速、辐射和骤旱演变的关系。

研究发现,土壤含水量异常能有效监测骤旱(Mozny et al.,2012)。然而,世界大部分地区缺乏土壤含水量空间分布的网格数据,限制了骤旱的广泛监测(Ford et al.,2015)。Otkin 等(2016,2015a,2015b,2013)研究表明,蒸发胁迫指数(evaporative stress index,ESI)(Anderson et al.,2013,2011,2007)结合遥感技术可以提供骤旱演变预警。但是,由于云层遮挡等,ESI 在不同地区的使用也受到限制。Hobbins 等(2016)提出了一个新的干旱指数,即蒸发需求干旱指数(evaporative demand drought index,EDDI),它能在比月更短(如一到几周)的不同时间尺度上进行分析。EDDI 是一个基于物理的多尺度干旱指数,它利用蒸发需求和实际蒸散发(evapotranspiration,ET)的相互关系改进蒸发动力学在干旱监测中的应用并提供干旱预警。EDDI 不仅可以作为骤旱监测指标评估日和周时间尺度的干旱,也可以用来评价月和年时间尺度的持续干旱。EDDI 还可以捕捉水分胁迫的前兆信号,是干旱预警中一个强有力的工具。

1.2.2 干旱指数

干旱指数是对干旱程度的量度,它是干旱评估的必要变量,也是定义干旱参数的重要指标(Mishra et al.,2010)。干旱指数的合理选择是干旱监测的基础和前提(陈学凯,2016)。为了更好地量化干旱严重程度、科学准确地评估干旱的时空变异性,学者们提出了不同的干旱指数,其中常用的有帕尔默干旱指数(Palmer drought severity index,PDSI)(Palmer,1965)、降水距平指数(rainfall anomaly index,RAI)(van Rooy,1965)、Z 指数(鞠笑生等,1998)、十分位数(Gibbs,1967)、作物水分指数(crop moisture index,CMI)(Palmer,1968)、地表水供应指数(surface water supply index,SWSI)(Shafer,1982)、SPI(Mckee et al.,1995,1993)、有效干旱指数(effective drought index,EDI)(Byun et al.,1996)、土壤水分干旱指数(soil moisture drought index,SMDI)(Hollinger et al.,1993)、植被条件指数(vegetation condition index,VCI)和标准化降水蒸散指数(standardized precipitation evapotranspiration index,SPEI)(Vicente-Serrano et al.,2010)等,不同干旱指数的优缺点不同。

依据是否标准化,干旱指数可分为非标准化指数、标准化指数和综合干旱指数。非标准化指数使用一些可用数据,很容易计算,但它们对干旱级别进行分类的范围不同,如降水距平百分率(percentage of precipitation anomaly,Pa)(van Rooy,

1965)、干燥度(Arora, 2002；Budyko, 1974；Erinç, 1965)、联合国环境规划署(United Nations Environment Programme, UNEP)指数(UNEP, 1993)和比湿干旱指数(Sahin, 2012)等。标准化指数计算复杂，但其对干旱等级的分类相似且具有可比性，如上文提到的 PDSI、SPI、SPEI 和 SMDI 等为标准化指数。

PDSI、SPI 和 SPEI 等干旱指数既能反映气象干旱，又能用于农业干旱评价。Palmer(1965)提出了 PDSI，PDSI 适用于不同气候区，能够很好地反映中长期干旱状况，它考虑了降水量、作物腾发量、径流量和土壤含水量等诸多要素，体现了前期降水量和水分供求对后期相关要素的影响，且在较大程度上反映了形成农业干旱的主要因素。但是，PDSI 时间尺度单一，只能评价月尺度情况，缺乏评价不同类型干旱的多尺度特征(赵林等，2011)，同时它对短期干旱反映程度较差、计算步骤复杂。Mckee 等(1995，1993)提出的 SPI 计算简便，时间尺度十分灵活，经过标准化后在不同时间尺度及不同区域间都具有可比性(侯威等，2012)。虽然 SPI 能较好地反映降水量亏缺导致的干旱，但是该指数只考虑区域水分供给量，忽视了地表水分需求量等因素(张宝庆，2014)。干旱是一种地表水分过程的失衡，一定时期内的水分亏缺不一定会直接导致干旱的发生，还要考虑该时期地表水分需求状况。因此，考虑 SPI 的局限性，Vicente-Serrano 等(2010)提出了 SPEI。SPEI 同时考虑了降水量和参考作物腾发量(ET_0)，可评估气候变暖的影响，也可以更加综合地反映区域干旱情况。此外，SPEI 的计算步骤是在 SPI 基础上的改进，因此它具有类似于 SPI 的简便计算步骤，并且适用于不同类型干旱的分析监测。与 SPI 类似，SPEI 的时间尺度较多，具有较强的时空可比性，既能监测短期偶发性水分亏缺引起的干旱，又可以识别中长时间尺度干旱的发生和演变(张宝庆，2014)。因此，SPEI 综合考虑了全球变暖效应，是对 SPI 和 PDSI 优势的保留和升级。目前，SPEI 已被应用到干旱评估、农业旱情监测及水文干旱分析等领域(庄少伟等，2013；李伟光等，2012；Potop et al.，2012)。

最常见的干旱分析尺度是年尺度，可用来概化区域干旱特征；其次是月尺度，适合监测干旱对农业、供水和地下水供给的影响(Panu et al.，2002)。

1.2.3　干旱严重程度的时空变异性

单纯分析干旱指数在时间尺度和空间尺度的波动状况不足以深入揭示干旱的时空变异性规律，依赖于多种方法可从不同角度揭示干旱的时间变化过程。以经验模态分解(empirical mode decomposition，EMD)与集合经验模态分解(ensembles empirical mode decomposition，EEMD)方法为例，可以利用分解出的本征模态函数(intrinsic mode functions，IMF)和残差趋势曲线分离不同的干旱波动周期。EEMD 方法应用较多，Sun 等(2015)利用 EEMD 方法分解黄土高原地区 1961～2010 年的 PDSI 序列、降水量序列和温度序列，得出三者之间的非线性关系，研究发现该地区的干旱程度加重是温度的升高和降水量的轻微降低共同作用的结果。Mishra 等(2016)使用 EEMD 方法消除了季节降水中的年代际变化,然后对去趋势后的降水量序列与原本的序列做相关性分析,发现印度河–恒河平原干旱等级不受年代际降水量变化的影响。Li 等(2015a)利用 EEMD 方法分解山东省 1900～2012 年 PDSI 序列的非线性变化,发现该地区 PDSI 序列波动周期中 3 年和 7 年周期的贡献率较大。马尚谦等(2019)基于 EEMD 方法对 1901～2015 年华北平原 266 个格点的 SPEI 进行分析,结果显示,该地区存在 4 年和 8 年左右的周期,14 年、29 年和 46 年左右的年代际周期,这一周期与太阳黑子平均活动周期相似。轩俊伟等(2016)利用 EMD 方法对新疆地区 54 个站点 1963～2012 年的 12 个月时间尺度的 SPEI 进行分析,结果显示,新疆干旱存在 2 年、6 年和 24 年左右的主周期,以及 3～4 年的次振荡周期。

小波分析作为一种时间序列分析方法被广泛应用于干旱时频分析。Huang 等(2019)基于交叉小波方法分析了我国 1953～2012 年非参数多元化标准干旱指数(non-parametric multiple standardized drought index,NMSDI)与厄尔尼诺–南方涛动(El Niño-southern oscillation,ENSO)之间的关联性,结果表明,ENSO 事件对我国的干旱影响严重,不同时期的影响程度不同,影响周期为 16～64 个月。Gyamfi 等(2019)基于小波分析对南非奥利凡特盆地 1980～2013 年标准化指数周期变化进行分析,结果表明该地区 1991～2004 年的气象干旱周期为 2～8 年,1996～2004 年的水文干旱周期为 3～5 年。Fang 等(2018)基于小波分析对宁夏回族自治区 1960～2016 年 SPEI 的时间变化进行分析,结果表明第一主周期为 13 年,第二主周期为 8 年,为该地区应对未来干旱灾害提供了科学依据。Yuan 等(2016)基于小波分析对我国 3804 个站点 1961～2014 年 SPI 的周期变化进行分析,结果表明我国南部地区 SPI 周期约为 10 年,其他地区的 SPI 周期约为 16 年。Wang 等(2018b)基于小波分析对我国 1950～2016 年农业干旱灾害的周期进行分析,结果表明,农业灾区、农业旱灾泛滥区和粮食损失严重区的强小波能量谱时间尺度分别为 22～32 年、24～32 年和 25～32 年,并且这三个地区的第一主周期分别为 16 年、16 年和 18 年。Yang 等(2017)根据 1960～2013 年中国西北地区 96 个气象站的降水量资料,应用连续小波变换和 Mann-Kendall(MK)方法检验分析了降水量时空变化,结果表明除内蒙古内河流域和昆仑山盆地北部外,其余各子流域冬季降水量均显著增加,并且降水量与 ENSO 的关系在不同周期、不同时间尺度上存在差异。孙鹏等(2018)利用非参数 Mann-Kendall(MMK)(Kendall,1975;Mann,1945)趋势检验和小波变换等方法,结合淮河中上游地区蒋家集和王家坝等水文站径流量资料,分析了淮河流域中上游径流量年内分配、年际变化、趋势、突变特征及周期变化,并探讨了径流量变化的成因。Li 等(2020)基于交叉小波变换对黄河流域河南省内不同站点的气象干旱和水文干旱时间演变进行分析,结果表明当地气象干旱与水文干旱均具有明显的周期变化，主周期为 2～4 年，水文干旱与气象干旱之间呈强正相关，水文干旱滞后于气象干旱 1～2 个月。

经验正交函数(empirical orthogonal function，EOF)具有较好的降维作用，已经被广泛应用于干旱的空间变异分析。例如，Asong 等(2018)利用 EOF 方法分析了 1950～2013 年加拿大 SPEI 的时空格局，发现加拿大大草原和中北部地区是其境内两个干旱敏感区。Tatli 等(2011)使用 EOF 方法对土耳其的 PDSI 进行分解，结果显示，土耳其干旱主要受降水、温度和各种大规模气候系统影响，他们还通过比较分解出的前两个 EOF 结果，确定了适合该地区的不同干旱指数。轩俊伟等(2016)对新疆维吾尔自治区干旱进行 EOF 分解，结果显示，EOF1 是受西风系统控制的新疆全区干旱平均状态，EOF2 是由天山山脉阻隔及地形差异影响下的南北疆反相位干旱状态。李敏敏等(2013)对秦岭南北地区 59 个气象站点 1961～2010 年 SPI 的时空分布格局进行分析，得出关中地区南北纬相递增及陕南地区西南-东北带状分布的空间干旱模态。其他地区的一些研究结果同样表明，方差贡献率较高的 EOF 模态均能够很好地反映干旱的空间分布(Yao et al.，2019；Song et al.，2014；Kim et al.，2011)。Wu 等(2020)结合 EEMD、EOF 等多种方法系统揭示了我国不同地区干旱严重程度的空间变异特征。

主成分分析法也是分析数据空间变化的一种有效方法，较多地应用于干旱领域。Kim 等(2018)利用主成分分析法对韩国的农业干旱脆弱性进行了定量评估，结果得出四个主成分，这四个主成分的方差贡献率为 85.7%，其中仅包含气象要素的第三个主成分被应用于代表性浓度路径(representative concentration pathway，RCP)8.5 情景下的未来气候数据，忠清南道(Chungchongnam-Do)，全罗北道(Jeollabuk-Do)和全罗南道(Jeollanam-Do)为韩国的三个干旱敏感区。王慧敏等(2019)利用主成分分析法分析了锡林河流域的干旱情况，结果表明第一、第二和第三主成分分别反映了水分胁迫、日照和气温对干旱的影响。Vicente-Serrano(2006)基于主成分分析法对伊比利亚半岛 1 个月、3 个月、6 个月、12 个月、24 个月和 36 个月时间尺度的 SPI 空间格局进行分析，发现随着时间尺度的增加，被分解的主成分数量也在增加，表明干旱的空间复杂性和分类不确定性随着时间尺度增加。Dabanli 等(2017)基于主成分分析法分析了土耳其 1931～2010 年 3 个月和 12 个月时间尺度 SPI 的时空变化特征，结果表明 3 个月时间尺度 SPI 的第一、第二、第三和第四主成分对应的区域分别为土耳其东南部、西部、中部和北部小部分地区；12 个月时间尺度 SPI 的第一、第二、第三和第四主成分对应的区域分别为土耳其西部、东南部、中部和东北部极小部分地区。

分形理论是由 Mandelbrot(1982)提出的。Mandelbrot 在测量海岸线长度时，发现海岸线长度随着测量比例的变化而变化，这是欧几里得几何无法解释的现象。

因此，Mandelbrot 经过进一步的研究发展了分形理论，多重分形可以看作是大量单分形的缠绕。分形和多重分形理论可以从本质上描述物理量的复杂性质和自相似性质。多重分形理论具有如下特征：广义分形维数 $D(q)$ 是 q 的严格单调递减函数；奇异性指数 $\alpha(q)$ 是 q 的严格单调递减函数；质量指数 $\tau(q)$ 是 q 的严格单调递增凸函数；多重分形谱函数 $f(\alpha)$ 是 α 的凸函数，当 $q<0$ 时单调递增，当 $q>0$ 时单调递减。当 $q \to \pm\infty$ 时，广义分形维数 $D(q)$ 和奇异性指数 $\alpha(q)$ 的极限相同，质量指数 $\tau(q)$ 趋于 $\pm\infty$，并且分别与 $q\alpha_{min}$ 和 $q\alpha_{max}$ 同阶；多重分形谱函数 $f(\alpha)$ 的极限代表最大、最小测度分布的相对比例等性质。必须同时满足以上所有性质，才认为物理量具有多重分形性。由于多重分形性可以描述时间序列和空间序列的复杂性和自相似特性，已经较多地应用于气候领域，但是在干旱领域的应用相对有限。例如，严绍瑾等(1996)基于配分函数的多重分形分析方法对武汉市 1951～1970 年日气温数据进行了分析，结果显示武汉市日气温数据具有多重分形性，得出大气运动过程层次分明，具有多标度行为特征。高力浩等(2012)基于多重分形去趋势涨落分析法对我国 191 个站点 1951～2000 年的相对湿度和温度的多重分形性进行了分析，结果表明，温度序列的多重分形性更强，相对湿度多重分形性较强的地区为西南地区，温度多重分形性较强的地区为华南地区与黄河以北地区，相对湿度序列比温度序列的长程相关性更强，以上各种特性的差异也表明二者生成动力过程的差异。龚宇等(2008)基于重标极差(rescaled range，R/S)法和线性分析相结合的方法对沧州市 1970～2004 年的温度和 1954～2004 年的降水量进行分析，结果表明气温呈上升趋势并且 Hurst 指数为 0.848，即未来温度将会大概率持续上升，而降水量呈下降趋势，但是 Hurst 指数仅为 0.53，相当接近 0.5，即未来干旱趋势可能会发生改变。朱良燕等(2009)利用 R/S 和 MK 方法相结合，对合肥市 1953～2007 年降水量的变化趋势进行了分析，结果显示，合肥市春、秋季降水量有下降趋势，冬、夏季降水量有上升趋势，并且其 Hurst 指数都接近 0.7，因此未来该上升趋势大概率会持续下去。Zhang 等(2019b)利用基于 EEMD 方法和重叠移动窗口算法改进的多重分形去趋势涨落分析法对洞庭湖地区的马坡岭和芷江两个站点的日降水量数据进行多重分形性分析，结果表明，该地区的日降水量序列具有多重分形性，这是由序列的大小波动间的长程相关性和胖尾概率分布导致的，其中胖尾概率分布是主要影响因素。Guo 等(2017)更是利用多重分形去趋势涨落分析法定义了吉林省的极端降水量阈值。

综合目前研究而言，每种方法有其固有特色和优势，也存在局限性，因此结合多种方法进行研究可全面揭示干旱的时空变异特征。

1.2.4　干旱评估的影响因素

1. 降水量观测误差对干旱评估的影响

降水量资料是全球气候变化研究的主要气候资料之一，它的准确程度不仅直接影响区域尺度的研究，也对气候和水文研究至关重要。目前，降水资料主要来自各种标准雨量计的直接观测。然而，风场的改变不仅会引起动力损失和蒸发损失，也无法观测到微量降水，导致降水量观测值小于实际降水量。另外，各国雨量计及其安装、观测标准差异较大，使得国际上不同国家降水资料缺乏可比性(Walsh et al.，1998；Legates et al.，1990；Korzoun et al.，1978)。因此，国际上从20世纪70年代末期开始对各种雨量计进行对比观测(Karl et al.，1993；Yang et al.，1991；杨大庆，1989)，在此基础上完成国际上主要雨量计型号的误差分析及其误差修订方法，并对全球的降水量资料进行了初步修正(Goodison et al.，1998)。

1985年，世界气象组织(World Meteorological Organization，WMO)开展了同态降水观测国际合作项目，对各国降水观测仪器和方法对降雪观测的准确性进行了评价(Adam et al.，2003)，并对各区域、各国乃至全球性的降水量观测资料进行了误差修正，目前对这一问题的研究主要集中于降水量的修正(Ye et al.，2004)。但是，这一误差修正不仅增加了降水量的数值，还会对降水量的长期变化趋势产生影响，特别是影响降水量观测误差的相关气象要素，如风速、降水形态(雨、雪)在过去50多年内可能发生明显的变化，使得这一修正不仅增加平均降水量，而且影响降水的变化趋势。

我国也进行了一系列对比观测研究，大多干旱指数是基于降水量的，因此对降水量数据的准确性具有很高的依赖性。然而，由于系统误差，观测的降水量都会偏离真实值，即存在一定的偏差(Wetherbee，2017；Pan et al.，2016；Goodison et al.，1998；Sevruk，1982)。因此，基于降水量数据进行干旱监测和评估前，必须进行降水量偏差校正(Groisman et al.，1994；Karl et al.，1993；Groisman et al.，1991；Legates et al.，1990)。基于新疆天山−乌鲁木齐河源对比观测试验研究所得的修正方法，叶柏生等(2007)对我国726个气象站1951~2004年的降水量观测数据资料集进行系统误差修正，结果表明降水量误差修正幅度在5%~72%，平均约为18%。通过降水量数据修正分析得出结论，我国降雨量观测的平均相对误差在4.3%~15.3%，降雪量观测的平均相对误差在6.2%~40.0%。除此之外，观测降水量修正相对误差存在较为明显的季节性区别，冬季普遍高于夏季，但其绝对误差小于夏季(叶柏生等，2008)。从空间分布存在的差异来看，西北地区年平均绝对误差修正量一般小于50mm，东南地区修正量普遍大于100mm，西北地区修正的绝对误差大于东南地区，而相对误差从西北向东南地区递减。目前，对这个问题有一些初步的研究，并认识到这种影响的存在，但缺乏系统地分析和理解。我国已有的降水量变化趋势研究均直接用观测的降水量资料,而没有考虑这一影响。Ding 等(2007)和叶柏生等(2008)通过一系列对比观测研究表明,修正误差对观测降雨量的影响在 2%~10%,并且其对于降雪量修正的影响比降雨量大,达到10%~50%(Sevruk,1986)。对于冬季天气严寒,降雪率较大的区域,这一影响更为明显。风场变形对于降雪观测的影响随着区域气候现象的不同也有所变化,在极地等气温较低或是在高海拔等降雪量和平均风速都较大的区域,降水量观测误差修正可能高达 50%~70%(叶柏生等,2008)。叶柏生等(2008)研究表明,校正后的观测降水量普遍有所提高,在寒冷地区降雪幅度较大的区域修正幅度会更大。按照不同的对比观测试验研究结果对降水量观测误差进行系统评价,得出误差的主要来源是风场变形引起的动力损失,但在干旱半干旱地区,湿润损失和微量降水也会对误差修正产生较大影响。Li 等(2018)对我国降水量受降水观测系统影响带来的误差进行了相应地修正分析和研究,并以此为基础,考虑降水量观测误差重新对我国进行了气候区划分。然而,在以往的研究中,尽管使用不同的干旱指数研究了干旱的变化,但鲜有学者量化降水量偏差校正对干旱评估的影响。

2. 参考作物腾发量估算方法对干旱评价的影响

参考作物腾发量(ET_0)是参考作物(高 0.12m,表面电阻为 70sm^{-1} 和反照率为0.23)在特定的条件(植物生长茂盛,土壤剖面中水分充沛,生长环境完全遮蔽)下的蒸腾量(Allen et al.,1998)。ET_0 是制定优化作物灌溉制度和实施有效水管理的重要参数(Smith et al.,1991),也是计算干旱指数、评估干旱严重度必不可少的重要参量(Vicente-Serrano et al.,2010;Arora,2002),反映了多个气象变量的综合作用。

在不同气候条件下,准确简便地估算 ET_0 非常困难(Traore et al.,2010)。考虑不同的数据需求,研究者提出了许多估计 ET_0 的方法(Tabari et al.,2013;Khoob,2008),这些方法大致分为温度法(Hargreaves et al.,1985;Blaney et al.,1950;Thornthwaite,1948)、辐射法(Slatyer et al.,1961)、蒸发皿蒸发量法(Cobaner,2013;Gundekar et al.,2008;Pereira et al.,1995;Snyder,1992)和综合法四大类(Walter et al.,2000;Allen et al.,1998;Priestley et al.,1972)。综合比较不同的 ET_0 估计方法之后,联合国粮食及农业组织(Food and Agriculture Organization of the United Nations,FAO)建议将具备物理基础的 Penman-Monteith(PM)方程作为估计 ET_0 的标准方法(Stockle et al.,2004;Allen et al.,1998)。目前,PM 方程已广泛用于估算包括我国的世界许多地区的 ET_0(Li et al.,2014;周牡丹,2014;Traore et al.,2010;Cai et al.,2007;Mcvicar et al.,2007;Sumner et al.,2005;Temesgen et al.,2005;Garcia et al.,2004)。在 FAO56-PM 方程中,最低气温(T_{min})、平均气温(T_{mean})、最高气温(T_{max})、风速(U)、相对湿度(RH)和日照时数(n)会影响 ET_0 的估算。这些

气象变量的时空变化决定了 ET_0 的时空特征，每个变量对 ET_0 的作用随区域和季节而变化(Xu et al., 2006)。因此，ET_0 也被认为是一个综合气象参数，可以衡量大气蒸发能力(Xiang et al., 2020; Espadafor et al., 2011)。

然而，FAO56-PM 方程需要大量的气候数据，在缺少数据的地区，该方程难以应用。因此，在缺乏气候数据的情况下，应采用其他 ET_0 方法。Peng 等(2017)评价了 10 种不同 ET_0 估算方法在我国不同区域的适用性，结果表明，与基于 PM 公式估算的参考作物腾发量 $ET_{0, PM}$ 相比，各种方法的结果差异明显。从这个角度看，使用不同的 ET_0 估计方法也影响 SPEI 的估算结果(Yao et al., 2020)。Beguería 等(2014)利用观测资料和全球网格数据比较了不同 ET_0 方程对 SPEI 变化的影响，并推荐了最稳健的 ET_0 估算方法(Allen et al., 2007)，但前提是有必要的气候数据。Stagge 等(2014)分析了欧洲 SPEI 对 5 个 ET_0 方程的敏感性，他们发现使用温度法或辐射法计算的 SPEI 和使用 Thornthwaite(1948)方程计算的 SPEI 更接近。尽管 SPEI 自提出已广泛应用于评估干旱严重程度(Gao et al., 2017; Wang et al., 2017; Zhang et al., 2016a; Wang et al., 2015c; Wang et al., 2015d)，但是到目前为止，少有研究全面评估过 ET_0 估计方法对我国不同气候区及站点 SPEI 的影响。

1.2.5　水文要素与干旱演变

1. 水文要素的时空变化

地球上能量和水量是一种循环有机体，各类型水文要素是具有内在联系的，因此水文要素(如降水量、蒸散发量、土壤含水量和地下径流量等)的时空分析是研究不同类型干旱的基础，各类型物理干旱分别是水循环过程中各类要素的水分短缺现象，通过分析对比水循环要素的时空变化特征，可以更好地应对气候变化的影响，从而及时有效地应对干旱乃至旱灾。

有研究者分别在降水量、土壤储水量和径流量变化方面做了定量和定性研究。例如，Shi 等(2016)在荒漠易发区分析对比了降水量、温度和风速的时空变化。Hatzianastassiou 等(2008)结合气候预测数据分析了未来降水量的时空变化。Zhang 等(2010)对华北地区的降水量数据进行分析，结果发现随着年降水量由多到少变化，高降水量带呈现出由东部沿海向南部地区移动的趋势，而少降水量带呈现出由中部和西部向中部和北部地区移动的趋势。Deng 等(2018)利用降水集中指数，从日、月和季度不同时间尺度分析了降水量的不均匀性，并在讨论中证明了大气环流指数对降水不均匀性的影响具有区域性。Hang 等(2018)在横断山脉区域分析了降水量的时空变化及其与海拔、纬度的关系，发现除研究区东北部和南部地区外，大部分测站雨季降水量呈增加趋势。年降水量与海拔/纬度呈显著的负相关关系。Maheras 等(1990)通过对降水波动和环流类型比较发现经向环流的优势导致降水量增加，而纬向环流导致降水量减少。周连童等(2006)利用1951～2000年华北地区80个观测站的日气温和降水量资料，分析了华北四个地区降水量、蒸发量及降水量与蒸发量差值的时空变化特征。

土壤水分是反映农业干湿状况的关键变量，是影响农作物生长的关键因素。在土壤水分的研究分析方面，Chen等(2020)分别在年、月和日等不同时间尺度上评价了我国各个气候区土壤含水量的时空特征，并且在不同气候区下分析了各气候要素对土壤含水量的影响。此外，Cho等(2014)认为土壤水分时空变异性是水文气象研究的重要内容，其研究评估了2011年5月1日至9月29日朝鲜半岛近地表土壤水分时空变异性的主要气象要素。Kolmogorov-Smirnov通过对土壤含水量的拟合优度检验(Frank，1951)，发现所有选用的分布(正态、对数正态和广义极值)都适用于数据集，其中广义极值分布效果最优。此外，土壤水分表现出高度的时空变异性，时间尺度从几分钟到几年不等，空间尺度从几厘米到几千米不等，分析小尺度空间尺度下土壤水分的动态可以更好地理解大尺度下土壤水分的变化(Molina et al.，2014；Brocca et al.，2012)。此外，对地表土壤水分可变性研究将为地下土壤水分的研究提供基础(Molina et al.，2014；Penna et al.，2013)。另有研究(Vereecken et al.，2014；Penna et al.，2013；Brocca et al.，2010；Hu et al.，2010)关于土壤水分在田间、流域和山坡尺度下的瞬变率，发现深层土壤的瞬变率比浅层土壤弱。Zhong等(2018)利用最新的天气研究与预测模型(Skamarock et al.，2008)进行土壤水分数值模拟，研究了东亚夏季风期间初始土壤含水量扰动对随后夏季降水量的影响，结果表明初始土壤含水量对后续降水量的影响是区域性的，并且干旱的土壤条件降低了我国中部地区由轻到重的降水频率，但是增加了我国东部沿海地区几乎所有类型降水的发生概率。

蒸散发量是水量平衡和能量平衡研究的重要组成部分，在蒸散发量方面的研究也非常多。例如，Li等(2013)通过1961～2010年参数验证的平流-干燥模型得到的实际蒸散发量(ETa)，并用非参数 Mann-Kendall(MMK)检验(Kendall，1975；Mann，1945)分析了海河流域1961～2010年逐日实际蒸散发量(ETa)的时空变化及趋势，并探究了影响蒸散发量的主要因素，以确定蒸散发量变化的主要驱动力。Zhou等(2014)基于遥感数据分析了青藏高原地区湖泊收缩对蒸散发量时空变化的影响。Li等(2015c)利用中分辨率成像光谱仪(moderate resolution imaging spectroradiometer，MODIS)数据对黄河三角洲地区的地表 ETa 进行了估算和分析，结果表明研究区ETa 的空间变异受土地覆盖类型的影响较大，月平均 ETa 的时间变化呈典型的单峰曲线，年际变化较小，除降水量外，地下水、径流和海水也是影响该地区 ETa 的因素。Marshall等(2010)在非洲撒哈拉沙漠以南地区利用1981～2000年的蒸散发量(由可变下渗容量模型提供)(Liang et al.，1994)和降水量[由全球陆地数据同化系统(the global land data assimilation system，GLDAS)提供]数据对蒸散发量的特征和其影响因素进行了分析，结果发现大部分地区的蒸散发量呈大幅下降，集中在主要作物生长季节(6~8 月)，并且与降水量的下降趋势有较高的一致性。

径流是水分循环的必要环节，是反映水文干旱的主要因素。在径流方面的研究中，Xu 等(2008)采用水文气象资料和降雨径流模拟相结合的方法，对长江流域径流量的时空变化进行了研究，结果显示下游地区夏季的降水量和径流量均有明显的增加趋势，而上游地区秋季的降水量和径流量均呈明显下降趋势。随季节变化，夏季径流量明显增加，秋季径流量明显减少。Li 等(2008)利用统计方法在红河流域分析了降水量和蒸散量变化对径流量的影响。张国宏等(2013)利用气温、降水量和(美国)国家气候与环境预报中心/(美国)国家大气研究中心(National Centers for Environmental Prediction/National Center for Atmospheric Research，NCEP/NCAR)地表径流量资料，运用线性趋势系数、线性相关系数和不规则区域网格化方法，研究了近 60 年来黄河流域地表径流的变化及其与气候因素的相关关系，得出径流量与气温和降水量均有较好的相关性。Sakakibara 等(2017)在太行山地区利用示踪法分析了低降水量地区地表水对地下水补给的时空变化。张淑兰等(2011)在泾河流域利用基础的水文和降水量数据分析了人类活动对径流时空变化的影响。

在降水量、蒸散发量、土壤含水量、土壤温度和径流量的时空变化特征研究方面，因数据不易获取，以往研究多针对单一要素(胡胜等，2017；Yang et al.，2017；Yu et al.，2001)，缺乏对多水循环要素同时对比的研究，这给研究不同类型干旱之间的联系带来了困难。

2. 土壤含水量和温度的时空变化

陆面参数涉及诸多内容，如土壤含水量、土壤层和地表温度及植被覆盖情况。以往关于土壤含水量、土壤温度和植被盖度等参数时空变异性的研究大多是在地方和流域尺度上进行的(Bathiany et al.，2018)。由于数据获取困难，大多数研究采用小样本或有限土壤深度的人工采样数据。遥感技术的发展使在大面积深埋土壤中提取和同化土壤含水量、温度等参数成为可能。这些数据为土壤参数信息的研究提供了丰富的基础(Oni et al.，2017；Dorigo et al.，2016；Fan et al.，2003)。Zhu等(2019a)基于我国的 653 个农业气象站的土壤含水量数据，分析了田间土壤相对湿度的变化规律、空间特征及其变化的影响因子，结果表明土壤含水量总体呈显著上升趋势，受季风影响作用较大。在年尺度上，田间土壤含水量在夏秋季节增加较快，其波动变化幅度随土壤深度的增加而减小。在影响因子方面，降水量与土壤含水量呈正相关，潜在蒸发量和空气温度与土壤含水量呈负相关，并且随着土壤深度的增加，气象因子对土壤含水量的影响逐渐减弱。Zhu 等(2019b)基于2014~2016 年的土壤原位实测数据探究了土壤含水量的时空变化，并分析了影响其时空变化格局的主要因素,发现全年土壤含水量的变化分为三个周期,土壤含水量的变化不仅受坡度、坡向的影响,还受到降雪量、植被特征、降雨量和蒸散发量的影响。Chen 等(2020)基于 2008~2016 年的全国陆地同化数据分别在不同时间尺度上,分析了不同深度的土壤含水量和土壤温度的时空信息及气象因子的影响,发现土壤含水量和土壤温度变化具有较高的一致性,西北和青藏高原地区土壤含水量和土壤温度较低,且呈随机和周期性波动。降水和气温对土壤含水量和土壤温度的时空分布有较大影响。土壤温度也是一个重要的土壤参数,它可以影响一系列土壤中的化学、物理和生物反应过程,也是植被生长、土壤侵蚀和水土保持的重要因素。Ning 等(2019)通过排列熵法和统计分析法,研究了八宝河地区不同深度(4cm、10cm 和 20cm)土壤温度的时空信息。结果表明,土壤温度具有明显的季节特征,夏季深层的土壤温度低于浅层,冬季则相反,此外,土壤温度的最大值、范围、平均值和标准差都随着土层深度的增加而减小,表层土壤更加复杂。

近年来,不少研究分析了地表温度(land surface temperature, LST)的时空变化,地表温度是地表能量平衡的一个重要参数。Kashkooli 等(2019)基于 1971~2010年卫星所获取的 0.25°的精细数据,分析了地表温度的时空特征,结果表明地表温度呈持续上升状态,全球变暖明显加剧。热伊莱·卡得尔等(2018)基于 MODIS 的LST,借助数据统计分析法和趋势分析法,分析了伊犁河谷不同植被覆盖类型下LST 的时空变化信息,研究发现,地表温度呈严重降低的趋势,受气象条件和土地利用类型的影响较大,植被盖度较高的区域,植被覆盖对地表温度有十分重要的缓和作用。在植被状况相关研究方面,Lin 等(2012)分析了中国 2001~2011 年的归一化植被指数(normalized difference vegetation index, NDVI)的时空变化;Liu等(2015)分析了中国 1982~2011 年植被动态对于气候因子的响应;Erica 等(2016)利用 NDVI 和增强植被指数(enhanced vegetation index, EVI)来描绘大黄石生态系统中迁徙麋鹿的生物量和饲料质量的时空变化;Dai 等(2010)研究了祁连山草地覆盖区域下植被条件的时空变化特点。分析陆面参数的时空变化规律有助于更好地认识其循环过程和演替特征。

3. 土壤干旱监测

农业干旱包括大气干旱、植物生理干旱和土壤干旱。在土壤干旱研究中,土壤含水量是干旱监测中常涉及的变量(高婷婷,2010),也是一个重要的陆面参数。Samaniego 等(2018)结合水文和地表模型分析了全球变暖条件下欧洲土壤水分干旱情况。可以通过遥感反演或实际观测评估土壤含水量(Bhuyan et al., 2018; Wang et al., 2009)。常用的农业干旱指数有作物水分指数(Palmer, 1968)、SWSI、PDSI等。由于 PDSI 没有考虑不同的气候类型,为了改进这个问题,提出了自校验

PDSI(Wells et al., 2004)，为了避免其局限提出了基于土壤田间持水量得到的 CMI，CMI 对于干旱的反应速度高于 PDSI。

地面观测可靠、准确，但难以对土壤水分动态变化进行大尺度评价。土壤含水量受多方面因素，如坡度、坡向、土壤类型、土地覆盖类型等影响，因此其时空变化规律往往较为复杂，地面站点尺度的观测数据并不能完全揭示其时空变化规律(Ma et al., 2017)。采用遥感和陆地同化技术检测土壤含水量越来越受到重视，卫星遥感已成为获取干旱信息和干旱严重程度的重要工具和手段(Rodell et al., 2004；Wigneron et al., 1998)。基于遥感技术的土壤水分监测可获得在空间任意点的土壤含水量，并具有实时和快速的特点。基于卫星遥感的陆面参数(如土壤含水量和地表温度)与地表植被参数也被广泛用于各种条件下的干旱评估，如 NDVI(Rouse et al., 1974)、EVI(Schnur et al., 2010)、标度化地表温度指数(Unganai et al., 1998；Kogan，1995)、植被条件指数(Dutta et al., 2015；Kogan，1995)和植被健康指数(vegetation health index，VHI)(Kogan，2001)等，这些遥感指标可以在一定程度上反映土壤的干湿状况(Rhee et al., 2010)。

利用 NDVI 和 LST 的光谱空间，提高了土壤水分条件测定的精度。Liu 等(2018b)发现，当陕西省植被盖度较低时，NDVI-LST 特征空间呈抛物线形。前期研究表明，作物水分与 LST 和 NDVI 的比值呈显著负相关关系，但在大多数气候和土地覆盖条件下是稳定的(Carlson et al., 1994)。Sandholt 等(2002)将 NDVI 和 LST 结合计算出了温度植被干旱指数(temperature vegetation dryness index，TVDI)。TVDI 属于土壤水分指数的范畴，是热惯量法(即利用遥感的热红外数据监测土壤水分表征干旱)的一种。TVDI 基于光学和热红外遥感通道数据，监测植被覆盖地区表层土壤水分的良好指标(Liu et al., 2011；Sandholt et al., 2002)，一些研究将该指标应用于地表土壤水分状况的评价(Mallick et al., 2009；Sun et al., 2008)。例如，Du 等(2017)通过构建 TVDI，将原 TVDI 与修正后的 TVDI 进行了对比，发现后者提高了 TVDI 对土壤水分的监测精度。Tagesson 等(2018)利用 TVDI 及土壤水分和海洋盐度(soil moisture and ocean salinity，SMOS)等数据研究了土壤水分特征。

基于植被干旱指数进行干旱研究受传感器类型的影响。不同传感器类型下的干旱监测精度存在差异。例如，美国陆地卫星(Landsat)计划的数据监测特点是精度高，但缺点是数据在时间尺度和空间尺度上不如 MODIS。因此，一些学者在研究干旱监测的过程中对于区域大、精度要求不高的情况一般选用 MODIS 数据，相反要求精度较高的可以选择 Landsat 数据进行研究。

NDVI 受土壤背景的影响较大。此外，在植被覆盖相对饱和的地区，NDVI 会受到植被过饱和度的影响(Huete et al., 2002)。因此，当 NDVI 数据处在饱和状态，地表蒸散发量持续增加时，NDVI 数据不能反映土壤的干湿状态，需要其他变量来表示土壤水分条件。EVI 比 NDVI 对植被敏感度高，基于 EVI 和 LST 的 TVDI(TVDI$_{EVI}$)在一定程度上弥补了基于 NDVI 和 LST 的 TVDI(TVDI$_{NDVI}$)的不足。然而，TVDI$_{EVI}$ 和 TVDI$_{NDVI}$ 的适用性分析在我国还很有限，需进行相关研究，以便为土壤干旱的遥感监测提供依据。

4. 不同类型干旱之间的联系

降水量、土壤含水量和径流量的减少将会引发一系列的干旱问题，涉及气象干旱、农业干旱和水文干旱。从气象干旱到农业干旱或水文干旱的转变，涉及一系列过程，包括发生、发展和传递。从水汽循环和干旱的定义来看，当降水量低于正常值时，会引起气象干旱，而农业干旱或水文干旱不仅与降水量减少有关，还受地表蒸发等因素影响。因此，农业干旱和水文干旱的发生可视为气象干旱的继承和发展，气象干旱、农业干旱和水文干旱在发生过程上存在一定时间差(Huang et al.，2017b；Wang et al.，2016c；Rhee et al.，2010)。考虑干旱的多时间尺度，了解和比较三种干旱类型之间的关系对研究干旱的时空演变过程有重要意义。

在不同类型干旱的研究中，除了 1.2.2 小节提到的 SPEI 和 SPI 之外，大气水分亏缺指数(atmospheric water deficit，AWD)也是常用的气象干旱指数，它是根据蒸发和降水之间的水量平衡计算得出的(Torres et al.，2013；Purcell et al.，2003)。将遥感数据和传统干旱监测计算方法结合可以提供更加实时有效的干旱监测。例如，Gidey 等(2018)将 VHI、归一化差分水分指数(normalized difference water index，NDWI)、NDVI 与 SPI 进行了比较，结果表明在 3 个月时间尺度上，VHI 和 SPI 之间存在显著的正相关。Ezzine 等(2014)提出了基于 NDWI 的标准化水分指数(standardized water index，SWI)，并与基于 SPI 和 NDVI 的标准化植被指数(standardized vegetation index，SVI)进行比较，探究了 1998～2012 年不同土地利用类型下三个干旱指数的一致性，结果表明 SVI 和 SPI 在秋季和冬季的一致性强于 SPI 和 SWI，同时 SWI 和 SPI 之间也有较好的相关性(Ezzine et al.，2014)。Li 等(2019c)利用 2001～2014 年的气象和遥感监测数据，结合 SPEI 和 TVDI 比较了青藏高原的气象干旱和农业干旱特征，结果显示 1971～2014 年，青藏高原旱情趋于严重。

为了研究干旱时空演变和传递过程，Huang 等(2017b)分别以 SPI 和标准化径流指数(standardized runoff index，SRI)作为气象干旱和水文干旱指数，研究了渭河流域气象干旱向水文干旱的传递时间及其影响因素，得出干旱传递时间受季节影响，与大气环流因素[如厄尔尼诺–南方涛动和北极涛动(Arctic oscillation，AO)]和下垫面条件有很强的关系。Wu 等(2018)使用 SPI 和 SRI，分析出黄土高原水文干旱的平均持续时间和严重程度大于气象干旱，发现黄土高原的干旱持续时间最长为五天。Hisdal 等(2003)采用经验正交函数、蒙特卡罗模拟(Chin et al.，2003)、概率等方法，研究了气象干旱发生的频率和持续时间与水文干旱的关系。Wu 等 (2017)利用二元关系模型建立了气象干旱与水文干旱强度和持续时间之间的非线性关系，并观察到水库的运行缩短了干旱传递过程。

在干旱关系的研究方面，Wang 等(2011)基于全球气候模型和区域气候模式探讨了 1991～2000 年和 2091～2100 年气候变化对气象干旱、农业干旱、水文干旱的持续时间、强度和频率的影响。Duan 等(2014)分析了未来气候变化对气象干旱、农业干旱和水文干旱的影响，结果表明，即使气象干旱特征稳定，未来气候变化对农业干旱和水文干旱的影响也将更大。Wu 等(2017)建立了利用典型站点方法，构建气象干旱与水文干旱持续时间和强度的数学关系模型，对干旱传递进行了初步研究。不同时间尺度的干旱特征也不同。例如，Vicente-Serrano(2006)基于不同时间尺度下的 SPI，分析了伊比利亚半岛干旱模式的差异。Pasho 等(2011)和 Xu 等(2018)指出不同时间尺度的干旱对植物生长具有不同程度的影响。气象干旱和农业干旱(或水文干旱)时间尺度之间的联系至关重要，但是目前对不同时间尺度下气象干旱、农业干旱、水文干旱的空间分布及其相互关系的研究还很缺乏。通过分析不同干旱类型的特征，有利于进一步了解干旱类型不同时滞后时间的变化特征。虽然已有若干研究针对不同干旱类型之间的传递过程进行了研究，但在干旱发生的频率、持续时间、强度、各自的特点及与时间尺度的关系等方面研究不够深入，且已有研究的区域较小。例如，Wu 等(2017)在晋江流域部分地区进行了研究，获得的结果较好，但其研究成果因地形地貌条件差异应用于其他地区则存在相当大的困难。

1.2.6　干旱发生机制

干旱的发生受多种因素影响，包括大气环流、当地的物理机制及人类活动等。在气候变化的影响方面，研究者们对不同地区的干旱与遥相关指数的关联性进行了分析，也得出了许多相应结果。例如，我国西南地区 2000 年之后持续降水量不足主要是由北极涛动负向的年代际转换和频繁的厄尔尼诺现象(尤其是太平洋中部厄尔尼诺)引起的(Tan et al.，2017)。朝鲜半岛 1976～2013 年的春季干旱大多是受北大西洋涛动(Northern Atlantic oscillation，NAO)的影响，因此可以根据 NAO 的变化对朝鲜半岛未来春季干旱波动状况进行预测(Kim et al.，2016)。我国干旱地区 1960～2010 年的干旱演变过程主要受到北半球极涡、AO 和 NAO 的影响。此外，新疆南部和河西走廊地区的干旱变化也可能受到青藏高原高压影响(Wang et al.，2015d)。黄河流域的旱涝演变模式与北大西洋海表温度(sea surface temperature，SST)和 NAO 的运行模式有关，这个运行模式会导致我国北方的东风异常，进而引起贝加尔湖周围的反气旋，导致降水量的减少和干旱的增加(Zhang et al.，2013)。

ENSO 和太平洋年代际涛动(the Pacific decadal oscillation, PDO)通过调节大规模大气环流，影响我国大部分地区的区域性降水(Miao et al., 2019)。华北平原和青藏高原地区的湿度年代际变化主要受 PDO 模式影响(Zhang et al., 2017c)。我国北部地区的干旱在 1900～2010 年的变化与 PDO 呈负相关(Qian et al., 2014)。黄土高原地区多尺度 SPEI 受印度洋偶极子(Indian Ocean dipole, IOD)、NAO、PDO、ENSO 及大西洋多年代际振荡的综合影响，其中 IOD 和 NAO 影响更强，其他因素影响较弱(孙艺杰等, 2019)。1949～2016 年，ENSO 与东非地区少雨季(10～12月)的降水量在整个研究期内呈正相关关系，ENSO 与多雨季(3～5 月)的降水量在2000～2016 年出现显著相关(Park et al., 2020)。渭河流域秋季和冬季气象干旱向水文干旱传播的时间变化受到 ENSO、PDO 和 AO 的影响较大(马岚, 2019)。研究者通过对 2003～2015 年华北平原地区干旱指数与遥相关指数之间的交叉小波分析得出，华北平原地区的干旱受到 ENSO 的影响较大(Wang et al., 2020)。贵州省 1961～2004 年的气候干燥性趋势与干旱严重程度的增大趋势,是干旱周期缩短导致的(干旱周期由原来的 1～4 年缩短为不到 1 年)，干旱周期的缩短主要与 20世纪 70 年代以后大尺度气候指数从 NAO 向 IOD 移动有关,而极端干旱事件的变化主要是由海表温度距平指数影响的(Xiao et al., 2019)。西北东部地区的夏季降水异常与前一年 SST,尤其是赤道中东太平洋 SST 具有显著相关性，具体表现为赤道中东太平洋 SST 出现异常会引起环流圈发生异常，导致大气环流异常、西太平洋副热带高压异常，进而导致西北东部地区的夏季降水异常(杨金虎等, 2008)。

1.2.7　干旱预测

基于干旱指数和气候模型，既可以进行短期干旱预测，也可以进行长期干旱预测。短期干旱预测可以通过发布有关适宜作物的适当咨询、分配抗旱资金使农民和各区域之间重新分配水资源来帮助作物管理。从长远来看，未来干旱预测对于通过改善基础设施来管理水资源、地下水补给项目和雨水收集计划等在较长时间内应对水危机的政策制定至关重要。由于不同时间和空间尺度干旱发生的复杂性和多样性，干旱预测给气候学家、水文学者及决策者带来了巨大的挑战。

近年来,研究者们一般基于气候预测结果评估 21 世纪全球和区域范围的干旱状况(Masud et al., 2017; Thilakarathne et al., 2017; Xu et al., 2015b; Wang et al., 2014a; Dai, 2013; Strzepek et al., 2010)。但是，在研究未来干旱演变情况时，需考虑与气候预测有关的不确定性。Sheffield 等(2012)认为，干旱对气候变化的响应不显著。然而，Dai(2013)发现，由于全球变暖，干旱加剧。这些矛盾的结果可能是由于气候模型在捕捉区域降水方面具有一定的局限性(Turner et al., 2012)。Cook 等(1999)的研究表明，对于北美西南部和西部，中度和高排放情景下，21 世纪的干旱风险将超过中世纪最干旱的记录。Swain 等(2015)报道称,北美北部地区呈现一致的湿润趋势,同时,北美洲大陆西南部地区呈现干燥的趋势,由于气候变暖,干燥可能会进一步加剧。Lin 等(2015)研究发现,21 世纪中国西南地区的干旱趋势可能会因碳排放的增加而加剧。

一般来说,干旱预测有三种方法:统计预测方法、动态预测方法和混合预测方法(Mariotti et al., 2013;Pozzi et al., 2013;Mishra et al., 2011)。统计预测方法采用历史记录的经验关系,以不同的影响因素为预测因子。随着计算能力和对气候理解的提高,干旱预测已更多地采用全球气候模式(global climate model,GCM),该模型提供基于大气、海洋和陆地表面物理过程的干旱预测。GCM 是目前研究气候变化问题最为常用的工具,经历了从简单气候模式到复杂气候模式的研发过程,全球已经开发了 40 余个 GCM,我国也在全球气候变化模拟研究中建立了自己的全球气候模式。2000 年以来,统计预测和动态预测相结合的混合预测方法也得到了发展。干旱预测一般是指对旱情的预测,在某些情况下,干旱预测还涉及其他性质,如干旱持续时间和频率(Sharma et al., 2012),或干旱开始、持续和恢复特征。

耦合模式比较项目第 5 阶段(coupled model intercomparison project phase 5,CMIP5)为分析 21 世纪气候变化在时空尺度上的预测提供了便利。未来干旱严重程度和极端干旱情况可从基于未来社会经济发展、相关温室气体排放或 RCP 情景的 GCM 中得出。然而,基于 GCM 的气候变化预测具有很大的不确定性。为了尽可能减少这种不确定性,多模式集成已被广泛使用(Mpelasoka et al., 2018;Nasim et al., 2018;Almazroui et al., 2016)。Xu 等(2012)根据 2011~2100 年三个 RCP 情景下的 11 个气候模式集成,预测了我国未来的气温和降水量,结果表明,在不同 RCP 情景下,我国所有地区都会变暖,其中北部地区比南部地区变暖的可能性更大。然而,GCM 输出的空间分辨率较低,如数百平方公里,因此无法在区域尺度上应用(Fu et al., 2018)。为了克服这一局限性,常用的方法有动力降尺度方法、统计降尺度方法或二者结合的方法将大尺度的时空数据转换为小尺度(区域)数据。Manage 等(2016)通过将区域气候模型与多模式 GCM 相结合,探索了动力降尺度方法以获得更好的空间分辨率。动力降尺度方法虽然有许多优点,但由于计算量大,一直没有得到广泛的应用。相比之下,统计降尺度方法成本低、准确性高,因此被更广泛地用于预测未来气候变化(He et al., 2018;Wang et al., 2016a)。统计降尺度方法有三种:传递函数法、天气模式法和随机天气发生器法(Kioutsioukis et al., 2008)。Liu 等(2012b)利用改进的 Richardson 天气发生器开发了一种统计降尺度方法(NWAI-WG)。NWAI-WG 不同于其他需要大气环流或海表温度作为预测因子的统计降尺度方法。如果有可靠的每日历史气候数据,NWAI-WG 很容易应用。因此,NWAI-WG 在气候变化评价研究中得到了广泛应用(Anwar et al., 2015；Touch et al., 2015；Wang et al., 2015a；Yang et al., 2014)。例如，Wang 等(2016a)在 RCP4.5 和 RCP8.5 情景下，将 NWAI-WG 与多模型集成 GCM 结合，对未来极端温度指标进行了预测。Feng 等(2019)使用 28 个 GCM 估算了 RCP8.5 情景下澳大利亚东南部小麦带的气候变化对未来干旱特征的影响。然而，目前基于多模式 GCM 结合 NWAI-WG 天气发生器统计降尺度方法结合预测的气象要素进行 SPEI 计算，对我国不同区域干旱及极端干旱状况进行研究的不多。

1.3 研究中存在的问题

根据以往的研究成果，国内外关于干旱评价、干旱发生机制分析、干旱时空变异性研究、骤旱演变规律和干旱预测等方面的研究还存在以下问题没有解决：

(1) 干旱指数的计算涉及降水量、蒸散发量及其他多种气象要素，这些参数的准确性或不同原因带来的误差对干旱指数的估算和干旱监测结果的评价有重要影响。然而，目前 ET$_0$ 不同估算方法对干旱指数及干旱时空分布规律的影响研究较少，需要对其进行深入研究。

(2) 降水量是反映气候的重要指标之一，是水分循环和水量平衡的重要因素，降水资料的准确性对科学研究至关重要。干旱研究大多使用观测的降水资料，没有考虑风速、降水形态等对降水观测值的影响。以往的研究都集中在降水量观测误差修正方法或降水量修正对降水量变化趋势的影响，但是降水量校正后对干旱的时空分布及干旱严重程度的影响研究较少。

(3) 我国的干旱研究主要集中在持续缓慢发生的干旱，目前对骤旱的变化特征、形成机制研究和监测预警的工作仍处于起步阶段，相关研究成果较少。

(4) 目前，对 SPEI 的时空分析大多是将时间分析与空间分析割裂开来，得出的结果不能很好地反映干旱复杂的综合变化规律；基于配分函数的多重分形分析在土壤和金融领域应用较为广泛，在干旱领域的应用较少，尤其是针对 SPEI 多重分形性的分析更少。

(5) 农业干旱涉及农业生产，农业生产涉及土壤含水量、土壤温度和地表温度等重要的陆面参数，相关研究对其时空特征未做直接对比。农业干旱、水文干旱是气象干旱的继承和发展，在评估水文干旱、农业干旱特点时却较少将气象干旱带来的影响考虑进来综合分析和对比，不同气候区的农业干旱和水文干旱对于气象干旱的响应关系和滞后期并未得到量化。此外，农业土壤干旱监测(如 TVDI)的适用性与陆面参数和植被盖度密切相关，但是其在不同气候区的适用性因植被条件和土壤温度不同会有所不同，并且其反映的深度在中国各个气候区却是未知的,目前的定义是位于表层。

(6) 在干旱发生机制的研究中,量化海洋活动在全国各地区干旱演变中的相对贡献及其影响过程的成果较少。此外,干旱预测方面,在结合多 GCM 模式集成和 NWAI-WG 统计降尺度法等基础上,对 2020~2100 年不同排放情景下我国各站点及不同气候区干旱特征的时空演变规律预测的研究尚不深入。

因此,考虑以往研究成果的不足,本书利用我国不同地区多个气象站点的长序列气象数据,将全国分为 7 个差异明显的气候区,探讨土壤含水量、地表温度及其他水文气象要素的时空变化规律,分析参考作物腾发量不同估算方法对干旱评价结果的影响,引入降水量偏差校正结果对干旱严重程度进行重新评估,采用多种方法揭示干旱严重程度的时空变异规律。此外,与四种大气环流指数相关联,探讨了干旱发生机制。最后,结合多个大气环流模式 GCM 和 NWAI-WG 统计降尺度方法对我国 2020~2100 年不同排放情景(RCP)下的干旱特征时空演变规律进行预测和深入探讨。研究成果将为我国不同地区干旱灾害预警、防灾减灾技术和水资源的合理分配提供数据和理论支持。

第2章 干旱相关水文要素及土壤参数的变化规律

各种类型干旱的发生是相应水文要素(如降水量、蒸散发量、土壤含水量和地下水径流量)低于正常值的结果,降水量、土壤含水量和地下水径流量(groundwater runoff, GR)的急剧减少是气象干旱、农业干旱或水文干旱发生的直接因素。因此,了解不同区域水文要素的时空变化特征是干旱研究中必不可少的基础内容。本章针对日、月和年等不同时间尺度,分析对比不同水文要素的时空变化规律,通过趋势分析和周期分析等方法,探讨各水文要素的内在变化规律,并初步分析了气象条件对农业和水文要素的影响。

2.1 干旱相关水文要素的变化规律

2.1.1 研究区概况及研究方法

1. 研究区概况

中国地处欧亚板块东南部,陆地面积约 960 万平方公里。地势东低西高,为三级阶梯地形。海拔最高的地区是青藏高原,位于我国西南部。渤海、黄海和南海包围了我国东南部地区。年降水量由西北内陆向东南沿海逐渐增加(Yao et al., 2018a, 2018b)。我国气候主要受夏季风的影响。此外,降水和高温事件集中在夏、秋两季,冬、春两季降水量相对较低。我国南方气温普遍高于北方,北方接近冬季风源。1 月份的 0℃等温线穿过中国的秦岭—淮河线。不同地形与不同地区气象要素的多重组合,使我国成为干湿地区之间的独特之地(赵会超,2020)。

图 2-1 所示为基于格点的中国地理分区及高程分布,图中的数字(1~7)表示不同的气候区,白线是相邻气候区的分界线。在每个气候区选择了典型站点以便进行后续的数据验证,所选的典型站点分别为哈巴河、包头、石渠、漠河、饶阳、楚雄和琼海等站。站点的降水数据来自中国气象数据网。

根据气候和地理特征,将我国分为 7 个气候区(赵松乔,1983),气候区(分区)1~7 分别为西北荒漠地区(西北地区)、内蒙古草原地区(内蒙古地区)、青藏高原地区、东北湿润半湿润温带地区(东北地区)、华北湿润半湿润温带地区(华北地区)、华中华南湿润亚热带地区(华中地区)和华南湿润热带地区(华南地区)。表 2-1 展示了我国不同分区气象要素的多年平均值。

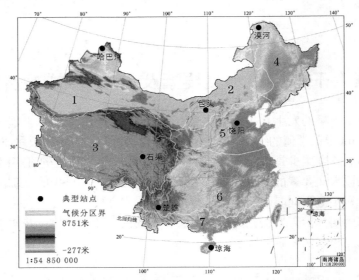

图 2-1　基于格点的中国地理分区(1~7)及高程分布(后附彩图)

表 2-1　我国不同分区气象要素的多年平均值

分区	最高气温 $T_{max}/℃$	最低气温 $T_{min}/℃$	风速 $U_2/(m/s)$	相对湿度 RH/%	日照时数 n/h	降水量 P/mm
1	15.1	1.6	1.9	50	8.1	134
2	12.1	−1.1	2.2	54	8.1	307
3	11.7	−2.7	1.7	53	7.2	468
4	10.7	−1.3	2.1	65	6.9	593
5	17.0	6.0	1.9	63	6.7	593
6	21.3	12.8	1.4	77	4.5	1293
7	26.3	18.3	1.6	79	5.2	1600
全国*	17.8	7.2	1.7	67	6.1	869

2. 数据来源

全球尺度的水文模型主要分为陆面模型和水文水资源模型两大类。陆面模型的定义最初来自大气循环中对陆面过程的模拟，用于计算从陆地到大气的通量。水文水资源模型是针对全球水资源短缺而开发的，主要基于水平衡方程。前者更强调物理基础，包括水和能量平衡，后者更强调水资源预算的经验方法。此外，陆面模型只考虑气候因素；而水文水资源模型同时考虑气候和人类活动对水储量的影响，包括工农业用水、生活用水和水库调度等(刘任莉等，2019)。

GLDAS 是一个全球高时空分辨率的陆地同化系统，是基于陆地观测数据、

---

*本书研究中，不包含台湾省数据。

卫星数据和陆地表面模型所产生的格网产品，通过模型模拟与数据同化，生成全球范围的地表状态变量和通量数据(Kumar et al.，2006；Rodell et al.，2004)。数据集的空间分辨率为 25000m，时间范围为 1948 年 1 月 1 日至 2010 年 12 月 31 日(Rodell et al.，2004)。GLDAS 以其独特的优势支持了全球大量的研究工作(Lv et al.，2017；Yuan et al.，2015；Yang et al.，2013；Syed et al.，2008；Niu et al.，2007)。

GLDAS 数据下载自谷歌地球引擎(Google Earth Engine，GEE)，由(美国)国家航空航天局(National Aeronautics and Space Administration，NASA)提供。由于 GEE 在计算干旱指数和趋势检验方面的局限性，采用空间数据提取的方法将栅格数据提取到相应的网格单元中进行分析。格点分辨率是 0.25°。GEE 具有如下特点：①结合大量遥感卫星数据和地理空间数据集，具有世界范围的分析能力。②提供了多种数据源，用户可以根据自己的需要在平台上计算目标量。③提供了应用程序接口(application programming interface，API)和其他工具来支持大量的数据分析，可依据 GEE 固有应用程序编程接口和基础性 Python 语言进行程序性命令操作。④第三方的数据和图像可以导入 GEE 进行分析计算。

将全球陆地 GLDAS 同化数据的详细信息列于表 2-2。

表 2-2　全球陆地 GLDAS 同化数据

波段名	单位	最大值	最小值	分辨率/(°×°)
SWnetsfc	W/m^2	0	1079.38	0.25×0.25
LWnetsfc	W/m^2	−406.44	173.22*	0.25×0.25
Qlesfc	W/m^2	−236.92	2694.70	0.25×0.25
Qhsfc	W/m^2	−1279.70	749.32	0.25×0.25
Qgsfc	W/m^2	−568.69	669.98	0.25×0.25
Snowfsfc	kg/(m^2/s)	0	0.62	0.25×0.25
Rainfsfc	kg/(m^2/s)	0	0.89	0.25×0.25
Evapsfc	kg/m^2	0	0.0009	0.25×0.25
Qssfc	kg/(m^2/s)	0	0.89	0.25×0.25
Qsbsfc	kg/(m^2/s)	0	0.01	0.25×0.25
Qsmsfc	kg/m^2	0	41.89	0.25×0.25
AvgSurfTsfc	K	199.01	348.41	0.25×0.25
SWEsfc	kg/m^2	0	100000	0.25×0.25
TSoil0_10cm	C	−50.54	58.18	0.25×0.25
TSoil10_40cm	C	−48.55	45.61	0.25×0.25
TSoil40_100cm	C	−48.60	41.83	0.25×0.25
TSoil100_200cm	C	−48.73	39.50	0.25×0.25
SoilM0_10cm	kg/m^2	2.85	46.80	0.25×0.25
SoilM10_40cm	kg/m^2	8.55	140.40	0.25×0.25
SoilM40_100cm	kg/m^2	17.10	280.80	0.25×0.25
SoilM100_200cm	kg/m^2	28.50	468.00	0.25×0.25
Cloudcov	%	0	0.50	0.25×0.25
Windsfc	m/s	0	58.18	0.25×0.25

波段名	单位	最大值	最小值	分辨率/(°×°)
Tairsfc	C	−66.30	55.05	0.25×0.25
Qairsfc	kg/kg	0	0.07	0.25×0.25
PSurfsfc	Pa	42640.30	109041.00	0.25×0.25
SWdownsfc	W/m²	0	1632.16	0.25×0.25
LWdownsfc	W/m²	48.94	567.35	0.25×0.25

注: *表示估计值。

本章选取了 GLDAS 的降水量、蒸散发量、0～200cm 深度的土壤储水量(soil water storage，SWS)和地下水径流量，单位为 mm。0～200cm 深度的 SWS 为 0～10cm、10～40cm、40～100cm 和 100～200cm 深度与其土壤含水量乘积的和。

在应用 GLDAS 数据进行相关研究之前，选择了月尺度下 GLDAS 降水量数据与相应格点位置提取的降水量地面观测数据，针对不同气候区内的典型站点进行对比验证，各典型站的 GLDAS 降水量与观测降水量的对比见图 2-2。图中黑色

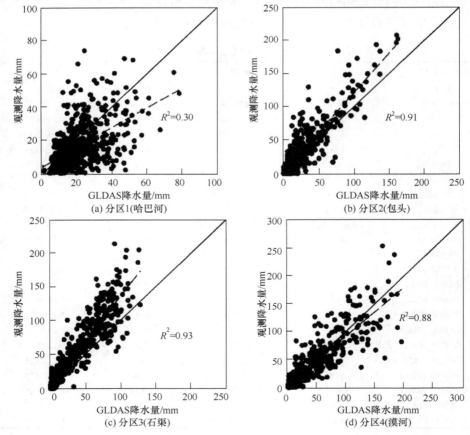

(a) 分区1(哈巴河)　　(b) 分区2(包头)

(c) 分区3(石渠)　　(d) 分区4(漠河)

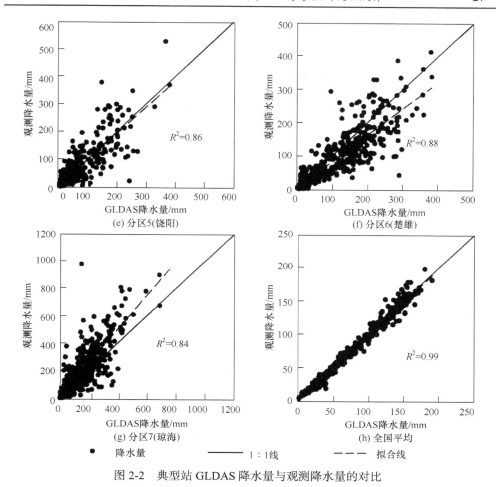

图 2-2　典型站 GLDAS 降水量与观测降水量的对比

对角线为 1：1 线，虚线为 GLDAS 降水量与观测降水量关系的拟合线。该图表明，除分区 1(西北地区)之外，其他各分区内典型站点在月尺度下的 GLDAS 降水量与观测降水量非常接近，R^2(决定系数)为 0.84～0.93。分区 1 两者关系较分散，R^2 为 0.30。表明 GLDAS 中数据集在大部分典型站点具有可靠性。

3. 趋势检验

基于 MK 方法(Kendall，1975；Mann，1945)改进的 MMK 方法，它考虑了时间序列自相关结构的影响(Hamed et al.，1998)。在检验序列无趋势为 0 的假设下，原 MK 检验统计量(Z)服从均值为 0、方差为 1 的标准正态分布。在 $\alpha=0.05$，$|Z| \geqslant 1.96$ 时，序列具有显著性；Z 为正值表示具有增加趋势，Z 为负值表示降低趋势(Li et al.，2010)。MMK 方法的统计量(Z^*)反映了 Z 序列自相关的影响。MMK

趋势检验方法中:

$$S = \sum_{i=1}^{n-1} \sum_{j=i+1}^{n} \mathrm{sign}\left(x_j - x_i\right) \tag{2-1}$$

式中, x_i 和 x_j 分别为时间 i 和 j 的具体数值; n 为数据的长度; S 为符号函数 $\mathrm{sign}(v)$, 令 $v=x_j-x_i$, 则

$$\mathrm{sign}(v) = \begin{cases} 1, & v > 0 \\ 0, & v = 0 \\ -1, & v < 0 \end{cases} \tag{2-2}$$

方差 $\mathrm{Var}(S)$ 通过式(2-3)计算:

$$\mathrm{Var}(S) = \frac{n(n-1)(2n+5)}{18} \tag{2-3}$$

所需显著性水平下的标准化检验统计量 Z 的计算公式为

$$Z = \frac{S}{\sqrt{\mathrm{Var}(S)}} \tag{2-4}$$

考虑时间的自相关性改进后的方差 $V^*(S)$ 计算公式为

$$V^*(S) = \mathrm{Var}(S)\,\mathrm{Cor} \tag{2-5}$$

式中, Cor 是对时间序列自相关性的纠正系数, 计算公式为

$$\mathrm{Cor} = 1 + \frac{2}{n(n-1)(n-2)} \sum_{i=1}^{n-1} (n-i)(n-i-1)(n-i-2)\,\rho_s(i) \tag{2-6}$$

式中, $\rho_s(i)$ 为 i 阶自相关系数。

此外, 使用森斜率方法对序列的具体趋势变化进行计算, 公式为

$$b = \mathrm{Median}\left(\frac{x_j - x_i}{j - i}\right), \ i < j \tag{2-7}$$

式中, b 为趋势斜率, 是对单调趋势幅度的稳定估计。

应用 MMK 方法对年尺度下四个水文要素(降水量、蒸散发量、土壤储水量和地下水径流量)在显著性水平为 0.05 时的变化趋势进行检验(Li et al., 2010; Topaloǧlu, 2006)。

4. 小波分析

小波分析使用一组小波函数来表示信号(Whitcher et al., 2000), 是一种局部化时间频率的分析方法, 窗口大小固定, 形状可变。目前, 小波分析可以用于多

时间尺度变化特征的研究(Whitcher et al.，2000)。小波变换的公式为

$$W_f(a,b)=|a|^{-1/2}\int_{-\infty}^{+\infty}f(t)\overline{\varphi}(\frac{t-b}{a})\mathrm{d}t=\langle f(t),\varphi_{a,b}(t)\rangle \tag{2-8}$$

式中，$f(t)$ 是子小波函数；t 是时间；$W_f(a,b)$ 是小波变换的系数；a 是尺度伸缩因子；b 是时间平移因子；$\varphi_{a,b}(t)$ 是由 $\varphi(t)$ 伸缩和平移而成的一族函数，$\varphi(t)$ 是基本小波，这里用 Morlet 小波作为基本小波，$\langle\,,\rangle$ 是内积，表示为

$$\varphi_{a,b}(t)=|a|^{-1/2}\varphi(\frac{t-b}{a})\qquad a,b\in R,a\neq 0 \tag{2-9}$$

式中，$\varphi_{a,b}(t)$ 为连续小波变换。连续小波分析的具体步骤可参考 Biswas(2018)、Biswas 等(2011)和 Li 等(2019a)。

定义具有最大振动强度的周期为主周期。周期可能显著也可能不显著，它是从连续小波图中的明亮色带中获得的。小波分析的影响锥为一定显著性水平下(此处为 0.05)的小波频谱区域和相应的边缘效应。

交叉小波分析是将交叉谱分析和小波变换相结合，对两个信号进行的时频相关分析。

5. AWD 的计算

AWD 是反映气象干旱的指数之一，计算公式如下：

$$\mathrm{AWD}_i=P_i-\mathrm{ET}_i \tag{2-10}$$

式中，下标 i 为月序号；AWD 是大气水分亏缺指数；P 是降水量；ET 是蒸散发量。

2.1.2　结果与分析

1. 水文要素的时空变化

1) 水循环要素序列的时间变化

图 2-3 展示了降水量、蒸散发量、土壤储水量和地下水径流量的多年平均日变化(1948～2010 年)。例如在分区 3，降水量先于蒸散发量达到峰值。蒸散发量又先于 0～200cm 土壤储水量达到峰值，并且达到峰值的时间基本上在 200d 以后，大约为每年的 7 月份。其他深度范围(0～10cm、10～40cm、40～100cm 和 100～200cm)土壤含水量的时空特征及其影响因素分析可以参考 Chen 等(2020)。

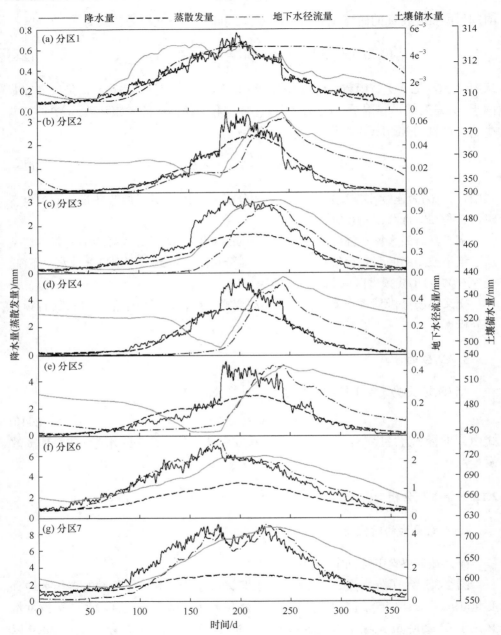

图 2-3　降水量、蒸散发量、土壤储水量和地下水径流量多年平均日变化

降水量、蒸散发量、土壤储水量和地下水径流量多年(1948～2010 年)平均月变化如图 2-4 所示。各分区降水量、蒸散发量和地下水径流量均在一年内先增后

减，但不同分区的曲线线型有差异。如分区 2 和分区 4 的降水量线型为尖瘦型，而分区 1、分区 3 和分区 6 则较缓和，分区 7 的降水量线型为双峰型。0～200cm 土壤储水量在不同气候区的变化规律差别很大，与降水量和地下水径流量的变化规律也不一致，体现了土壤调蓄的作用。在内蒙古地区、东北地区和华北地区较特殊，土壤储水量在一年的夏季达到最低水平，从这些地区的多年平均月时间序列可以看出，在夏季的某一时段降水量小于蒸散发量，此时土壤水分将被消耗，导致土壤含水量减少，这可能是夏季土壤储水量小的主要原因。此外，年降水量、土壤储水量和地下水径流量之间存在一定的滞后关系，尤其在分区 3(青藏高原地区)的滞后现象非常明显。分区 1 的降水量和蒸散发量，分区 6 和分区 7 的降水量和地下水径流量之间有较高的一致性。就全国而言，降水量和蒸散发量的月变化具有一致性，但地下水径流量和土壤储水量存在 1～2 月的滞后。各地区及全国的降水量、蒸散发量、地下水径流量和土壤储水量的数量级相差很大，分区 1～4

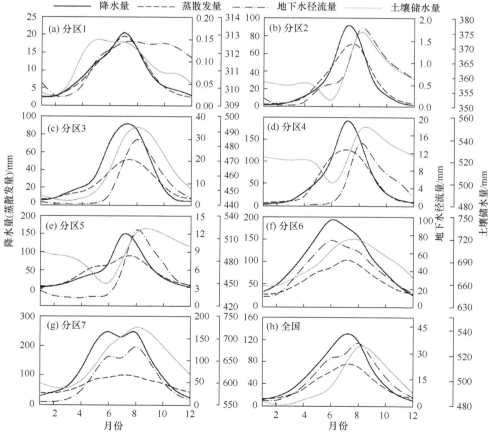

图 2-4　降水量、蒸散发量、土壤储水量和地下水径流量多年平均月变化

的降水量基本呈增加趋势，但地下水径流量不高。其他分区的水文要素变化规律也各有特色。

　　1948～2010 年降水量、蒸散发量、土壤储水量和地下水径流量变化如图 2-5 所示。从图中可以看出，在西北地区和内蒙古地区，四个水文要素之间的时间序列变化态势有着较高的一致性。西北地区和内蒙古地区年降水量、蒸散发量、0～200cm 深度土壤储水量和地下水径流量均小于其他分区。这两个分区年降水量与年蒸散发量非常接近，可能是其地下水径流量、土壤储水量偏少和气候干旱的主要原因，同时也表明相对其他地区，西北和内蒙古地区降水量对蒸散发量的影响更显著。在青藏高原地区、华中和华南地区，蒸散发量与其他三个变量随时间的变化有较大差异，特别是年降水量和蒸散发量之间的差异较大。在东北和华北地区，虽然降水量有所增加，但是降水量和蒸散发量之间的差异却并不大，而且从

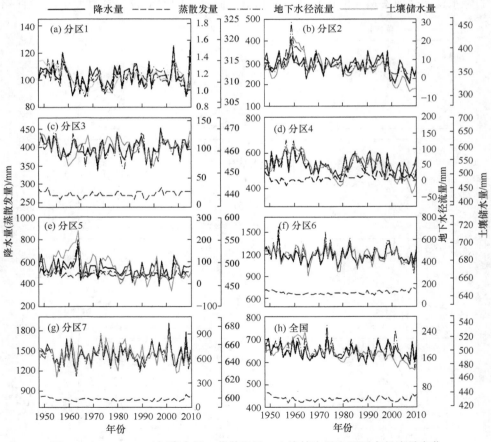

图 2-5　1948～2010 年降水量、蒸散发量、土壤储水量和地下水径流量变化

降水量和蒸散发量的波动来看，降水量已经不再是决定蒸散发量的主要因素，这与青藏高原地区、华中和华南地区的情况是相似的。

2) 水文要素的空间分布

多年(1948~2010 年)平均蒸散发量、0~200cm 土壤储水量、降水量和地下水径流量年值的空间分布表明，各水文要素总体上呈现由北向南逐渐增大的空间分布特征，但仍存在明显的区域差异(数据未列出)。相应于各地区降水量的差异，蒸散发量、降水量和地下水径流量的最高值均分布在华南地区(分区 7)，而土壤储水量的高值区域大多分布于华中地区(分区 6)。蒸散发量、土壤储水量和降水量的低值分布在西北地区，地下水径流量的低值分布广泛，基本覆盖了我国北部地区。蒸散发量、0~200cm 土壤储水量、降水量和地下水径流量分别为 21.6~1339.1mm、145.4~873.8mm、21.4~2079.8mm 及 0~1828.2mm，变化范围差别较大。

全国各地各月降水量通常小于 200mm，华北地区、西北地区和西南地区数值偏低，尤其是在冷季，会达到一年中的最低值。降水量较大的区域分布在东南地区，尤其是暖季。华中华南地区为全国降水量分布最多的地区，我国降水量呈现一种西北向东南递增的模式。此外，月降水量在冬春季大部分呈现北方较低、南方偏高的分布，夏秋季节降水量高值区域增加，但西北地区仍偏低。降水量的高值在 5~9 月，具有明显的区域性和空间变异性，这将影响土壤储水量和地下水径流量的空间格局。

我国蒸散发量、0~200cm 土壤储水量和地下水径流量的多年(1948~2010 年)月平均值的空间分布结果表明，多年平均蒸散发量、土壤储水量和地下水径流量的变化范围数量级相同，但具体数值存在差异。在华北地区和西北地区数值偏低，而数值较大的区域分布在东南地区。蒸散发量和地下水径流量空间分布和随着月份的时间分布有较高的一致性，而土壤储水量虽然在空间不同区域有着较大的差异，但是随着月份的推移，土壤储水量在空间上的变化并没有降水量、蒸散发量和地下水径流量的变化明显。

3) 水文要素变化趋势的空间分布

根据年蒸散发量、土壤储水量、降水量和地下水径流量的线性倾向率空间分布，四种水文要素在中国西南地区均有一定的增加趋势(数据未列出)。另外，对于蒸散发量而言，我国中东部、东北、西部地区的线性倾向率较大，而负线性倾向率仅存在于内蒙古地区和西南地区。土壤储水量在东北地区呈负线性变化趋势，而其他地区基本呈正增长趋势。从降水量和地下水径流量来看，我国东南和西部地区也有正的线性倾向率，东南地区的线性倾向率较大，降水量方面，我国中东部小部分地区也有正增长趋势。降水量和土壤储水量有一个共同的特点，从我国东南到中部地区，线性倾向率都由正变为负。

从年蒸散发量、土壤储水量、降水量和地下水径流量的趋势检验结果来看，四个水文要素在空间分布上是具有区域性的。年蒸散发量和降水量的变化趋势在大多数地区呈不显著变化，只有少数地区有明显的年变化趋势。但在土壤储水量和地下水径流量方面，显著下降的区域覆盖面积较大，主要分布在东北和西北地区。

2. 年尺度水文要素的周期性特征

利用 Morlet 小波函数对 7 个气候区的年降水量、地下水径流量、土壤储水量和蒸散发量进行连续小波变换,得到了 1948～2010 年不同气候区各水文要素的连续小波变换谱,如图 2-6 所示。图中的深色代表能量密度的峰值和谷值,能够反映主导波。用灰度表示波动分量时频变换的局部和动态特性及能量密度的相对变化。就年降水量而言,分区 1～2 没有明显的周期性,分区 4～5 有两个明显的周期性,能量密度较高。分区 3 1985～2003 年的降水量有 9～13 年的显著周期。对于地下水径流量,除分区 6 外,其他气候区的周期性相当明显。以分区 5 和分区 3 为例,分区 5 1955～1968 年地下水径流量有 1～10 年的周期,分区 3 1980～2000

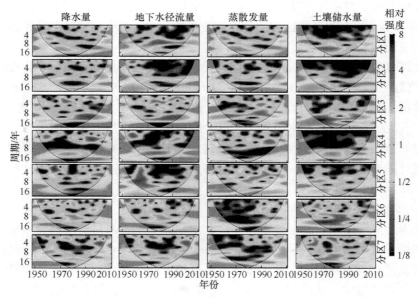

图 2-6　不同气候区年降水量、蒸散发量、地下水径流量和土壤储水量的连续小波变换谱(后附彩图)

年地下水径流量有 10～14 年的周期。关于蒸散发量的周期性，除分区 4 1955～
1960 年有 1～2 年的周期外，各气候区的显著周期均出现在 1985 年以后。不同气
候区土壤储水量的周期性表明(以分区 3 为例)，1960～1970 年土壤储水量有 16
年左右的周期性。

　　年蒸散发量、土壤储水量和地下水径流量的主周期空间分布特征基本上是集
群分布。年降水量与年地下水径流量的主周期的空间分布具有较高的一致性。各
个变量的主周期在 15～21 年，大多分布在我国北部地区，尤其是内蒙古地区。一
方面，土壤储水量主周期较大的区域分布面积最大，地下水径流量次之，而降水
量主周期较大的区域面积最小，反映出主周期较小的区域分布面积最大。另一方
面，也反映出降水量的变化是最频繁的，相对于其他三个水文要素而言土壤储水
量的变化较稳定。

　　3. AWD 对土壤储水量和地下水径流量的影响

　　1) AWD 与土壤储水量和地下水径流量皮尔逊相关系数的空间分布
　　AWD 作为大气水分亏缺的一种指标，是一种气象干旱指数。建立大气水分
亏缺与土壤储水量(或者地下水径流量)的相关关系，可以在一定程度上反映大气
水分亏缺对土壤储水量(或者地下水径流量)的影响。根据 AWD 与土壤储水量(或
地下水径流量)的皮尔逊相关系数分布(数据未列出)，在华中、华南地区和青藏高
原的小部分地区，皮尔逊相关系数在华南地区呈显著正相关，表明 AWD 对这些
分区土壤储水量和地下水径流量的影响较大。在西北、内蒙古、东北、华北地区
和青藏高原的部分地区，AWD 与土壤储水量(或地下水径流量)的皮尔逊相关系数
均为负值和低正值。由于 AWD 是一个基于月降水量和蒸散发量来表征短期干旱
特征的干旱指数，在短期气象干旱发生时，AWD 对北方地区土壤储水量和地下
水径流量的影响小于南方。

　　2) AWD 与土壤储水量和地下水径流量的交叉小波变换
　　图 2-7 展示了全国 AWD 与土壤储水量和地下水径流量的交叉小波谱。首先，
AWD 与 0～200cm 深度的土壤储水量(或地下水径流量)之间的相关性呈周期性波
动。图 2-7(a)是 AWD 与土壤储水量的交叉小波谱，1960～1990 年 AWD 与土壤储
水量呈显著正相关，AWD 与土壤储水量的高能共振区主要分布在 1960～1986 年，
高能区周期为 10～14 年。此外，1990～2000 年 AWD 与土壤储水量呈显著的非线
性关系。图 2-7(b)是 AWD 和地下水径流量的交叉小波谱，在 1948～2010 年，AWD
和地下水径流量之间存在显著(95%的置信水平)正相关。然而，AWD 和地下水径流
量的高能共振区主要分布在 1970～1976 年和 1954～1990 年，高能共振区有 2 个周
期分量，分别为 1970～1976 年(1954～1990 年)的 1～3(9～14)年。

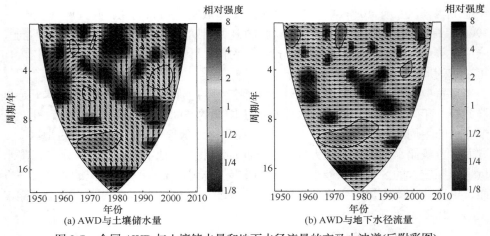

(a) AWD 与土壤储水量　　　　　　　　　(b) AWD 与地下水径流量

图 2-7　全国 AWD 与土壤储水量和地下水径流量的交叉小波谱(后附彩图)

2.1.3　水循环的驱动机制

降水量、蒸散发量、土壤含水量和地下水径流量是自然界水分循环的重要组成部分，探究各个水文要素的驱动机制，是研究水循环的重要理论基础。以往研究也进行了分析，本小节基于 GLDAS 数据，在以往研究的基础上，综合分析了相关水文要素的时空演变特征及其内在联系。

研究水文要素的一般时空特征仅仅是水循环分析中的基础性研究。有关水循环影响因素分析和水循环过程理论模型还未涉及，但已有研究针对单水文要素的影响因素进行分析。Solmon 等(2008)在西非地区基于区域沙尘模型和气候模式的数据分析了沙尘、长波和短波辐射对降水量的影响，表示由降尘变暖引起的对流层 "升高的热泵效应" 会在一定程度上导致降水量增加。Davey 等(2014)探讨了厄尔尼诺-南方涛动对降水量的影响。降水量、蒸散发量、土壤含水量及地下水径流量的变化是一个动态连续过程，单要素的影响因素分析，一定会对整个水循环过程产生影响，对单要素的影响就是对整个水循环连续体的干预。除了以上影响因素，影响水循环的因素还有很多，如温度、人类活动、植被覆盖条件和土壤质地等，在未来的水循环过程影响分析研究中，这些都应该作为影响因素进行量化分析，在此基础上，依据影响因素的过程理论，可进一步构建合理完整的水循环过程理论模型。

2.1.4　小结

在湿润和半湿润地区，年降水量和蒸散发量在数值上存在较大差异。年降水量、土壤储水量和地下水径流量随时间的波动状态有较高的一致性。在不同气候区之间，这些气象要素的时间变化特征存在较大差异，在干旱半干旱地区，年降水量与蒸散发量十分接近。此外，年降水量、土壤储水量和地下水径流量之间存在一定的滞后关系。年降水量、蒸散发量和地下水径流量的变化曲线在不同气候区均表现为先增加后减少的特点，但是土壤储水量的年内变化曲线在不同气候区有着不同的变化特点。例如，在内蒙古地区、东北和华北地区，存在先减少后增加的特点。在空间分布上，多年平均降水量、蒸散发量、土壤储水量和地下水径流量在空间上均呈现出由西北到东南地区逐渐递增的特点。

在趋势的空间分布特征上，四个水文要素在西南地区均有一定的增加趋势。就蒸散发量而言，我国中东部、东北、西部地区的正线性倾向率较大，而负线性倾向率仅存在于内蒙古地区和西南地区。在土壤储水量的变化趋势上，东北地区呈负线性变化趋势，而其他地区基本呈正增长趋势。从降水量和地下水径流量来看，我国东南角和西部地区也有正的线性倾向率，东南地区的线性倾向率较大。降水量方面，我国中东部小部分地区有正增长趋势。从我国东南角到中部地区，降水量和土壤储水量线性倾向率均由正变为负。

年降水量与年地下水径流量的主周期的空间分布特征具有较高的一致性。主周期的空间分布特征呈集群分布状态。土壤储水量和地下水径流量的主周期大于降水量和蒸散发量，即土壤储水量和地下水径流量的变化状态相对稳定。依据 AWD，初步分析气象条件对农业和水文方面的影响。结果表明这种影响具有区域性，且气象条件对我国湿润地区的土壤储水量和地下水径流量有较大影响。

2.2 土壤含水量和温度的时空变化规律

本节在日、月、年等不同时间尺度上探究了土壤含水量、地表温度、土壤温度和植被参数的时空信息，并进行了降水量与这些参数的相关性分析，研究了降水量对这些参数的影响。

2.2.1 数据来源

研究区概况详见 2.1.1 小节，此处不再赘述。

1. MODIS 产品数据

中分辨率成像光谱仪(MODIS)传感器安装在极轨 Aqua 和 Terra 卫星上，获取和收集基于遥感的地面观测数据(Wu et al.，2018)。MODIS 提供实时遥感数据，如 MOD11A1 提供的日间 LST、MOD09GA 提供的 NDVI 和 EVI 及 MCD12Q1 提供的土地覆盖类型数据，这些 MODIS 实时数据产品由 NASA 和美国地质调查局(United States Geological Survey，USGS)(https:// www.usgs.gov/)免费提供。本书所选数据的时间范围为 2001 年 1 月 1 日至 2016 年 12 月 31 日。四种 MODIS 遥感数据产品的空间分辨率分别为 1000m、500m、500m 和 500m,为了保持结果的一致性,对各遥感数据进行重采样,重采样分辨率统一为 1000m。

　　2. 土壤含水量、土壤温度和降水量数据

　　土壤含水量数据来自 GLDAS(https://disc.gsfc.nasa.gov/datasets? Keywords = GLDAS),已有研究完成相关可靠性验证(Xiao et al., 2016; Li et al., 2015b)。数据的时间范围为 2001 年 1 月 1 日至 2016 年 12 月 31 日,包括 0~10cm、10~40cm、40~100cm 和 100~200cm 四个深度范围内的土壤含水量,原始数据单位为 mm/m², 数据单位转化为 m³/m³。0~200cm 深度的土壤储水量基于不同深度土壤含水量得出。为了数据分辨率的相互匹配,将土壤含水量数据插值到 1000m 的分辨率进行分析。

　　从 GLDAS 分别获得了 0~10cm、10~40cm、40~100cm 和 100~200cm 深度的月土壤温度数据,时间范围为 2001~2016 年,空间分辨率为 0.25°×0.25°。同样,为了数据分辨率的一致性,数据在 1000m 分辨率下重新采样。涉及两个土层的土壤温度取平均值。例如, 0~40cm 土壤温度是在 0~10cm 和 10~40cm 深度的平均值。从 GLDAS 下载了 2001~2016 年的月尺度降水量数据,用于分析其对陆面参数的影响。

2.2.2　结果与分析

　　1. 土壤含水量和土壤温度的日变化

　　为详细探讨土壤含水量和土壤温度的时间变化规律,图 2-8 展示了不同气候区多年(2001~2016 年)日平均土壤含水量和温度时间序列变化。

　　图 2-8(a)~(g)为各个气候区不同深度土壤含水量的日变化,各个气候区 0~10cm 深度的波动比其他深度更明显。在分区 1 和 2, 100~200cm 深度土壤含水量的年内变化幅度较小,分区 3 的各层土壤含水量在秋季有明显一致上升的情况。在分区 4 和 5, 10~40cm 和 40~100cm 深度的土壤含水量在夏季有一致下降的现象,秋季,这两个分区的土壤含水量又出现明显的回升现象。在分区 6 和 7 内,各层土壤含水量变化过程一致,统一呈现为先增加再减少的变化规律,且随着深度的增加、土壤含水量也基本呈增加状态。图 2-8(h)~(n)为各气候区各层土壤温度的日变化特征,可以看出土壤 LST 明显高于其他各层的土壤温度。各气候区各分层土壤温度均呈现为峰值曲线。另外,各层土壤温度在季节上的差异性大致表现为:在冷季,深层土壤温度高于浅层土壤温度;在暖季,浅层土壤温度高于深层土壤温度。

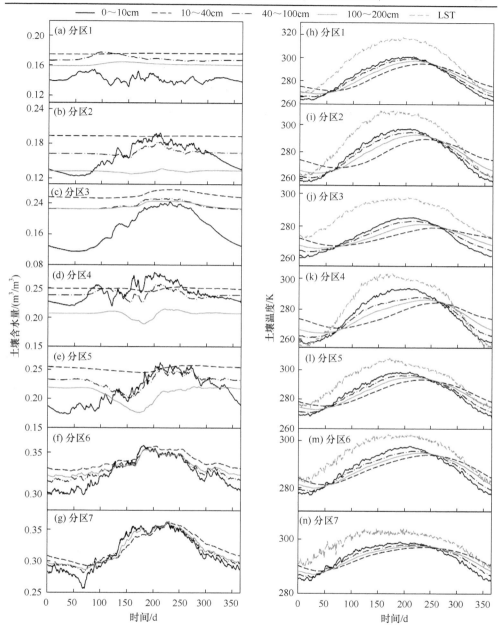

图 2-8　不同气候区多年(2001～2016 年)日平均土壤含水量和温度时间序列变化

2. 土壤含水量和土壤温度的月变化

图 2-9 对比了我国 7 个分区不同深度土壤含水量逐月变化特征。

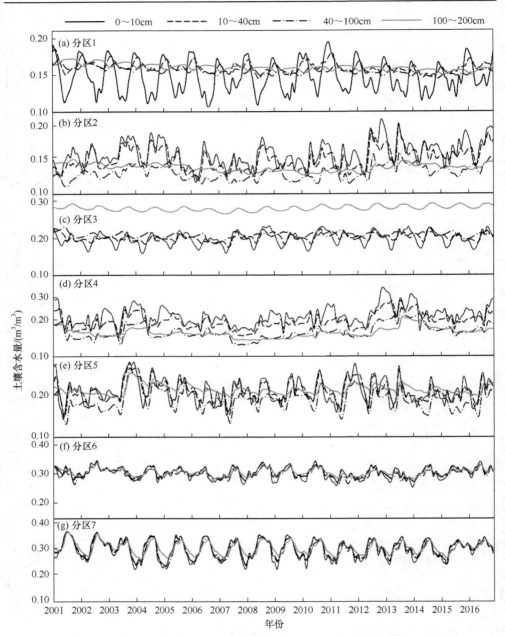

图 2-9　我国 7 个分区不同深度土壤含水量逐月变化特征

　　各土层深度土壤含水量的波动具有周期性特征，其达到峰值的时间从浅到深存在滞后现象(时滞)。在西北地区，0～10cm 深度的土壤含水量波动大于其他三个土层，且波动幅度最大，这是因为 0～10cm 深度内的土壤含水量受气象条件影响最大。此外，0～10cm 深度的土壤含水量在冷季明显高于暖季。东北地区和内蒙古地区土壤含水量变化特征相似，但周期性变化特征比西北地区差。在华北地区，0～10cm、10～40cm 和 40～100cm 深度土壤含水量也存在类似的周期性变化。不同深度土壤含水量差异最小的是华南和华中地区。在青藏高原地区，100～200cm 深度的土壤含水量保持在 0.26m³/m³ 以上。在华中和华南地区，不同土层土壤含水量变化具有高度一致性。全国范围内的土壤含水量总体大于 0.1m³/m³，小于 0.4m³/m³。有关 10～40cm、40～100cm、100～200 cm 深度的土壤含水量时间序列特征参阅 Chen 等(2020)。

图 2-10 展示了不同分区 4 个深度范围的土壤温度与日间 LST 的月变化。

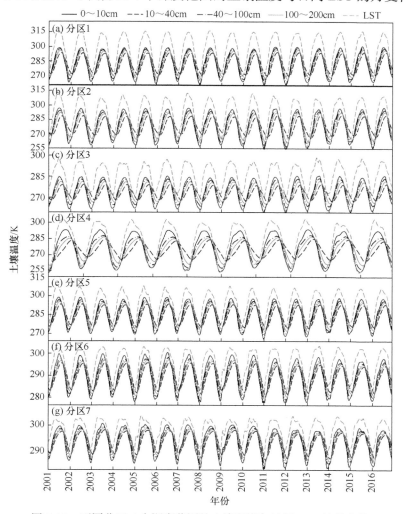

图 2-10　不同分区 4 个深度范围的土壤温度与日间 LST 的月变化

　　从图 2-10 可以看出，LST 高于各个土层深度内的平均温度，在暖季(LST 峰值变化对应时间)，随着土层深度的增加，各土层土壤温度的峰值基本是逐层递减的，然而在冷季(LST 谷值对应时间)，随着土壤深度的增加，各土层土壤温度的谷值是逐层递增的。此外，不同土层土壤温度之间时间序列的变化存在一定的滞后。

3. 土壤含水量和土壤温度的年变化

　　土壤含水量和温度的年变化见图 2-11，与其他气候区相比，分区 6 和 7(华中

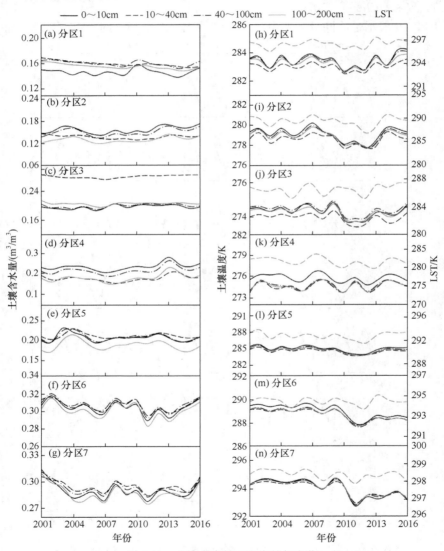

图 2-11　土壤含水量和温度的年变化

和华南地区)各个土层的土壤含水量表现出较高的一致性。另外,在青藏高原地区,10~40cm 深度土壤含水量明显高于其他各层。在温度方面,LST 同样明显高于各层土壤温度,分区 6 和 7 的土壤温度和地表温度有明显降低的趋势,并且在 2011年左右达到最低值。

4. 植被指数的时空变化

1) 植被指数的日变化

图 2-12 为植被指数 NDVI 和 EVI 多年(2001~2016 年)日平均时间序列。由图

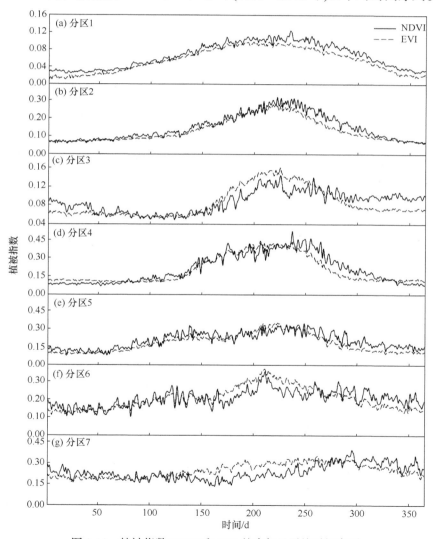

图 2-12　植被指数 NDVI 和 EVI 的多年日平均时间序列

可知，在分区 1 和分区 2，NDVI 和 EVI 的变化呈明显的均匀性单峰曲线，且峰值出现在一年中的第 225 天左右，约在 7 月中旬。分区 3 和分区 4 的变化类型与分区 1 和分区 2 相似，但是峰值略微有所提前，而其他气候区的 NDVI 和 EVI 的变化则相对较为平缓。

2) 植被指数的月变化

图 2-13 所示为植被指数 NDVI 和 EVI 的月变化。从图中可以看出，在分区

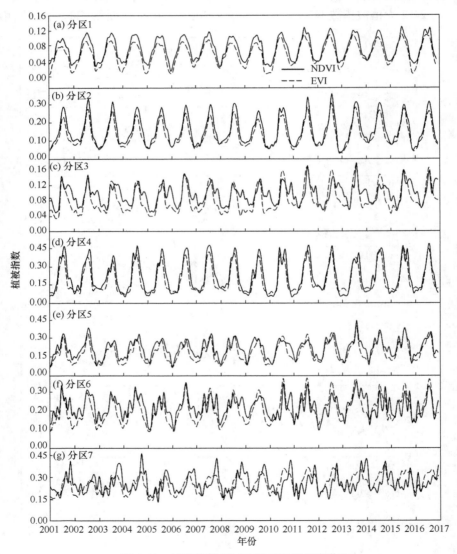

图 2-13　植被指数 NDVI 和 EVI 的月变化

1、分区 2 和分区 4，NDVI 和 EVI 的月变化有着高度的一致性，且 NDVI 峰值大多数情况下高于 EVI 峰值。在分区 3，NDVI 和 EVI 的变化相对其他气候区较为紊乱，明显可以看出，在月序列的变化过程中，当 NDVI 和 EVI 达到峰值以后，从峰值到谷值的过程中，NDVI 高于 EVI，分区 5 也存在这样的特点；在谷值到峰值的过程中，NDVI 也大于 EVI。但是在分区 7 存在 NDVI 的谷值小于 EVI 的情况，并且 EVI 的峰值早于 NDVI 出现。

3）植被指数的年变化

图 2-14 所示为植被指数 NDVI 和 EVI 的年变化。从图中可以看出，在分区

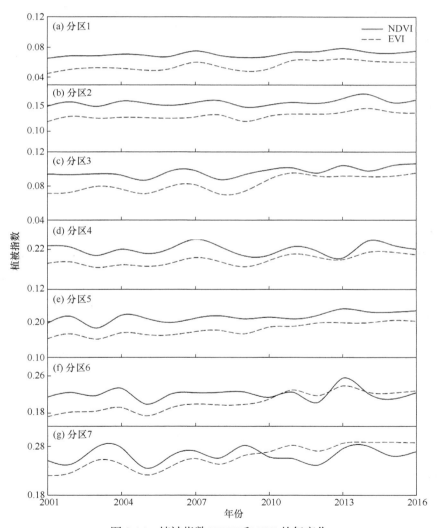

图 2-14　植被指数 NDVI 和 EVI 的年变化

1 和分区 2(西北和内蒙古地区)，NDVI 明显高于 EVI，但是二者随时间的波动变化规律基本是一致的。2010 年之前，分区 3(青藏高原地区)年 NDVI 和年 EVI 有较大差异。2010 年以后，年 NDVI 和年 EVI 有相互靠近的态势，并且这种情形也明显出现在分区 4、分区 6 和分区 7(东北、华中和华南地区)。尤其是华中和华南地区，在 2010 年之后，年 NDVI 与年 EVI 的曲线出现了相交的情形，并且出现了年 NDVI 小于年 EVI 的情形。

2.2.3　陆面参数的影响因素

　　土壤含水量、LST、土壤温度和植被指数的时空信息是非常复杂的，其时空变化受多种因素的影响，如气象因素(降水量、气温、辐射、湿度、潜在或实际蒸散发量)，土壤性质(包括质地、溶质、土壤斥水性和有机质含量)、地形、植被和地理(如经纬度)，这些因素分为间接影响因素和直接影响因素。与其他因素相比，地理和地形对土壤含水量的影响是间接的，它们主要通过引起气候条件的变化来影响土壤含水量。就土壤温度和地表温度的变化和分布而言，气候条件变化会对其有很大的影响，这种影响基本上都是直接的。

　　本节从大尺度分析降水量单要素对陆面参数的影响，这种影响是具有区域性的。也有研究基于小尺度微观角度分析了土壤参数的影响因素及其影响结果。例如，Wang 等(2019)通过试验所得的作物残渣秸秆数据，分析了稻草管理对我国半干旱地区土壤含水量和温度的影响，认为秸秆还土和秸秆覆盖均提高了土壤含水量，秸秆还土不能明显影响土壤温度，然而秸秆覆盖可以明显降低土壤温度。另外，Zhang 等(2005)基于过程的模型论证了 20 世纪加拿大在 0～20cm 土层深度的土壤温度变化，发现气温和降水量对土壤温度的影响是显著的，并且随着时间和空间的变化而变化，这对气候变化有重要的影响。

　　虽有研究初步揭示了这些陆面参数的时间变化，但是影响这些陆面参数时空变化的因素并未得到量化，影响模型关系并未构建，尚未确定主成分因子。热伊莱·卡得尔等(2018)在研究 LST 时空变化的过程中，初步判断了较高的植被盖度和较好的土地利用类型对地表温度时空变化格局具有很重要的调节作用。Chen 等(2020)通过相关性分析的方法证明气象因子的变化对土壤含水量和土壤温度的时空变化有着重要的影响，并且用三角函数对土壤温度进行了拟合，得到拟合函数参数的估计值，但是其具体的影响模式及影响的机理性理论，并未得到定量论证。同样，Ning 等(2019)用类似的分析方法展示了土壤温度的时空信息及气象要素与土壤温度相关性的空间分布特征。此外，Fathizad 等(2017)基于 Landsat 数据通过模糊神经网络分类方法分析了 NDVI 和 LST 的相关关系。温度、湿度和植被状况等这些陆面参数之间并不是相互孤立的，而是具有密切联系的。Asoka 等(2014)对不同覆盖类型下的 NDVI 与土壤含水量的关系进行了分析，并探讨了降水、大气环流指数和 SST 的影响，土壤含水量的富集受气象因素和植被的影响。此外，陆面参数也会反过来影响气象因子，如地表温度对空气温度的影响，土壤含水量对降水量的影响(Koster et al.，2003)。本章是基于多个陆面参数所做的时空对比分析，可以综合探究这些参数的时空演变特征。

另外，人类活动也影响陆面参数。例如，Orimoloye 等(2018)基于地表温度信息分析了地表温度产生的辐射能量对人类健康的影响；王涛等(2017)分析了榆林地区植被参数动态变化对人类活动的响应。陆面参数的重要性不言而喻，不仅关乎气候状态的平稳，也关系到人类社会和经济的稳定发展。在当前气候条件和人类活动强烈干扰的情况下，基于先进的科学技术详细分析陆面参数的时空信息、影响因素及关系模型的构建显得尤为重要。

2.2.4 小结

在土壤各层的水分和温度时空变化上，华中和华南地区，各层之间的土壤含水量变化过程明显一致，统一呈现为先增加再减少的变化样式，并且可以明显地看出随着深度的增加，土壤含水量也增加。土壤地表温度明显高于其他各个分层的土壤温度，各气候区各分层土壤温度均呈现为峰值曲线样式。另外，各层土壤温度在季节上的差异性表现为：在冷季，深层土壤温度高于浅层土壤温度，在暖季，浅层土壤温度高于深层土壤温度。植被指数方面，日序列变化中，在西北地区和内蒙古地区，NDVI 和 EVI 的变化呈明显的均匀性单峰曲线，且峰值出现在一年中的第 225 天左右，大约在 7 月中旬。青藏高原地区和东北地区的变化类型与西北地区和内蒙古地区相似，但是峰值略微有所提前。月变化特征表现为：在西北地区、内蒙古地区和东北地区，NDVI 和 EVI 的时间序列变化有着高度的一致性，且 NDVI 的峰值高于 EVI 的峰值。

第3章 干旱严重程度的影响因素

干旱指数的估算受多种因素影响，涉及的变量如温度、降水量和风速等都对干旱有不同程度的贡献。本章采用我国多个气象站的资料，通过不同方法估算参考作物腾发量，并对观测降水量进行偏差校正，从而评估其对干旱指数和干旱严重程度评估结果的影响。

3.1 参考作物腾发量的不同估算方法对干旱评估的影响

参考作物腾发量(ET_0)的估算精度影响标准化指数(如 SPEI)或非标准化指数监测干旱严重程度的准确性，但这种影响随区域如何变化研究的较少。选择我国 1961～2016 年 763 个站点的气象资料，利用不同的 ET_0 估算方法，如 FAO56-PM、Irmak、Berti、Priestley-Taylor 和 Valiantzas 公式，计算了 1 个月、3 个月和 12 个月时间尺度的 SPEI。通过系统分析基于不同 ET_0 估算方法所得 SPEI 的时空分布、相关性、频率、最小值、周期及其与 NDVI 的关系，评价不同估算方法对干旱评价的影响，以便更有效地进行干旱预测(姚宁，2020)。

3.1.1 数据和方法

1. 研究站点和数据集

1961～2016 年的观测气象数据和地理高程数据来自中国气象数据网，763 个站点的气象数据包括逐日降水量(P_m)、相对湿度(RH)、最低气温(T_{min})、平均气温(T_{mean})、最高气温(T_{max})、风速(U_2)和日照时数(n)。考虑多年平均温度、降水量和土壤含水量状况，7 个气候区情况见 2.1.1 小节，此处不再赘述。所选气象站点的分布见图 3-1。

NDVI 是由(美国)国家海洋和大气管理局(National Oceanic Atmospheric Administration, NOAA)高分辨率辐射计表面气候数据记录的，在土地覆盖和退化研究中有着广泛的应用。NDVI 数据精度为 0.05°×0.05°，时间为 1981 年 6 月到 2016 年 12 月(Vermote et al.，2014)。对于每个站点，每个月的 NDVI 为其附近 2×2 格点的平均值，并采用最大值合成技术消除两个数据集之间可能存在的偏差(Eklundh，1995)。

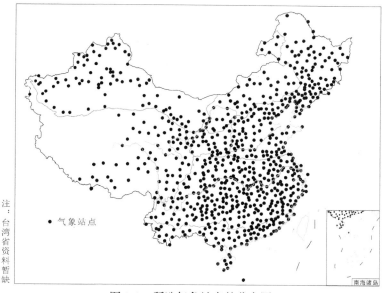

图 3-1　所选气象站点的分布图

2. 参考作物腾发量

采用广泛接受的 FAO56-PM 公式计算参考作物腾发量 ET_0(Allen et al., 1998)，FAO56-PM 公式为

$$ET_0 = \frac{0.408\Delta\left(R_n - G\right) + \gamma_0\left(\dfrac{900}{T_{mean} + 273}\right)U_2\left(e_s - e_a\right)}{\Delta + \gamma_0\left(1 + 0.34U_2\right)} \qquad (3\text{-}1)$$

式中，Δ 为饱和水汽压曲线的斜率，$kPa/℃$；T_{mean} 为 2m 高处日平均气温，$℃$；γ_0 为湿度计常数，$kPa/℃$；R_n 为净辐射，$MJ/(m^2 \cdot d)$；G 为土壤热通量，$MJ/(m^2 \cdot d)$；e_s 为饱和水汽压，kPa；e_a 为实际水汽压，kPa。

月尺度下土壤热通量 G 的计算公式为

$$G_K = 0.14\left(T_K - T_{K-1}\right) \qquad (3\text{-}2)$$

式中，T 为土壤温度；下标 K 和 $K{-}1$ 为月的序数。

净辐射 R_n 的计算公式为

$$R_n = R_{ns} - R_{nl} \qquad (3\text{-}3)$$

$$R_{ns} = \left(1 - \alpha_a\right)R_s \qquad (3\text{-}4)$$

$$R_s = \left[a_s + b_s\left(\frac{n_a}{N}\right)\right]R_a \qquad (3\text{-}5)$$

$$R_{nl} = \sigma\left(\frac{T_{max,k}^4 + T_{min,k}^4}{2}\right)\left(0.34 - 0.14\sqrt{e_a}\right)\left(1.35\frac{R_s}{R_{so}} - 0.35\right) \qquad (3\text{-}6)$$

式中，R_{ns} 为净短波辐射，MJ/(m²·月)；R_{nl} 为净长波辐射，MJ/(m²·月)；R_{so} 为晴空太阳辐射，MJ/(m²·月)；n_a 为实际日照时数，h；N 为最大可能日照时间，h；R_s 为太阳辐射或短波辐射，MJ/(m²·月)；R_a 天顶辐射，MJ/(m²·月)；σ 为 Stefan-Boltzmann 常数，取 σ=4.903×10⁻⁹MJ/(K⁴·m²·月)；α_a 为反射率，取 α_a=0.23；$T_{max,k}$ 为 24 h 内最高绝对温度，K；$T_{min,k}$ 为 24 h 内最低绝对温度，K；a_s、b_s 为经验系数，在没有实测太阳辐射资料和没有开展 a_s 和 b_s 参数的精度矫正时，建议取 a_s=0.25，b_s=0.50。为了提高计算精度，Chen 等(2004)利用 48 个站点的逐日太阳辐射对太阳辐射公式中的系数 a_s 和 b_s 进行了校正，基校正的 a_s 和 b_s，利用 ArcGIS 10.2 软件的泰森多边形法对 763 个站的 a_s 和 b_s 进行赋值，然后用来计算净辐射。

考虑到区域性和数据缺失问题，FAO56-PM(Allen et al.，1998)公式在数据缺失的地区具有局限性。Peng 等(2017)将 10 种 ET₀ 估算方法与 FAO56-PM 方法(综合法)进行了系统的比较，证明了 Irmak 等(2003)、Priestley 等(1972)、Berti 等(2014)和 Valiantzas(2013)等 4 种 ET₀ 估算方法在我国性能较优，因此这 4 种方法的选择有一定的理论依据，可以简写为 IRA、PT、MHS 和 Val 方法，分别属于经验法、辐射法、温度法和简化的 PM 公式法(彭灵灵，2017)。具体计算公式分别如下：

$$\text{ET}_{0,\text{IRA}} = 0.489 + 0.289R_n + 0.023T_{mean} \tag{3-7}$$

$$\text{ET}_{0,\text{PT}} = 1.26\left[\varDelta/(\varDelta+\gamma)\right](R_n - G)/\lambda \tag{3-8}$$

$$\text{ET}_{0,\text{MHS}} = \left[0.00193R_a(T_{mean}+17.8)(T_{max}-T_{min})^{0.517}\right]/\lambda \tag{3-9}$$

$$\text{ET}_{0,\text{Val}} = 0.03825R_s(T_{mean}+9.5)^{0.5} - 2.4(R_s/R_a)^2 + 0.048(T_{mean}+20)(1-\text{RH})(0.5+0.536U_2) + 0.00012z \tag{3-10}$$

式中，λ 为汽化潜热，MJ/kg；z 为海拔，m。

FAO56-PM 方法估算的 ET₀ 与其他 4 种方法估算的相对误差 R_D 计算公式如下：

$$R_D = \frac{\text{ET}_{0,i} - \text{ET}_{0,\text{PM}}}{\text{ET}_{0,\text{PM}}} \times 100\% \tag{3-11}$$

式中，下标 $i(i$=1，2，3，4)分别表示 IRA、PT、MHS 和 Val 估算方法。

3. 干旱指数的计算

每个站点、每个分区和全国的逐月降水量与参考作物腾发量 ET₀ 用来计算 1 个月、6 个月、12 个月和 24 个月时间尺度的 SPEI。SPEI 的计算过程如下 (Vicente-Serrano et al.，2010)：首先利用式(3-1)计算参考作物腾发量 ET₀；然后确定 1 个月、6 个月、12 个月和 24 个月时间尺度的累积水分亏缺量。水分亏缺量由式(3-12)计算：

$$\begin{cases} X_{i,j}^k = \sum_{l=13-k+j}^{12} D_{i-1,l} + \sum_{l=1}^{l=j} D_{i,l}, & j < k \\ X_{i,j}^k = \sum_{l=j-k+1}^{j} D_{i,l}, & j \geqslant k \end{cases} \tag{3-12}$$

式中，$X_{i,j}^k$ 是指第 i 年 j 月的 k 个月时间尺度的累积水分亏缺；$D_{i,l}$ 是指第 i 年第 l 个月降水量和 ET_0 之间的差值。

最后，通过三参数的 log-logistic 概率分布函数 $F(x)$ 拟合水分亏缺 D 数据序列，将累积概率分布函数正态标准化得到 SPEI。

$$F(x) = \left[1 + \left(\frac{\alpha}{x-\gamma} \right)^\beta \right]^{-1} \tag{3-13}$$

式中，α 为尺度参数；β 为形状参数；γ 为位置参数，三个参数可以通过 L-矩参数估计方法求得(Singh et al.，1993)。

$$SPEI = W - \frac{c_0 + c_1 W + c_2 W^2}{1 + d_1 W + d_2 W^2 + d_3 W^3} \tag{3-14}$$

式中，c_0=2.515517；c_1=0.802853；c_2=0.010328；d_1=1.432788；d_2=0.189269；d_3=0.001308。因此，超过某个 D 的概率为 $P(D)=1-F(x)$，当 $P(D) \leqslant 0.5$ 时，$W = \sqrt{-2\ln P(D)}$；当 $P(D) > 0.5$ 时，用 $1-P(D)$ 替换 $P(D)$，并且取反符号。

用 3 个月时间尺度的 SPEI 进行季度分析，其中春季为 3~5 月，夏季为 6~8 月，秋季为 9~11 月，冬季为 12 月至次年 2 月。用 12 个月时间尺度的 SPEI 进行年际分析，第 12 个月的 SPEI 被用来监测当年的干旱状况。不同 ET_0 估算方法所得 SPEI 之间的绝对误差(AD)计算如下：

$$AD = \left| SPEI_i - SPEI_{PM} \right| \tag{3-15}$$

式中，下标 i 表示不同的估算方法，即 $SPEI_{IRA}$、$SPEI_{PT}$、$SPEI_{MHS}$ 和 $SPEI_{Val}$。

4. 小波分析

用小波分析方法获得季和年时间尺度 SPEI(基于不同的 ET_0 估算方法)的周期。通过将时间序列信号转换为时频域，可以确定主要的变化模式及这些模式随时间变化的规律(Liang et al.，1994)。Morlet 小波被作为基函数，小波分析的基本原理详见第 2 章，此处不再赘述。利用 MATLAB R2017a 进行小波分析。

3.1.2　结果与分析

1. 不同气象要素的空间分布

气象要素(T_{mean}、U_2、RH 和 P)多年平均值的空间分布格局随季节和地理位置的变化而变化。在某个指定的季节或年尺度上，西北地区东部和华南地区的平均气温普遍高于西南至东北地区。如果忽略局部变异性，U_2 的空间分布一般与 T_{mean} 相反，即高温对应的地方 U_2 较低。我国西部至东部 RH 下降，东南部 RH 普遍高于 80%，P 的空间分布与 RH 相似，日照时数 n 的空间分布与 RH 相似。总体而言，分区 1~4 和分区 6 的 U_2 高于南方地区，而 RH、n、P 大多低于南方地区。时间尺度不同，相应气象要素的范围也不同。具体来说，从夏季、春季、秋季到冬季，T_{mean} 呈下降趋势。春季、夏季和秋季 U_2 相似，但冬季较大；春季的 RH 比其他三个季节低；夏季的 P 和 n 均高于其他三个季节。这些气候要素空间分布的强烈差异和变化也会导致计算的 ET_0 和 SPEI 出现相应的差异。

2. 参考作物腾发量的时空变化

图 3-2 比较了我国 1961~2016 年的季节、年降水量、ET_0(采用 5 种不同方法计算)和 D 时间序列。

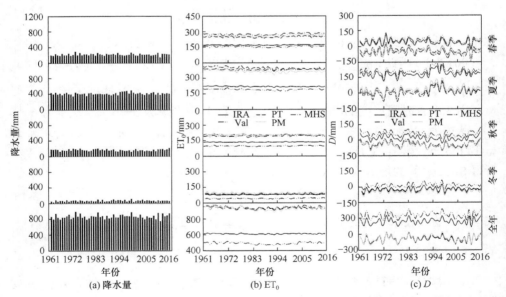

图 3-2　1961~2016 年的季节、年降水量、ET_0(采用 5 种不同方法计算)和 D 时间序列

降水量的波动具有季节性，且在夏季波动最大。不同方法估算的 ET_0 波动和范围在各季节基本稳定，但在某些季节，不同 ET_0 之间的差异明显(表 3-1)。春季

ET_0 的范围为 144～289 mm，不同方法的估算值的排序为 $ET_{0,MHS}$> $ET_{0,PM}$> $ET_{0,PT}$> $ET_{0,IRA}$> $ET_{0,Val}$；夏季 ET_0 的范围为 173～431 mm，排序为 $ET_{0,PT}$> $ET_{0,MHS}$> $ET_{0,PM}$> $ET_{0,IRA}$> $ET_{0,Val}$；秋季 ET_0 的范围为 93～222 mm，排序为 $ET_{0,PT}$≈$ET_{0,PM}$> $ET_{0,MHS}$> $ET_{0,IRA}$> $ET_{0,Val}$；冬季 ET_0 的范围为 38～110 mm，排序为 $ET_{0,PM}$ > $ET_{0,MHS}$≈ $ET_{0,IRA}$≈$ET_{0,PT}$> $ET_{0,Val}$。在所有季节和年度尺度上，$ET_{0,Val}$ 均最低。此外，$ET_{0,PM}$、$ET_{0,PT}$ 和 $ET_{0,MHS}$ 的年际变化相似，在 884～980 mm。但 $ET_{0,IRA}$ 和 $ET_{0,Val}$ 的年际变化要低得多，变化范围分别为 599～623 mm 和 463～515 mm。

表 3-1　不同方法估算的 ET_0 季节和年尺度的统计特性　　　（单位：mm）

特性	季节	$ET_{0,IRA}$	$ET_{0,PT}$	$ET_{0,MHS}$	$ET_{0,Val}$	$ET_{0,PM}$
最大值	春	175	262	289	166	279
	夏	230	431	400	210	394
	秋	143	220	212	108	222
	冬	86	90	101	53	110
	全年	623	980	971	515	978
最小值	春	166	236	259	144	244
	夏	211	372	367	173	333
	秋	132	199	182	93	196
	冬	78	79	77	38	86
	全年	599	908	910	463	884
平均值	春	171	249	274	156	261
	夏	220	401	385	191	368
	秋	137	208	195	100	207
	冬	82	84	87	44	98
	全年	611	942	942	491	933

比较 $ET_{0,PM}$、$ET_{0,IRA}$、$ET_{0,PT}$、$ET_{0,MHS}$ 和 $ET_{0,Val}$ 多年平均值的空间分布规律发现，$ET_{0,Val}$ 在时间（即不同季节）和空间（即不同的分区或全国）上的变化规律与 $ET_{0,PM}$ 更相似。春季、秋季和冬季，$ET_{0,IRA}$、$ET_{0,PT}$、$ET_{0,MHS}$ 和 $ET_{0,Val}$ 的最小值、平均值、最大值通常小于 $ET_{0,PM}$。$ET_{0,IRA}$、$ET_{0,PT}$、$ET_{0,MHS}$、$ET_{0,Val}$ 和 $ET_{0,PM}$ 之间的最大统计偏差均发生在夏季。因此，估算方法和季节因素都会影响 ET_0

的结果。

从季节到年时间尺度，$ET_{0,IRA}$($ET_{0,PT}$、$ET_{0,MHS}$ 或 $ET_{0,Val}$)与 $ET_{0,PM}$ 的空间线性相关系数变化范围为 0.33~0.92，反映了其相关性程度。总体而言，$ET_{0,Val}$ 与 $ET_{0,PM}$ 的相关性较强，而 $ET_{0,MHS}$ 与 $ET_{0,PM}$ 的相关性较弱(表 3-2)。

表 3-2　$ET_{0,PM}$ 与 $ET_{0,IRA}$、$ET_{0,PT}$、$ET_{0,MHS}$ 和 $ET_{0,Val}$ 之间的线性相关系数

项目	季节				全年
	春季	夏季	秋季	冬季	
$ET_{0,PM}$-$ET_{0,IRA}$	0.62	0.67	0.70	0.88	0.44
$ET_{0,PM}$-$ET_{0,PT}$	0.65	0.75	0.78	0.92	0.65
$ET_{0,PM}$-$ET_{0,MHS}$	0.33	0.58	0.58	0.86	0.36
$ET_{0,PM}$-$ET_{0,Val}$	0.91	0.91	0.82	0.87	0.83

IRA 和 Val 方法都低估了我国不同季节和年时间尺度的 ET_0，当使用 Val 方法时，我国大部分地区的 R_D 甚至达到−30%。PT 和 MHS 方法普遍低估了我国北方部分地区不同季节和年度的 ET_0(−30%<R_D<−10%)，高估了我国西北和东南部分地区的 ET_0(0<R_D<30%)。$ET_{0,PM}$ 与 $ET_{0,IRA}$、$ET_{0,PT}$、$ET_{0,MHS}$ 和 $ET_{0,Val}$ 的时空变化有明显差异。总的来说，与 FAO56-PM 方法相比，PT 和 MHS 方法的表现优于 IRA 和 Val 方法，但 Val 方法在变化规律上有较高的相似性。这也会影响使用 $ET_{0,IRA}$、$ET_{0,PT}$、$ET_{0,MHS}$、$ET_{0,Val}$ 和 $ET_{0,PM}$ 计算的 SPEI。

3. SPEI 的时间变化及相关性分析

对不同分区和全国 1961~2016 年 $SPEI_{IRA}$、$SPEI_{PT}$、$SPEI_{MHS}$、$SPEI_{Val}$ 和 $SPEI_{PM}$ 年值(分别基于 $ET_{0,IRA}$、$ET_{0,PT}$、$ET_{0,MHS}$、$ET_{0,Val}$ 和 $ET_{0,PM}$ 方法计算)的时间变化进行了系统的比较(图 3-3)，灰色阴影柱表示 1961~2000 年记录的历史干旱事件(丁一汇，2008)。

不同分区 $SPEI_{PM}$ 与 $SPEI_{IRA}$、$SPEI_{PT}$、$SPEI_{MHS}$ 或 $SPEI_{Val}$ 之间的平均绝对误差见表 3-3。在年降水量较大的分区(P>460mm)，如东北、华北和华中地区，尤其是在华南地区，$SPEI_{IRA}$、$SPEI_{PT}$、$SPEI_{MHS}$ 和 $SPEI_{Val}$ 的变化情况与 $SPEI_{PM}$ 的变化相似；但是在年降水量 P 较小(<460mm)的西北、内蒙古和青藏高原地区差异较大。此外，在年降水量 P 较大(>593mm)的东北、华北、华中和华南地区，ET_0 的估算方法对干旱的影响很小，因为在 SPEI 的计算中，$D(D=P-ET_0)$的大小主要取决于 P。然而对于全国，$SPEI_{IRA}$、$SPEI_{PT}$、$SPEI_{MHS}$、$SPEI_{Val}$ 与 $SPEI_{PM}$

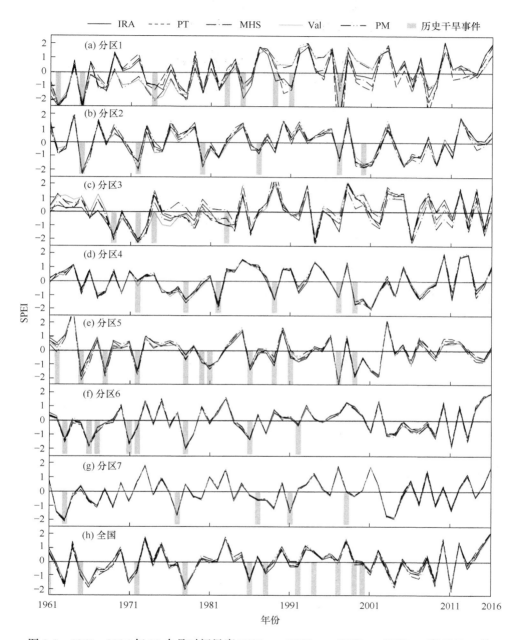

图 3-3　1961~2016 年 12 个月时间尺度 $SPEI_{PM}$、$SPEI_{IRA}$、$SPEI_{PT}$、$SPEI_{MHS}$ 和 $SPEI_{Val}$ 的时间变化

的差别很小。例如，在 1964～1981 年，$SPEI_{PT}$ 基本都大于 $SPEI_{PM}$，而在 1997～2004 年的结果却恰好相反。$SPEI_{IRA}$、$SPEI_{PT}$、$SPEI_{MHS}$、$SPEI_{Val}$ 和 $SPEI_{PM}$ 在不同分区呈现的轻微差别(分区 4～7)和较大差别(分区 1～3)也可以通过它们之间的绝对偏差(AD)体现出来。因为分区 1～7 的年降水量 P 分别为 135 mm、304 mm、455 mm、598 mm、593 mm、1269 mm、1605 mm 和 812 mm，所以不同的 ET_0 估算方法对 SPEI 的影响在干旱地区较大，在湿润地区较小。将降水量为 460～590 mm 的地区作为一个大致的区域。在年降水量小于 460 mm 的地区，SPEI 对不同的 ET_0 估算方法是比较敏感的。在不考虑绝对大小的情况下，不同 ET_0 估算方法计算所得 SPEI 的最小值时间分布一致。因此，所有的 SPEI 都能够识别历史干旱事件。

表 3-3　不同分区 $SPEI_{PM}$ 与 $SPEI_{IRA}$、$SPEI_{PT}$、$SPEI_{MHS}$ 或 $SPEI_{Val}$ 之间的平均绝对误差

项目	分区							全国
	1	2	3	4	5	6	7	
$SPEI_{PM}$-$SPEI_{IRA}$	0.56	0.24	0.37	0.15	0.19	0.10	0.07	0.19
$SPEI_{PM}$-$SPEI_{PT}$	0.74	0.22	0.28	0.13	0.16	0.08	0.07	0.14
$SPEI_{PM}$-$SPEI_{MHS}$	0.60	0.23	0.46	0.14	0.18	0.10	0.06	0.20
$SPEI_{PM}$-$SPEI_{Val}$	0.14	0.11	0.25	0.08	0.14	0.08	0.05	0.11

图 3-4～图 3-7 分别为不同分区和全国 1961～2016 年春、夏、秋、冬四个季节 $SPEI_{IRA}$、$SPEI_{PT}$、$SPEI_{MHS}$、$SPEI_{Val}$ 和 $SPEI_{PM}$ 的时间变化。与年尺度的结果相似，$SPEI_{IRA}$、$SPEI_{PT}$、$SPEI_{MHS}$、$SPEI_{Val}$ 和 $SPEI_{PM}$ 的季节性变化情况也在西北、内蒙古和青藏高原地区中呈现出较大差异。

图 3-8 为不同分区和全国在不同时间尺度的 $SPEI_{PM}$ 与 $SPEI_{IRA}$、$SPEI_{PT}$、$SPEI_{MHS}$ 和 $SPEI_{Val}$ 散点图。3 个月和 12 个月时间尺度的 $SPEI_{PM}$ 与 $SPEI_{IRA}$、$SPEI_{PT}$、$SPEI_{MHS}$ 和 $SPEI_{Val}$ 之间的线性相关性随着分区的不同而变化。例如，$SPEI_{PM}$ 和 $SPEI_{IRA}$ 之间的相关性在东北地区、华北、华中和华南地区更接近，且所有分区及全国都可以用线性方程 $SPEI_{PM}=A·SPEI_{IRA}$ 拟合，A 为拟合的线性斜率。$SPEI_{PM}$ 和 $SPEI_{PT}$、$SPEI_{MHS}$ 和 $SPEI_{Val}$ 之间的相关性与前文所述结果相似。

通过比较 3 个月和 12 个月尺度 $SPEI_{PM}$ 与 $SPEI_{IRA}$、$SPEI_{PT}$、$SPEI_{MHS}$ 或 $SPEI_{Val}$ 之间的斜率和决定系数(表 3-4)，$SPEI_{PM}$ 与 $SPEI_{IRA}$、$SPEI_{PT}$、$SPEI_{MHS}$ 或 $SPEI_{Val}$ 在华中和华南地区的相关性最好($R^2>0.98$，A 接近 1)，在东北、华北地区及全国

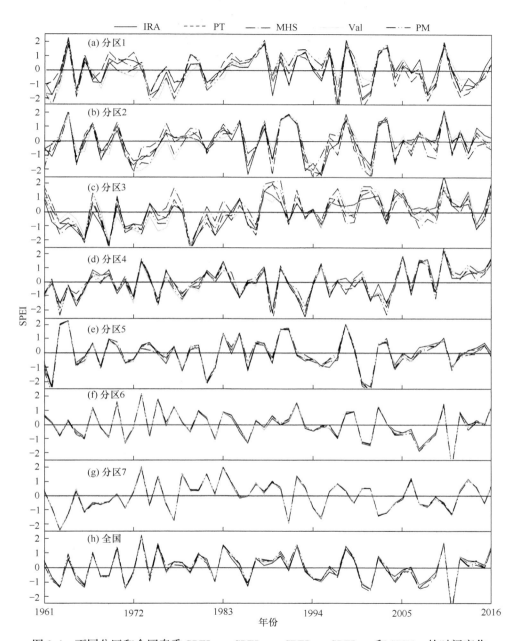

图 3-4　不同分区和全国春季 SPEI$_{PM}$、SPEI$_{IRA}$、SPEI$_{PT}$、SPEI$_{MHS}$ 和 SPEI$_{Val}$ 的时间变化

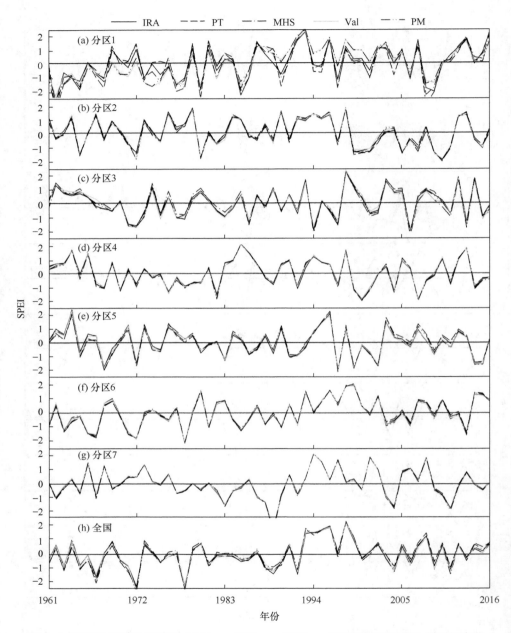

图 3-5 不同分区和全国夏季 SPEI$_{PM}$、SPEI$_{IRA}$、SPEI$_{PT}$、SPEI$_{MHS}$ 和 SPEI$_{Val}$ 的时间变化

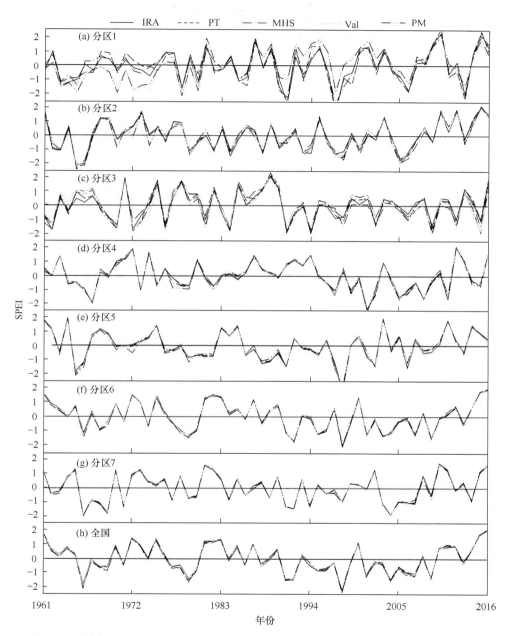

图 3-6　不同分区和全国秋季 SPEI$_{PM}$、SPEI$_{IRA}$、SPEI$_{PT}$、SPEI$_{MHS}$ 和 SPEI$_{Val}$ 的时间变化

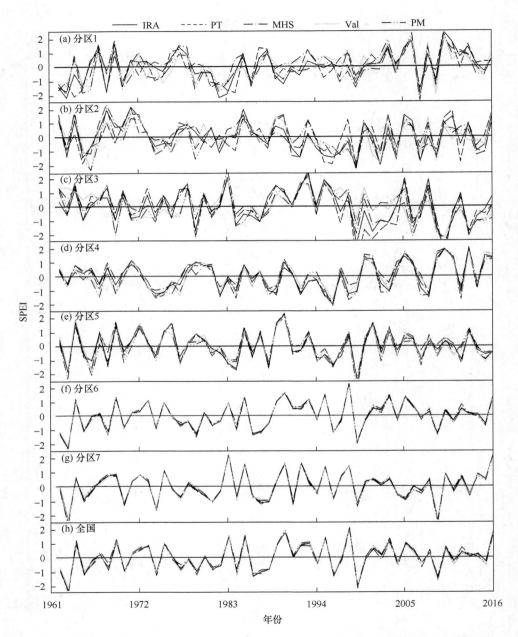

图 3-7　不同分区和全国冬季 SPEI_PM、SPEI_IRA、SPEI_PT、SPEI_MHS 和 SPEI_Val 的时间变化

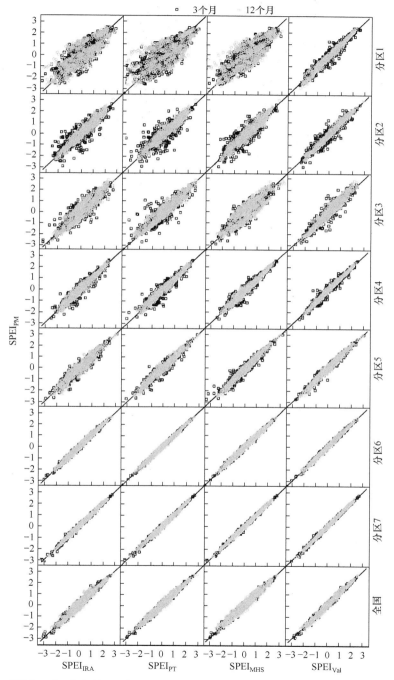

图 3-8　不同分区在不同时间尺度的 SPEI$_{PM}$ 与 SPEI$_{IRA}$、SPEI$_{PT}$、SPEI$_{MHS}$ 和 SPEI$_{Val}$ 散点图

呈现较好相关性(R^2>0.92)，在西北、内蒙古和青藏高原地区的相关性一般(0.52<R^2<0.98)，大多数情况下，分区 1 中 $SPEI_{PM}$ 与 $SPEI_{Val}$ 之间的相关性较差，且 12 个月尺度的相关性比 3 个月尺度的好。在不同的分区中，Val 方法与 FAO56-PM 方法的相关性比其他 3 种方法($SPEI_{IRA}$、$SPEI_{PT}$ 和 $SPEI_{MHS}$)更好。Val 与 FAO56-PM 估算的 ET_0 具有相似的时空分布模式，恰好证明了这一结论的合理性。但是，Val 方法的计算结果要比 FAO56-PM 方法的计算结果小，在应用时需要根据站点或分区特性进行校正，具体方法参见 Peng 等(2017)。

表3-4　不同尺度 $SPEI_{PM}$ 与 $SPEI_{IRA}$、$SPEI_{PT}$、$SPEI_{MHS}$ 或 $SPEI_{Val}$ 之间的斜率和决定系数

时间尺度	干旱指数	参数	分区 1	分区 2	分区 3	分区 4	分区 5	分区 6	分区 7	全国
3 个月	$SPEI_{IRA}$	A	0.84	0.90	0.94	0.97	0.97	1.00	1.01	1.01
		R^2	0.72	0.82	0.85	0.93	0.93	0.99	0.99	0.97
	$SPEI_{PT}$	A	0.72	0.86	0.87	0.96	0.97	0.99	0.99	0.99
		R^2	0.62	0.80	0.84	0.92	0.95	0.99	0.99	0.98
	$SPEI_{MHS}$	A	0.85	0.93	0.96	0.97	0.97	0.99	1.00	0.99
		R^2	0.74	0.84	0.86	0.94	0.95	0.99	0.99	0.97
	$SPEI_{Val}$	A	1.02	1.01	1.02	1.01	1.01	1.01	1.01	1.03
		R^2	0.94	0.92	0.91	0.97	0.97	0.99	0.99	0.99
12 个月	$SPEI_{IRA}$	A	0.78	1.00	1.00	1.00	0.99	1.01	1.01	1.02
		R^2	0.67	0.93	0.85	0.96	0.91	0.98	0.99	0.94
	$SPEI_{PT}$	A	0.56	0.96	0.91	0.99	0.98	0.99	0.99	0.98
		R^2	0.52	0.93	0.91	0.97	0.96	0.99	0.99	0.97
	$SPEI_{MHS}$	A	0.73	0.96	0.91	0.98	0.97	0.98	0.99	0.98
		R^2	0.62	0.92	0.78	0.97	0.93	0.98	0.99	0.93
	$SPEI_{Val}$	A	1.07	1.05	1.06	1.03	1.03	1.03	1.02	1.06
		R^2	0.98	0.98	0.93	0.99	0.97	0.99	1.00	0.98

4. 基于不同 ET_0 算法的 SPEI 频率和最小值分析

图 3-9 为不同分区和全国 12 个月尺度 $SPEI_{PM}$、$SPEI_{IRA}$、$SPEI_{PT}$、$SPEI_{MHS}$ 和 $SPEI_{Val}$ 的累积频率曲线。当 SPEI<−0.5 时，表明该分区处于干旱状态，当 SPEI< −2 时，表明该分区处于极端干旱状态。在西北地区，12 个月时间尺度 $SPEI_{IRA}$、$SPEI_{PT}$、$SPEI_{MHS}$、$SPEI_{Val}$ 和 $SPEI_{PM}$ 的频率曲线差别最大，其 SPEI 的范围处于−2.0～0.0，内蒙古、青藏高原地区及全国的 SPEI 曲线变化较小，在东北、华北、华中和华南地区，SPEI 曲线变化最小。在西北地区，$SPEI_{PM}$ 与 $SPEI_{PT}$ 的频率差别较大，但与 $SPEI_{IRA}$、$SPEI_{MHS}$ 和 $SPEI_{Val}$ 的频率差异较小。较其他分区而言，

西北地区的 5 条频率曲线都表明了该分区出现极端干旱情况的可能性更大(频率>3.9%，SPEI<−2.0)，而东北、华中和华南地区的极端干旱频率比较小(<2.5%)。

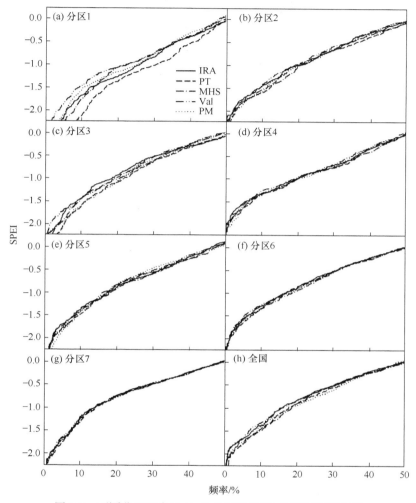

图 3-9　不同分区和全国 12 个月尺度 SPEI 的累积频率曲线

图 3-10 为使用 5 个 ET_0 公式计算 1961~2016 年 SPEI 季节均值与年均值的最小值 $SPEI_{min}$，对比了不同分区和全国 $SPEI_{PM}$、$SPEI_{IRA}$、$SPEI_{PT}$、$SPEI_{MHS}$ 和 $SPEI_{val}$ 的季节和年度最小值(SPEI<−2)。西北和内蒙古地区的 $SPEI_{IRA}$、$SPEI_{PT}$、$SPEI_{MHS}$ 和 $SPEI_{val}$ 与 $SPEI_{PM}$ 的季节均值与年均值的最小值比其他分区的差异大。例如，在 1962 年春季，西北地区的 $SPEI_{IRA}$、$SPEI_{PT}$、$SPEI_{MHS}$、$SPEI_{val}$ 和 $SPEI_{PM}$ 分别是−1.88、−0.8、−1.7、−2.4 和−2.5，表明了不同的干旱等级。在华北和华南

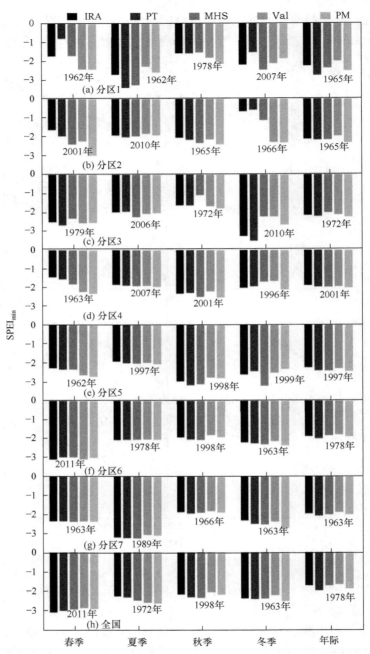

图 3-10　不同分区和全国 SPEI$_{PM}$、SPEI$_{IRA}$、SPEI$_{PT}$、SPEI$_{MHS}$ 和 SPEI$_{Val}$ 的季节和年度最小值

地区及全国的绝大多数季节中，SPEI$_{IRA}$、SPEI$_{PT}$、SPEI$_{MHS}$、SPEI$_{Val}$ 和 SPEI$_{PM}$ 的

最小值都小于–2.0。在干旱区域(分区 1 和 2)中，PT(Val)公式计算出的 $SPEI_{min}$ 与 FAO56-PM 公式计算结果的绝对偏差最大(小)。

5. 基于不同 ET_0 算法的 SPEI 周期分析

由于 SPEI 监测的干旱严重程度对西北地区不同 ET_0 估算方法最敏感，对比了不同 ET_0 方法计算的 SPEI 小波谱和小波方差的变化过程，见图 3-11。尽管不同 SPEI 的振动强度和小波谱在视觉上基本相似，但反映的周期信号不同。

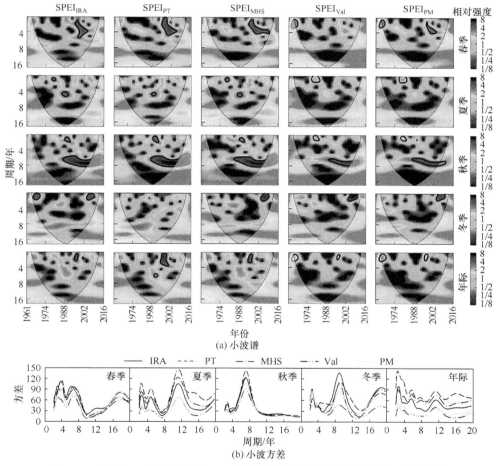

图 3-11　不同 ET_0 方法计算的 SPEI 小波谱和小波方差的变化过程(后附彩图)

对于春季，$SPEI_{IRA}$、$SPEI_{PT}$ 和 $SPEI_{MHS}$ 在 1995～2007 年的主周期短于 6 年，$SPEI_{Val}$ 在 1962～1971 年的主周期短于 3 年(部分周期信号超出影响锥线)，$SPEI_{PM}$ 在 1962～1970 年的主周期为 3 年，在 1996～2005 年的主周期为 4 年。对于夏季，

$SPEI_{IRA}$、$SPEI_{PT}$ 和 $SPEI_{MHS}$ 的周期信号略强于 $SPEI_{Val}$ 和 $SPEI_{PM}$，但均短于 6 年。对于秋季，$SPEI_{IRA}$、$SPEI_{PT}$、$SPEI_{MHS}$、$SPEI_{Val}$ 和 $SPEI_{PM}$ 有强烈的周期信号，其中 $SPEI_{IRA}$、$SPEI_{PT}$ 和 $SPEI_{MHS}$(1985～2016 年的周期为 5～8 年)的周期信号强于 $SPEI_{Val}$ 和 $SPEI_{PM}$(1988～2011 年的周期为 5～8 年)。对于冬季，$SPEI_{IRA}$、$SPEI_{PT}$、$SPEI_{MHS}$、$SPEI_{Val}$ 和 $SPEI_{PM}$ 有强烈的周期信号，其中 $SPEI_{IRA}$ 的主周期在 1964～1971 年和 2003～2009 年(主周期为 2 年)，$SPEI_{PT}$ 没有较强的主周期信号，$SPEI_{MHS}$、$SPEI_{Val}$ 和 $SPEI_{PM}$ 在 2003～2009 年有一个 2 年的主周期。在年时间尺度上，$SPEI_{IRA}$、$SPEI_{PT}$ 和 $SPEI_{MHS}$ 在 1994～2000 年有一个 1～4 年的主周期信号，但 $SPEI_{Val}$ 和 $SPEI_{PM}$ 有两个较短的主周期。类似地，主周期在 4 个季节中几乎没有差异，使用不同的 ET_0 方法估算的 SPEI 十分相似。总体而言，$SPEI_{Val}$ 和 $SPEI_{PM}$ 具有最相似的周期振动。

3.1.3　基于 SPEI 的干旱时空变化

基于 SPEI 的干旱时空变化受到 ET_0 估算方法、季节性和区域性的影响。其中，季节性是一直存在的自然因素，而区域性和 ET_0 估算方法都是主观因素，因为它们可以由人类控制和改变。在比较区域性因素和 ET_0 估算方法时，区域性起着重要作用。然而，在我国年降水量小于 500 mm 的干旱地区，ET_0 估算方法比区域性更重要。因此，在干旱和半干旱地区，ET_0 估算方法的选择对干旱严重程度(基于 SPEI 监测)的评估至关重要。当外部条件(如研究区域和气候背景)发生变化时，不同因素可能会对 SPEI 产生不同程度的影响。

世界其他地区也研究了不同 ET_0 或潜在腾发量(ET_p)估算方法对 SPEI 监测干旱的影响。Stagge 等(2014)使用五种常见的 ET_0 或 ET_p 方法计算欧洲 3950 网格的 SPEI，他们发现所选择的 ET_p 方法中，辐射对 SPEI 有重要影响。但是，他们没有分析区域变化对 SPEI 的影响。Chen 等(2015)利用 Thornthwaite(1948)和 FAO56-PM 方法计算了中国 1961～2012 年的 SPEI，发现 $SPEI_{PM}$ 表现更好，特别是在干旱地区，这与本书研究结果一致。赵静等(2015)强调中国地区使用 FAO56-PM 方法计算的 $SPEI_{PM}$ 监测干旱优于 Thornthwaite 方法。Feng 等(2017)也建议使用 FAO56-PM 来计算 SPEI，而不是 Thornthwaite 方法，因为经验 Thornthwaite 方程对温度变化非常敏感，计算结果比实际干旱程度大。Beguería 等(2014)比较了 Hargreaves 等(1985)、Thornthwaite(1948)和 FAO56-PM 方法在不同时间尺度上计算的 SPEI，并提出 SPEI 的差异在半干旱到中生代地区较大而在湿润区域较小(Zhang et al., 2017a)。大多数研究(包括本书)证实了 FAO56-PM 方法在估算 SPEI 方面表现更好，但是 Zhang 等(2017b)对比了三种改进需水量估算其对干旱监测精度的影响，发现双源潜在腾发量模型的表现优于 FAO56-PM。

尽管 Peng 等(2017)系统地比较了 10 种方法(包括本书的 5 种方法)估算 ET_0

月尺度的差异，但没有考虑 ET_0 的季节性。本书系统比较了 IRA、PT、MHS 和 Val 方法与参考方法 FAO56-PM 估算的 ET_0 对干旱评估(基于 SPEI)的影响。通过对时间变化、最小值变化、累积频率曲线、小波谱和周期的综合研究，同时比较了逐月及逐年 $SPEI_{IRA}$、$SPEI_{PT}$、$SPEI_{MHS}$、$SPEI_{Val}$ 和 $SPEI_{PM}$ 与相应时间序列 NDVI 的相关性，发现 Val 方法计算的 SPEI 监测干旱最接近 FAO56-PM 方法。这是因为 Val 方法是简化的 PM 方程，在数据资源有限的区域中使用更简单、更方便。

土地退化是全球最重要的环境问题之一，威胁着发展中国家干旱和半干旱地区超 2.5 亿人的生存(Bayen et al., 2015)。在我国北方，干旱事件会导致生态恶化、畜牧业和农业减产(Tao et al., 2004)、沙漠化和沙尘暴事件频发(Wang et al., 2008)、干旱和半干旱地区面积增加等环境和生物问题(Hedo de Santiago et al., 2016; Andresen et al., 2015; Barriopedro et al., 2012)。因此，本节研究结果可以为制定水管理政策提供依据，尽可能地减少干旱对资源有限地区造成的经济、生态和环境损失。

3.1.4　小结

我国多年平均气象要素的季节性和区域性差异，引起 SPEI 的季节性和区域性差异。季节和年际尺度 $SPEI_{IRA}$、$SPEI_{PT}$、$SPEI_{MHS}$、$SPEI_{Val}$ 和 $SPEI_{PM}$ 的干旱频率和周期随着季节性和区域性的变化而变化。研究发现西北、内蒙古和青藏高原地区 $SPEI_{IRA}$、$SPEI_{PT}$、$SPEI_{MHS}$ 和 $SPEI_{Val}$ 的偏差较大，这意味着在降水量低的干旱或半干旱地区，利用 SPEI 评估干旱受 ET_0 估算方法的影响高于湿润地区。

然而，对于大多数分区，不同的 ET_0 估算方法对 1961～2016 年的极端干旱事件(SPEI ≤−2.0)没有显示出明显的影响。尽管西北地区不同 SPEI 的波动和小波谱在直观上比较相似，但是所体现的周期信号不同。因此，在计算干旱指数 SPEI 时，建议谨慎地使用 ET_0 估算方法，它对干旱和半干旱地区影响更明显。对于湿润地区，不同的 ET_0 估算方法对 SPEI 或 SPEI 表示的极端事件几乎没有影响。

3.2　观测降水量偏差校正对干旱评估的影响

大部分干旱指数的计算是基于降水量的，因此降水量资料的准确性对干旱评估至关重要。本章选择了 1961～2015 年我国 552 个站点的气象资料，对降水量观测资料进行了偏差校正，并分别计算了降水量观测偏差校正前后的 Erinc(1965) 指数(I_m)、SPI 和 SPEI，旨在比较和评估基于观测降水量(P_m)及偏差校正后降水量

(P_c)估算不同干旱指数所反映的干旱时空变化规律;同时,利用 I_m 和 SPI(或 SPEI)客观地评价降水量偏差校正对干旱时空变化的影响。

3.2.1　数据和方法

1. 研究站点和数据集

采用 1961~2015 年的 552 个气象站点观测的日尺度气象数据,包括观测降水量(P_m)、平均相对湿度(RH)、最低气温(T_{min})、平均气温(T_{mean})、最高气温(T_{max})、风速(U_2)和日照时数(n)。数字高程数据和气象数据均来自中国气象数据网,站点分布见图 3-1。采用非参数的 Kendall 秩次相关法和 Mann-Whitney 齐性检验对数据质量和可靠性进行检验(Helsel et al., 1992)。气象数据的时间完整度超过 99.7%,缺失数据采用邻近站点的数据进行插值。

2. 观测降水量偏差校正

降水量观测系统误差主要是由微量降水、蒸发损失、雨量筒的湿润损失及风场改变引起雨量筒捕捉率降低等损失造成的(Yang et al., 1998)。因此,降水量观测值的偏差校正主要包括微量降水(ΔP_t, mm)、湿润损失(ΔP_w, mm)、蒸发损失(ΔP_e, mm)和风场引起的动力损失(Sevruk et al., 1984)。降水量观测偏差可以通过式(3-16)计算(Ye et al., 2004; Yang et al., 2001):

$$P_c = K\left(P_m + \Delta P_t + \Delta P_w + \Delta P_e\right) \tag{3-16}$$

$$K = 1 / CR \tag{3-17}$$

式中,P_c 为校正后的降水量,mm;K 为风速引起的校正系数($\geqslant 1$);CR 为捕捉率,%,计算公式如下:

$$CR_{snow} = 100\exp\left(-0.056 U_{10}\right),\ 0 < U_{10} < 6.2 \tag{3-18}$$

$$CR_{rain} = 100\exp\left(-0.04 U_{10}\right),\ 0 < U_{10} < 7.3 \tag{3-19}$$

$$CR_{mixed} = CR_{snow} - \left(CR_{snow} - CR_{rain}\right)\frac{\left(T_d + 2\right)}{4} \tag{3-20}$$

式中, 下标 snow 表示降雪; 下标 rain 表示降雨; 下标 mixed 表示雨夹雪; U_{10} 为 10 米高处的风速(m/s)。当 $T_{mean} < -2$,临界温度 $T_d = -2$; 当 $T_{mean} > 2$,$T_d = 2$; 当 $-2 \leqslant T_{mean} \leqslant 2$,$T_d = T_{mean}$。因此,式(3-16)可以简化成(李娜等,2017)

$$P_c = \begin{cases} \dfrac{\left(P_m + \Delta P_w\right)}{CR}, & P_m \geqslant 0.1\,\text{mm} \\[2mm] \Delta P_t, & P_m < 0.1\,\text{mm} \end{cases} \tag{3-21}$$

我国气象站标准雨量计的观测精度为 0.10 mm，当降水量小于 0.10 mm 时认为是微量降水。同一天可能会出现多次微量降水事件，但是对于任何一个微量降水日，不论发生多少次微量降水事件，为保守估计，都按 0.10 mm 修正，直接叠加到降水量中。湿润损失取决于雨量计特性、降水类型的变化和观测次数等要素，当降水量大于 0.10 mm 时，湿润损失对降雪的校正量为 0.30 mm，对降雨或雨夹雪的校正量约为 0.29 mm。由于蒸发损失 ΔP_e 非常小，并且很难准确估算，这里不进行校正。降水量偏差校正计算的更多细节可以参考张乐乐等(2017)，Yang 等(2005)，Ye 等(2004)和 Yang 等(1991)。

校正的偏差 Bias 通过式(3-22)估算：

$$\text{Bias} = \frac{P_c - P_m}{P_c} \times 100\% \tag{3-22}$$

3. 干旱指数的计算

Erinc(1965)提出的年尺度下干燥度指数(I_m)计算公式为

$$I_m = \frac{P}{T_{\max}} \tag{3-23}$$

式中，P 为降水量，mm；$T_{\max}$ 为最高气温，℃。当 $T_{\max} \geqslant 0$ 时，计算的 I_m 有效。

用逐月降水量计算 1 个月、6 个月、12 个月和 24 个月时间尺度的 SPI。每个分区(或全国)的降水量是各个分区(或全国)所有站点降水量的均值。SPI 的计算需用 Gamma 概率密度函数拟合给定的降水量时间序列。Gamma 分布 $\Gamma(P)$ 的概率密度函数 $g(P)$ 为

$$g(P) = \frac{1}{\beta^\gamma \Gamma(P)} P^{\gamma-1} \mathrm{e}^{\frac{-P}{\beta}} \quad (P > 0) \tag{3-24}$$

式中，β 为尺度参数；γ 为形状参数；P 为降水量；β 和 γ 可以用极大似然法求解。

$$\gamma = \frac{1 + \sqrt{1 + \dfrac{4A}{3}}}{4A} \tag{3-25}$$

$$\beta = \frac{\overline{P}}{\gamma} \tag{3-26}$$

式中，$A = \lg \overline{P} - 1/n \sum\limits_{i=1}^{n} \lg P_i$；$\overline{P}$ 为降水量的平均值；n 为降水量时间序列的长度。对于某一年的降水量 P_k(降水量不为 0)，其概率 $G(P_k)$ 为(Zarch et al.，2015)

$$G(P_k) = \int_0^{P_k} g(P_k) \mathrm{d}P_k \tag{3-27}$$

当降水量为 0 时，其概率 q 为

$$q = \frac{m_\mathrm{m}}{n_\mathrm{n}} \tag{3-28}$$

式中，m_m 表示降水量为 0 的样本；n_n 为样本总数。因此，降水量的累积概率 $H(P)$ 为

$$H(P) = q + (1-q)G(x) \tag{3-29}$$

将 $H(P)$ 正态化处理即可得到 SPI(Lloyd-Hughes et al., 2002; Mckee et al., 1993):

$$\mathrm{SPI} = -\left(t - \frac{c_0 + c_1 t + c_2 t^2}{1 + d_1 t + d_2 t^2 + d_3 t^3} \right) \tag{3-30}$$

式中，c_0=2.515517；c_1=0.802853；c_2=0.010328；d_1=1.432788；d_2=0.189269；d_3=0.001308。当 $H(P) \leqslant 0.5$ 时，$t = \sqrt{\ln\left(\dfrac{1}{H(P)^2}\right)}$；当 $H(P)>0.5$ 时，用 $1-H(P)$ 替换 $H(P)$，且取反符号。

每个站点、每个分区及全国的逐月降水量 P 和参考作物腾发量 $\mathrm{ET_0}$ 用来计算 1 个月、6 个月、12 个月和 24 个月时间尺度的 SPEI，计算过程详见 3.1.1 小节。

基于多年平均 P 和 I_m 的气候类型及 SPI(SPEI)的干旱严重程度见表 3-5。

表 3-5　基于多年平均 P 和 I_m 的气候类型及 SPI(SPEI)的干旱严重程度

气候类型	P/mm	I_m	干旱严重程度	SPI 或 SPEI
严重干旱	< 100	< 8	极端干旱	≤−2.0
干旱	100~200	8~15	严重干旱	−2.0~−1.5
半干旱	200~400	15~23	中度干旱	−1.5~−1.0
—	—	—	正常	−1.0~1.0
半湿润	400~800	23~40	中度湿润	1.0~1.5
湿润	800~1600	40~55	严重湿润	1.5~2
严重湿润	>1600	> 55	极端湿润	≥2.0

3.2.2　结果与分析

1. 年平均 P_m 和 P_c 的时空变化

图 3-12 展示了 1961～2015 年不同分区和全国 P_m 和 P_c 的时间变化。大部分分区 P_m 和 P_c 的时间变化基本稳定，但华中和华南地区的年降水量波动较大。每个分区及全国的逐年 P_c 大于 P_m，P_c 五年滑动平均值也大于 P_m。1961～2015 年，分区 1～7 和全国的多年平均值 P_m 分别为 136mm、305mm、455mm、597mm、591mm、1274mm、1604mm 和 815mm。相比之下，P_c 分别为 201mm、397mm、558mm、730mm、722mm、1460mm、1832mm 和 959mm，华中和华南地区比其他分区 P_c 及 P_m 大很多，P_c 与 P_m 分别增加了 65mm、92mm、103mm、133mm、131mm、186mm、228mm 和 144mm。总体而言，1961～2015 年偏差修正后的年降水量有所增加。

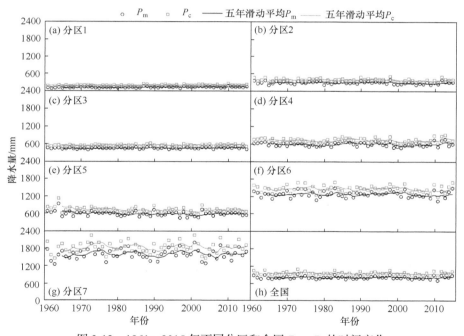

图 3-12　1961～2015 年不同分区和全国 P_m、P_c 的时间变化

尽管西北和内蒙古地区的年平均 P_c 小于其他分区，但是它们在 1961～2015 年的降水量偏差较大(>20%)，由于这些地区的观测降水量较小，即使很小的校正量也比较敏感(图 3-13)。对于不同的分区，校正偏差在 12.0%～34.9%，并且依分区 7、分区 6、全国、分区 4、分区 5、分区 3、分区 2 至分区 1 逐渐增大，1961～2015 年全国的平均校正偏差为 15%。

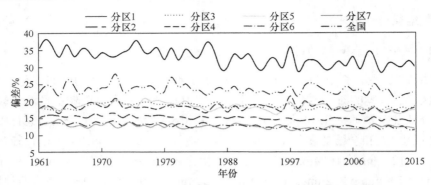

图 3-13　1961～2015 年不同分区和全国降水量校正的偏差变化

P_m 和 P_c 在降水量为 401～800mm 的面积百分比最大，在降水量为 1601～3160mm 最小(表 3-6)。在降水量为 0～200mm，P_c 的分布面积比 P_m 的小，但在降水量为 201～3160mm，P_c 要比 P_m 的分布面积大。1961～2015 年，全国 P_c 的面积百分比在降水量为 0～100mm、101～200mm、201～400mm、401～800mm、800～1600mm 和 1601～3160mm 下分别增长了 -5.4%、-3.9%、0.6%、4.0%、0.5% 和 4.2%。经过降水量偏差校正后，降水量的面积百分比发生了变化，这意味着不同分区和全国实际的气候状况要比观测的湿润。

表 3-6　1961～2015 年多年平均 P_m 和 P_c 的面积百分比　　(单位：%)

指标	降水量					
	0～100mm	101～200mm	201～400mm	401～800mm	800～1600mm	1601～3160mm
观测的降水量 P_m	16.1	13.1	17.0	28.9	20.2	4.8
校正后的降水量 P_c	10.7	9.2	17.6	32.9	20.7	9.0

1960～2009 年，不同分区和全国年代际 P_m 和 P_c 的范围不同(图 3-14)，这与图 3-12 中 P_m 和 P_c 的年际变化一致。对于每一个分区，各年代际 P_c 的最小值、平均值和最大值都要大于 P_m。从 20 世纪 60 年代到 21 世纪 00 年代五个年代际，P_c 比 P_m 分别增加了 65～231mm、66～239mm、65～229mm、65～225mm 和 67～220mm。对于五个年代际，西北地区 P_c 的增幅最小，而华南地区 P_c 的增幅最大。五个年代际 P_c 的差异较小，变化范围为 2mm(分区 1)至 20mm(分区 7)。

多年平均 P_m、P_c 和校正降水量(P_m-P_c)的空间分布结果表明，P_c 与 P_m 的分布基本一致，我国东南部地区 P_c 与 P_m 较大，东北地区较小。从东北到青藏高原地区的 P_m 和 P_c 范围为 200～800mm。较 P_m 而言，P_c<100mm 的站点更少，P_c>1600mm 的站点更多。从我国北部到东南部，年平均校正量从 40～609mm 逐渐增加,并且与年平均 P_m 和 P_c 的分布相似。总体而言,尽管校正后 P_c 的空间分布模式没有变化,但是每个站点的降水量都有所增加。

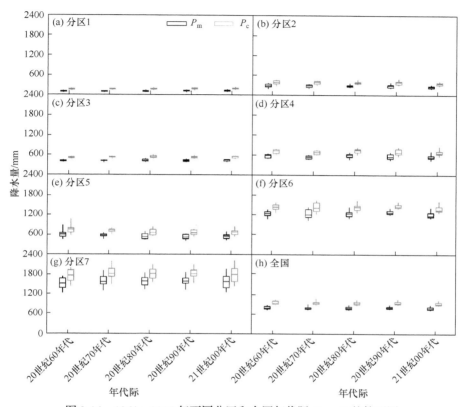

图 3-14　1961～2015 年不同分区和全国年代际 P_m、P_c 的箱型图

Ye 等(2004)根据我国 710 个气象站点的 P_m 数据,给出 1951～1998 年 P_c 的计算结果,并指出年降水量增加了 8～740mm,平均值为 130mm。Li 等(2018)将我国 552 个站点的降水量偏差修正结果更新至 1961～2015 年,发现使用四种不同指数重新评估气候带时,严重干旱地区减少,但严重湿润地区增加。然而,Ye 等(2004)和 Li 等(2018)并没有考虑不同分区的 P_c 变化。Li 等(2018)详细讨论了两个研究的异同,由于研究时间、分区及所涉及的站点数不同,本节得到的结果与 Li 等(2018)分析的结果有所差异。

2. 降水量偏差校正对 I_m 的影响

1961～2015 年不同分区和全国 P_c 的增加(较 P_m 而言)导致了 I_m 的增加(图 3-15)。在不同的分区和全国,由于降水量的校正,I_m 较大,但两者波动规律相似。1961～

2015 年，分区 1～分区 7 及全国的多年平均 I_m(基于 P_m)分别为 5、11、23、22、20、40、50 和 27，而基于 P_c 的多年平均 I_m 分别为 7、14、28、27、25、46、57 和 32。对于不同的分区，无论是基于 P_m 还是 P_c，I_m 的变化都很小，尤其是降水量小于 600 mm 的西北、内蒙古和青藏高原地区。相对降水量的增加，平均 I_m 由分区 7、分区 6、分区 3、分区 4、分区 5、分区 2 至分区 1 逐渐减小，这意味着与以往研究相比，我国湿润区域面积更大。

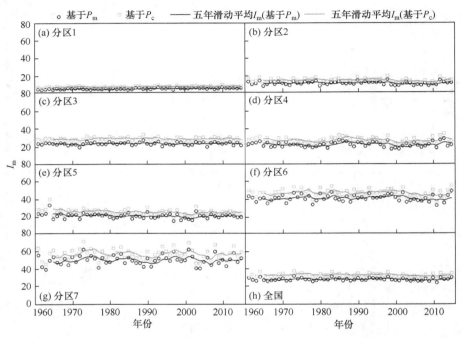

图 3-15　1961～2015 年不同分区和全国 I_m(基于 P_m 和 P_c)的时间变化

　　1961～2015 年，不同分区和全国 I_m 的校正偏差变化和 P_c 比较类似(图 3-16)。西北和内蒙古地区的校正偏差比其他分区的都大，而华中和华南地区的偏差较小，这是因为偏差对于 I_m 较小的分区比较敏感。总体而言，校正偏差均为正值，这也意味着我国的干旱程度整体较轻。

　　从 20 世纪 60 年代(1960～1969 年)到 21 世纪 00 年代(2000～2009 年)，不同分区和全国年代际的 I_m(基于 P_c)都有所增加，并且其最小值、平均值和最大值都大于基于 P_m 的 I_m(图 3-17)。华南地区的 I_m 增加最大，其次是华中、东北和华北地区，但是分区 1 的 I_m 增加最小，这是由于该地区的多年平均降水量不足 200 mm。相应地，I_m(基于 P_c)在每个分区的范围也发生了变化，但变化幅度不大。

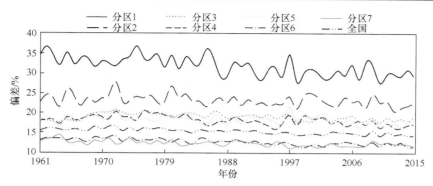

图 3-16　1961～2015 年不同分区和全国 I_m 校正偏差变化

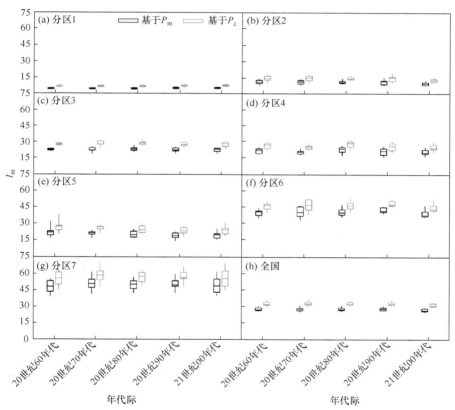

图 3-17　1961～2015 年不同分区和全国年代际 I_m(基于 P_m 和 P_c)的箱型图

1961～2015 年，使用校正后的降水量(P_c)进行气候分类时，结果表明严重干旱区向干旱区转变。I_m(基于 P_m 和 P_c)的空间变化模式与 P_m 和 P_c 类似，但是数值和范围不同，所有站点基于 P_c 的 I_m 都大于基于 P_m 的 I_m。

对于不同的分区，I_m(基于 P_c)从 5(北方大多数站点)增大到 21(东南部大部分站点)，全国平均 I_m 增加了 5。当使用 I_m(基于 P_c)分类时，气候类型从严重干旱变为干旱或从半湿润到湿润。不同气候类型站点数量的变化也支持上述结论，除了严重湿润外，不同气候类型的 P_m、P_c 及 I_m(基于 P_m 和 P_c)都有所减小(图 3-18)。

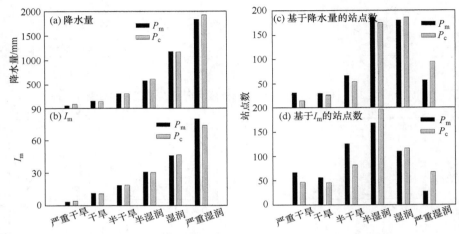

图 3-18　不同气候类型的降水量、I_m(基于 P_m 和 P_c)及其站点数

不论降水量还是 I_m，不同气候类型的站点数也具有明显的变化(表 3-7)。因此，降水量观测偏差校正对气候类型的转变具有显著影响，不同分区的气候类型均发生了变化(Li et al., 2018)。

表 3-7　降水相关指数分属不同气候类型(基于不同变量)的站点数

变量	气候类型					
	严重干旱	干旱	半干旱	半湿润	湿润	严重湿润
P_m	31	30	67	186	180	57
P_c	15	26	54	175	186	95
基于 P_m 估算的 I_m	66	56	125	168	109	27
基于 P_c 估算的 I_m	46	45	81	196	116	67

基于干旱指数的气候类型划分因站点、区域及国家的不同而不同。研究区域气候类型时，合理且表现较好的指标也会发生变化。例如，Li 等(2017c)指出 UNEP 在南疆、北疆及全疆的气候类型划分中比 I_m 和 Sahin 干燥度指数(I_{sh})表现好。然而，上述研究结果与 Sahin(2012)在土耳其的研究有所不同。在不同的国家或地区使用不同的干旱指数，气候类型划分会发生变化，这也暗示了干旱本身具有复杂性。另外，尽管可以通过简单的非标准化指数(I_m)变化来评估干旱严重程度，但

较标准化指数而言还是存在局限性。因此,分析降水量观测误差对标准化指数的影响很有必要。

3. 降水量偏差校正对 SPI 和 SPEI 的影响

1961～2015 年,我国不同分区 12 个月尺度基于 P_c 的 SPI(SPEI)与基于 P_m 的 SPI(SPEI)差别很小(图 3-19)。SPI 和 SPEI 的不同之处在于后者考虑了气候变暖的影响(结合了温度或 ET_0)。虽然 P_c 的增加使得严重干旱或极端干旱情况下 SPI 和 SPEI 变得更大,但是并没有导致 SPI 或 SPEI 的整体增加,这是由于标准化指数去除了降水量均值的影响。相应地,SPI 和 SPEI 的五年滑动平均曲线变化也不大,该结果与 I_m 有所不同。

3.2.3 干旱指数研究的现状对比

很多学者利用不同干旱指数研究了世界不同地区的干旱变化。Tong 等(2017)根据 1961～2010 年我国内蒙古自治区(分区 1 和 2 的一部分)109 个站点的年平均降水量和温度数据计算了 UNEP 指数,研究发现该地区的气候正逐年变干旱。Jin 等(2016)将 1951～2012 年中国西部的逐月 PDSI 及其相关气象要素分解成 8 种模式和一个趋势,发现我国西部半干旱地区的逐月 PDSI 在不同时间尺度上包含 8

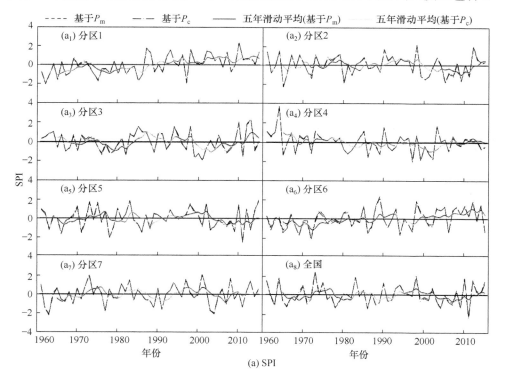

(a) SPI

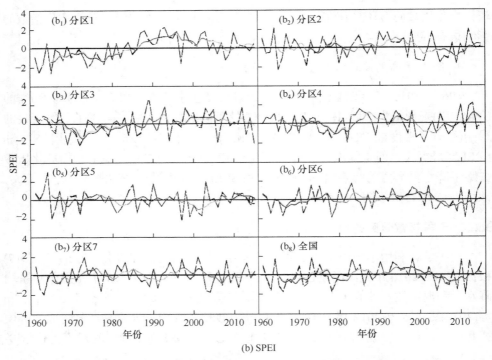

图 3-19　1961～2015 年不同分区和全国 12 个月尺度 SPI、SPEI 的时间变化

个准周期振荡。在年代际气候变化背景下，Malherbe 等(2016)使用 SPI 分析了南非大范围历史干旱，并使用小波分析检测了最突出的 17～20 年周期。Vicente-Serrano 等(2015a)利用 SPI 和 SPEI 研究了玻利维亚 1955～2012 年干旱的时空变化和趋势，证明其全国平均干旱状况具有年代际特征。Ndehedehe 等(2016)应用若干标准化干旱指数(包括 SPI、标准化径流指数、标准化土壤含水量和多元标准化干旱指数)确定了一些主要干旱地区(Burkina Faso 和 Lake Volta 地区)。Cook 等(2016)利用地中海 1100～2012 年自校正的 PDSI 对 6～8 月的干旱进行了年轮重建，研究表明近期的干旱主要集中在地中海西部、希腊和黎凡特。Li 等(2018)研究了 P_m、P_c、ΔP_t、ΔP_e 和 ΔP_w 的时空变化特征，以及降水量观测偏差校正后我国气候区的重新划分，本书重点研究了降水量观测偏差校正对我国不同气候区旱涝变化的影响。

　　虽然不同干旱指数在不同地区的研究较多，但探讨降水量偏差校正对我国干旱时空变化的影响较少。本节通过使用标准化(SPEI)和非标准化干旱指数(I_m)，清楚地显示了干旱演变和气候类型变化的差异。例如，非标准化干旱指数 I_m 有不同的变化范围，具有区域性，进行降水量偏差校正后，一个地区的气候类型也相应发生了变化。尽管 SPEI 也具有区域性，但是它只比较了研究站点(或地区)本身干旱的相对变化，并不能有效地显示其绝对变化，导致降水量观测偏差校正后 SPEI 并没有发生明显变化。因此，选定分别属于严重干旱、半干旱、半湿润和湿润气候类型的四个站点进行分析，其地理信息如表 3-8 所示。

表 3-8　四个选定站点的地理信息

站点	纬度/(°)	经度/(°)	年均降水量/mm	气候类型
阿拉尔	40.6	81.3	50	严重干旱
包头	40.7	109.9	301	半干旱
阳城	35.5	112.4	596	半湿润
深圳	22.5	114.0	1898	严重湿润

图 3-20 展示了典型站点(具有不同气候类型)年降水量、I_m 和 12 个月尺度 SPEI 的时间变化。在不同站点，降水量和 I_m 有不同的范围和波动，但 SPEI 有相似的范围。例如，2003 年阿拉尔、包头和阳城(四个选定站点中较为干旱的站点)极端干

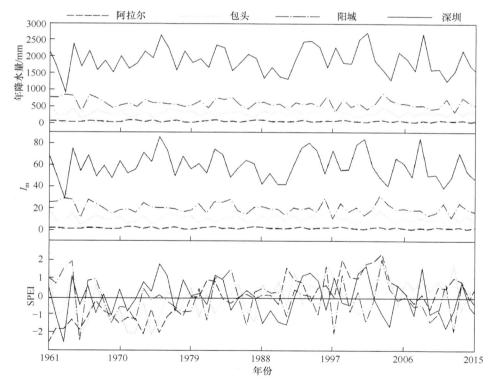

图 3-20　典型站点(具有不同气候类型)年降水量、I_m 和 12 个月尺度 SPEI 的时间变化

旱对应的 SPEI 分别为 2.44、2.21 和 2.12，同年深圳的 SPEI 为–0.85，接近正常状况。然而，2003 年阿拉尔、包头、阳城和深圳的降水量分别为 78.8 mm、465.2 mm、896.2 mm 和 1608 mm，I_m 分别为 2.48、16.5、30.9 和 47.4。显然，SPEI 指示的水分盈亏是基于站点或气候区本身多年平均 $P–ET_0$，不能作为一个标尺来比较不同地点或地区的干旱情况。这个例子不仅显示了标准化和非标准化干旱指数的不同特性，而且暗示了需要谨慎选择指数评估干旱严重性，还解释了为什么我国不同分区的 SPEI 在降水量偏差校正前后差异很小。

　　本节旨在分析年降水量的观测偏差校正对干旱演变的影响，月降水量的偏差校正并不是研究重点，但相关计算结果的详情可以参考 Li 等(2018)。全国 7 月份的降水校正量($P_c–P_m$)最大(20.1 mm)，其次是 6 月(17.6 mm)和 8 月(18.5 mm)，12 月最低(6.5 mm)。夏季(6～8 月)的降水校正量最大，为 56.2 mm，而冬季、春季和秋季的降水校正量分别为 20.7 mm、37.4 mm 和 32.1 mm。

　　目前，干旱评估研究大多并没有考虑降水量的观测偏差校正(Yao et al.，2018a；Ayantobo et al.，2018；Ayantobo et al.，2017；Li et al.，2017a；Li et al.，2017c；Li et al.，2017e；Sun et al.，2016；Li et al.，2014；Vicente-Serrano et al.，2010；Mckee et al.，1993)。Li 等(2018)更新了 Ye 等(2004)的降水量观测数据，Ye 等(2004)的研究期为 1957～2004 年，本书更新为 1961～2016 年，结果发现降水量偏差校正已经引起新的气候分界，极端干旱区的面积变小。本书利用 I_m、SPI 和 SPEI 等监测不同的干湿状况，结果表明干旱状况不仅随着多年平均降水量偏差校正发生变化，也随着日、月、季和年降水量偏差校正发生变化，更加证实了降水量偏差校正的必要性。这意味着自然系统中水分输入的变化可能会导致不同的水文、生态、环境和农业输出，如径流量、水质、土壤含水量和蒸散发量。这些变量都在一定程度上与干旱有关，因此未来的研究中应将校正的降水量应用于干旱评估。同时，未来的研究需要考虑降水量观测偏差对水文学(如径流量变化)、生态和农业(如作物生长和产量变化)的影响。

3.2.4　小结

　　本章评价了降水量观测数据质量对我国干旱评估的影响。1961～2015 年，校正后的降水量 P_c 比观测降水量 P_m 大，并且随着分区 7、6、4、5、3、2 和 1 逐渐减小。因此，对于全国及 7 个气候区，使用 P_c 计算的 I_m 都大于使用 P_m 计算的 I_m。当使用 I_m(基于 P_m 和 P_c)进行气候类型划分时，不同分区的气候类型保持不变或向湿润气候类型转变。1961～2015 年，降水量观测偏差校正对 SPEI 的影响很小，但在严重干旱或极端干旱的情况下，基于 P_c 的 SPEI 较大，这也意味着气候变得较为湿润。因此，干旱指数 I_m 和 SPEI 均随 P_c 的变化而变化，其中各分区的 I_m 变化明显，SPEI 变化较小。这并不意味着降水量偏差校正效果不明显，而是表明标准化干旱指数与非标准化干旱指数的性质不同。

本章基于降水量偏差校正对干旱指数进行重新评价，在分析标准化和非标准化干旱指数对降水量敏感性方面的分析具有新意，以前的研究中少有报道。该研究不仅为干旱灾害防治提供了指导，为我国水资源再分配提供了参考，也为具有缺陷的观测降水量的潜在作用提供了一些见解。

第4章　基于多指标干旱严重程度的时空变异性研究

干旱对作物产量和供水有破坏性影响，研究干旱对社会稳定和人类生活至关重要。本章采用 1961～2013 年中国 552 个气象站点的资料计算了四个干旱指数，即降水距平百分率、SPI、SPEI 和 EDDI。旨在分析我国不同气候区及不同时间尺度干旱指数的时空变化规律，比较四个干旱指数在识别干旱事件中的有效性，同时评价 EDDI 在我国骤旱监测中的适用性。

4.1　不同区域干旱时空演变规律

4.1.1　数据和方法

1. 研究站点和数据集

选取我国 552 个气象站点 1961～2013 年的气象数据进行干旱分析。观测的气象数据和地理高程数据来自国家气象数据网，气象数据包括逐日降水量(P)、平均相对湿度(RH)、最低气温($T_{\min}$)、平均气温(T_{mean})、最高气温($T_{\max}$)、风速(U_2)和日照时数(n)。7 个气候区情况与第 2 章相同。其中分区 3 和 5 的年平均参考作物腾发量较低，而分区 2 和 7 较高，不再赘述。

2. 干旱指数的计算

降水距平百分率 Pa 通过式(4-1)计算(张强等，2006)：

$$\text{Pa} = \frac{P - \overline{P}}{\overline{P}} \times 100\% \tag{4-1}$$

式中，$\overline{P}$ 为月平均或年平均降水量。

SPI 的计算参见 3.1.2 小节，SPEI 的计算参见 3.1.1 小节。

每个站点、每个分区及全国的逐日和逐月的 ET_0 用来计算 1～12 周，以及 1 个月、6 个月、12 个月和 24 个月时间尺度的 EDDI。某段时间 ET_0 的累积经验概率 $P(\text{ET}_{0i})$ 通过经验公式计算(Wilks，2011)：

$$P(\text{ET}_{0i}) = \frac{i - 0.33}{n_e + 0.33} \tag{4-2}$$

式中，i 为时间序列中累积 ET_0 的排序，$i=1$ 表示最大 ET_0；n_e 为时间序列的长度。

将累积经验概率 $P(ET_{0i})$ 标准化后可得 EDDI(Hobbins et al.，2016)：

$$\text{EDDI} = W - \frac{c_0 + c_1 W + c_2 W^2}{1 + d_1 W + d_2 W^2 + d_3 W^3} \tag{4-3}$$

式中，c_0=2.515517；c_1=0.802853；c_2=0.010328；d_1=1.432788；d_2=0.189269；d_3=0.001308。当 $P(ET_0) \leqslant 0.5$ 时，$W = \sqrt{-2\ln P(ET_0)}$；当 $P(ET_0)>0.5$ 时，用 $1-P(ET_0)$ 替换 $P(ET_0)$ 即可，并且取反符号。

SPI 和 SPEI 的负值及 EDDI 的正值表示干旱状况。基于 Pa、SPI、SPEI 和 EDDI 划分的干旱等级见表 4-1。

表 4-1　基于 Pa、SPI、SPEI 和 EDDI 划分的干旱严重程度及干旱等级

干旱严重程度	干旱等级	1 个月尺度的 Pa/%	12 个月尺度的 Pa/%	SPI 或 SPEI	EDDI
正常	0	>−40	>−15	−0.5～0.5	−0.5～0.5
轻度干旱	1	−60～−40	−30～−15	−1.0～−0.5	0.5～1.0
中度干旱	2	−80～−60	−40～−30	−1.5～−1.0	1.0～1.5
严重干旱	3	−95～−80	−45～−40	−2.0～−1.5	1.5～2.0
极端干旱	4	≤−95	≤−45	≤−2.0	≥2.0

1950～2000 年的历史干旱事件记录来自丁一汇(2008)。2000 年以后的干旱事件也有记录，但不如 2000 年之前资料完整。

4.1.2　结果与分析

1. 气象要素的分布及变化趋势

如第 2 章所述，我国不同分区的气候条件不同，华中和华南地区与其他 5 个分区之间的 ET_0 存在明显的差异。对于华中和华南地区，年平均 T_{max}、T_{min}、T_{mean}、RH 和 P 较高，但年平均 U_2 和 n 低于其他分区。此外，我国西部的年平均 ET_0 通常大于东部地区，范围为 583～1306 mm，最小值分布在东北地区。

根据气象要素和年 ET_0 的趋势及显著性站点数统计结果(表 4-2)，T_{max}、T_{min} 和 T_{mean} 一般呈增加趋势，其中 412 个站点的 T_{max} 和 T_{mean} 都呈现不显著增加趋势。只有一个站点的 T_{max}、T_{min} 和 T_{mean} 呈现显著降低趋势。温度的升高主要体现为最低温度的增高，552 个站点中 293 个站点(分布在我国各地区)最低温度具有显著的增加趋势。超过 429 个站点的 U_2、RH 和 n 呈降低趋势，其中分别有 212 个、107 个和 171 个站点气象要素的变化趋势具有显著性。U_2、RH

和 n 具有显著降低趋势的站点主要分布在我国东部地区,西部和中部地区站点较少。我国有 285 个站点的降水量呈降低趋势,其中 19 个站点具有显著降低趋势,这些站点主要位于华中地区东北部和西南部。另外,41 个站点的 P 呈显著增加趋势,这些站点主要分布在西北地区、青藏高原和我国沿海地区。相较我国东部而言,西部(西北和青藏高原地区)具有更多的站点呈现 P 增加的趋势,表明气候条件更加湿润。对于 ET_0 而言,338 个站点具有降低的趋势,其中 53 个站点是显著降低的。ET_0 呈增加趋势的站点主要分布在青藏高原地区,而降低趋势的站点主要位于西北、东北和华北地区。气象要素的不同趋势和分布(尤其 P 和 ET_0)都会影响 Pa、SPI、SPEI 和 EDDI 的时空格局。

表 4-2　气象要素和年 ET_0 的趋势及显著性站点数统计

趋势	最高温度 T_{max}/℃	最低温度 T_{min}/℃	平均温度 T_{mean}/℃	风速 U_2 /(cm/s)	相对湿度 RH /%	日照时数 n /h	降水量 P/mm	ET_0/mm
显著增加	44	293	135	9	14	8	41	23
不显著增加	497	250	412	75	109	77	226	191
显著降低	1	1	1	212	107	171	19	53
不显著降低	10	8	4	256	322	296	266	285

2. 不同干旱指数的趋势变化

图 4-1 为 1961~2013 年不同分区 Pa、SPI、SPEI 和 EDDI 突变检验的向前 MK 统计量 $u(t)$ 和向后 MK 统计量 $u'(t)$ 曲线,两曲线如果存在交叉则交叉点对应的年份为突变年。图中,$u(t)$ 及 $u'(t)$ 曲线随分区和干旱指数而变化,但不同干旱指数的曲线具有很大的相似性,尤其 Pa 和 SPI 曲线更相似。

表 4-3 列出了 1961~2013 年不同分区 Pa、SPI、SPEI 和 EDDI 的突变年。Pa 和 SPI 的突变点是相同的。可以看出,西北地区的 EDDI、SPI 和 SPEI 的突变点分别发生在 1975 年、1987 年和 1975 年。对于全国而言,EDDI 和 SPEI 在 1970 年都有突变,但 SPI(或 Pa)没有突变。

表 4-3　1961~2013 年不同分区 Pa、SPI、SPEI 和 EDDI 的突变年

分区	Pa 年份	Pa 趋势	SPI 年份	SPI 趋势	SPEI 年份	SPEI 趋势	EDDI 年份	EDDI 趋势
西北	1987	−/+	1987	−/+	1975	−/+	1975	+/−
内蒙古	—	—	—	—	—	—	—	—
青藏高原	1985	−/+	1985	+/−	1988	−/+	1963	−/+

续表

分区	Pa		SPI		SPEI		EDDI	
	年份	趋势	年份	趋势	年份	趋势	年份	趋势
东北	1965	+/−	1965	+/−	1964	+/−	1964	+/−
华北	1962	+/−	1962	+/−	—	—	1975	+/−
华中	1961	+/−	1961	+/−	1962	+/−	1962	+/−
华南	—	—	—	—	—	—	1961	+/−
全国	—	—	—	—	1970	−/+	1970	+/−

注：−/+表示突变点前具有降低趋势，突变点后具有增加趋势；　+/−表示突变点前具有增加趋势，突变点后具有降低趋势。

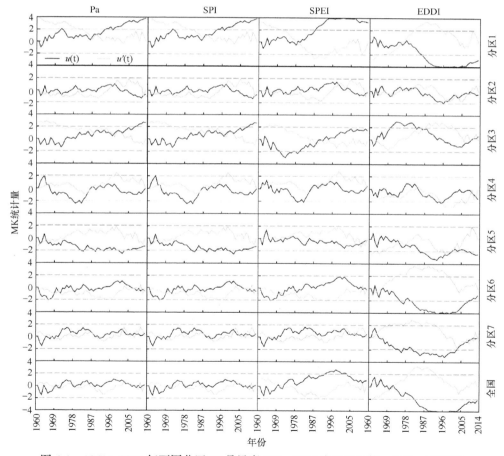

图 4-1　1961～2013 年不同分区 12 月尺度 SPI、SPEI 和 EDDI 的 u(t)及 u'(t)曲线

　　根据年尺度下 Pa、SPI、SPEI 和 EDDI 的趋势空间分布，EDDI(SPI 或 Pa)的突变点和趋势分布与 $ET_0(P)$ 的趋势分布一致。Pa、SPI 和 SPEI 显著增加趋势的总站数分别为 41、40 和 32。对于 EDDI，58 个站点具有显著降低趋势，而 Pa、SPI 和 SPEI 呈显著降低趋势的站点分别仅有 19、20 和 13 个。这意味着我国在 1961～2013 年的干旱严重程度是降低的。此外，Pa、SPI 和 SPEI 的趋势空间分布与 P 类似，EDDI 趋势空间分布与 ET_0 相似。

　　表 4-4 列出了不同分区 Pa、SPI、SPEI 和 EDDI 具有特定趋势的站点数。从表中可以看出，Pa 和 SPI 具有相同趋势的站数基本一致。对于不同的干旱指数，更多的站点呈现不显著的变化趋势。其中，大多站点呈现下降趋势，尤其在华北和华中地区。

表 4-4　不同分区 Pa、SPI、SPEI 和 EDDI 具有特定趋势的站点数

（单位：个）

趋势	干旱指数	分区 1	分区 2	分区 3	分区 4	分区 5	分区 6	分区 7	全国
显著增加	Pa	15	0	13	2	0	5	6	41
	SPI	12	0	14	2	0	5	7	40
	SPEI	9	1	5	7	4	1	5	32
	EDDI	2	2	13	2	1	1	1	22
不显著增加	Pa	42	18	28	37	16	61	24	226
	SPI	45	17	27	37	16	61	23	226
	SPEI	39	19	25	40	40	78	26	267
	EDDI	20	17	21	18	31	57	28	192
显著降低	Pa	0	0	0	1	3	14	1	19
	SPI	0	0	1	0	4	14	1	20
	SPEI	1	0	1	0	3	8	0	13
	EDDI	7	3	2	13	24	7	2	58
不显著降低	Pa	4	26	9	32	85	85	25	266
	SPI	4	27	8	33	84	85	25	266
	SPEI	12	24	19	25	57	78	25	240
	EDDI	32	22	14	39	48	100	25	280

3. 不同干旱指数的时间变化

　　尽管 Pa、SPI、SPEI 和 EDDI 都用于监测干旱严重程度，但是以往的研究并没有对其时间变化进行系统地比较分析。本部分通过计算 1 个月、6 个月、12 个月和 24 个月时间尺度的 SPI、SPEI 和 EDDI，比较分析了我国 1961～2013 年干旱的时间演变规律，为便于与 SPI 和 SPEI 进行比较，对 EDDI 取反符号(图 4-2)。

同时，分析了 1961～2000 年记录的历史严重或极端干旱事件(丁一汇，2008)和 Pa 的变化规律[图 4-2(c)]。

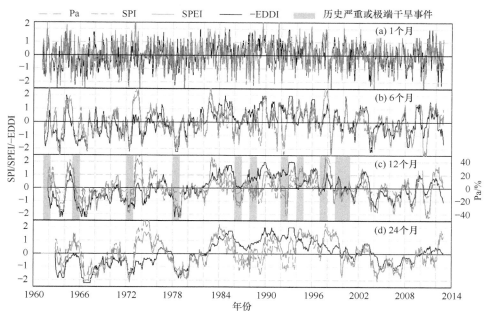

图 4-2　1961～2013 年中国年尺度 Pa 及不同月尺度 SPI、SPEI 和–EDDI 的变化

根据《中国气象灾害大典·综合卷(2008)》的记录，干旱几乎每年都发生在不同气候区或不同季节(1964 年和 1970 年除外)，全国极端干旱分别发生在 1961 年、1965 年、1972 年、1978 年、1986 年、1988 年、1992 年、1994 年、1997 年、1999 年和 2000 年。在相同时间尺度下，SPI、SPEI 和–EDDI 的变化模式类似，时间尺度越小，波动范围越大。和–EDDI 相比，SPEI 的变化曲线更接近 SPI。当 SPI 和 SPEI 达到波谷时(表明为干旱状态)，部分–EDDI 监测的干旱与其一致。1961～1982 年和 1995～2010 年，–EDDI、SPI 和 SPEI 都监测到了干旱，并且与历史极端干旱比较一致。但是，在 1983～1994 年，–EDDI 的监测精度很大程度上低于 SPI 和 SPEI，并出现了相反的干/湿状况。对于 1965 和 1978 年历史记录的极端干旱事件，尽管 SPI、SPEI 和–EDDI 都滞后了几个月，但是–EDDI 和 SPEI 的监测能力优于 SPI。相反，SPI 在 1986 年、1988 年和 1992 年历史记录的极端干旱事件中表现最佳，而 SPEI 在 1999 年和 2000 年的干旱监测中表现更好。Pa 的波动比 SPI、SPEI 和–EDDI 弱[图 4-2(c)]。然而，没有一个指数在 1994 和 1997 年的历史记录干旱事件中表现良好。这是因为 1994 年我国南部、中部、东北部 (5～7 月)和北部(8 月)发生了强降雨和洪水。1997 年 5 月、6 月和 9 月，我国南

部也发生了洪涝。1994 年 1~6 月，我国北方地区发生了干旱，同年夏天，中南部地区也发生了干旱。1997 年夏天和秋天，北方地区发生干旱。研究的干旱指数均不能很好地描述旱涝急转的现象。当某个地区发生干旱，其他地区同期发生洪涝时，12 个月时间尺度的干旱指数对全国尺度而言就不再有效。总之，SPEI 在 SPI 和 −EDDI 之间变化，并且这三个干旱指数在某种程度上彼此相关。每个指数都是独立的，性质复杂并且受到不同因素的影响，很难确定哪一个指数最优。

由于干旱的发生具有区域性，需要对不同的干旱指数进行比较。图 4-3 对比了 7 个分区年尺度 Pa、SPI、SPEI 和 −EDDI 时间变化及与历史记录的严重或极端

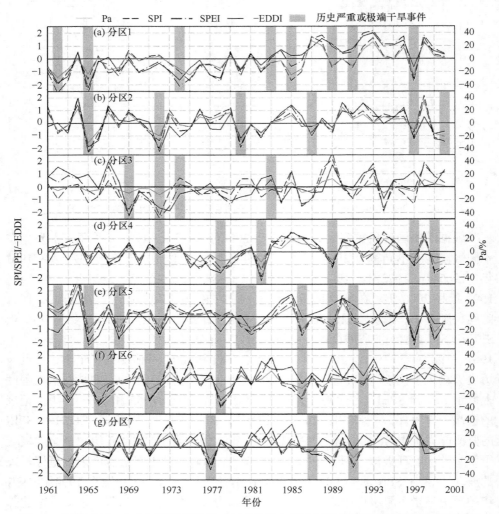

图 4-3　年尺度下 7 个分区干旱指数的时间变化及与历史记录的严重或极端干旱事件对比

干旱事件。图中阴影部分对应的年份发生了干旱(旱灾)。

不同分区四个干旱指数与历史严重或极端干旱事件具有较高的一致性(旱涝急转除外),但是仍然具有区域性和时段性。在西北、内蒙古、东北和华北地区,Pa、SPI 的波动模式比较一致,优于 Pa、SPEI 和-EDDI。但是,Pa 在华中、青藏高原和华南地区监测的干旱并没有 SPI、SPEI 和-EDDI 监测到的干旱那么严重。与历史记录的严重或极端干旱事件相比,Pa 和 SPI 在西北和内蒙古地区的干旱监测优于 SPEI 和-EDDI,而 SPEI 和-EDDI 在东北和华北地区的干旱监测优于 Pa 和 SPI。对于华中、青藏高原和华南地区,Pa 表现最差,-EDDI 仅在 20 世纪 80 年代之前表现较好。不同分区历史记录的极端干旱事件部分与全国干旱一致,通过分析不同分区与全国干旱指数(Pa、SPI、SPEI 和-EDDI)的相关性可以看出,华中地区的旱情更接近全国旱情(线性相关系数>0.6)。

4. 典型年不同干旱指数的变化规律

旱涝急转时,干旱指数不仅无法准确监测到干旱,并且显示的干旱演变(相同的月份)具有明显的区域性和站点性,导致干旱指数识别和历史观测的干旱事件存在差别。通过比较 14 个典型站点 1 个月时间尺度的干旱指数(Pa、SPI、SPEI 和-EDDI)与 2000 年历史记录的极端干旱事件(全国大多数气候区)发现,不同干旱指数在监测干旱状况方面基本一致,但干旱严重程度不同(图 4-4)。

大多数情况下,Pa 呈现出极端干旱时,SPI、SPEI 及-EDDI 反映的干旱严重程度较轻。三个标准化干旱指数中,SPI 反映极端干旱的站点最多,SPEI 比 SPI 少,-EDDI 反映极端干旱的情况较差。

2000 年 2~7 月干旱等级(基于 Pa、SPI、SPEI 和-EDDI)的空间分布结果表明:①2~4 月,Pa 的变异性较高,监测到的干旱面积也较大,而 SPI、SPEI 和-EDDI 变异性较小,监测到的严重(或极端)干旱面积较小。5~7 月雨季开始时,SPEI 和-EDDI 识别的干旱水平的空间变异大于 Pa 和 SPI。四个干旱指数在 6 月监测到的干旱空间分布高度一致。②一般来说,SPI、SPEI 和-EDDI 在干旱地区表现相似,但 Pa 与它们相差很大,特别是在 2000 年 2 月开始发生干旱时。2000 年 2~7 月 P 较低的站点主要位于内蒙古、东北、华北和华中地区(丁一汇,2008)。③Pa 不能反映干旱最严重的地区。然而,SPI、SPEI 及-EDDI 在严重干旱地区表现较好。

5. 不同时间尺度 SPI、SPEI 和 EDDI 的相关性分析

图 4-5 对比了我国 1 个月、6 个月、12 个月和 24 个月尺度下 SPI、SPEI 和 EDDI 之间的相关性分析。该图表明,在不同的时间尺度下,SPI、SPEI 与 EDDI 存在负相关性,但是 EDDI 和 SPI 之间的相关性较低($0.12 \leqslant R^2 \leqslant 0.30$),EDDI 与 SPEI 的相关性优于 SPI($0.46 \leqslant R^2 \leqslant 0.51$),SPI 和 SPEI 之间存在高度正相关($0.80 \leqslant$

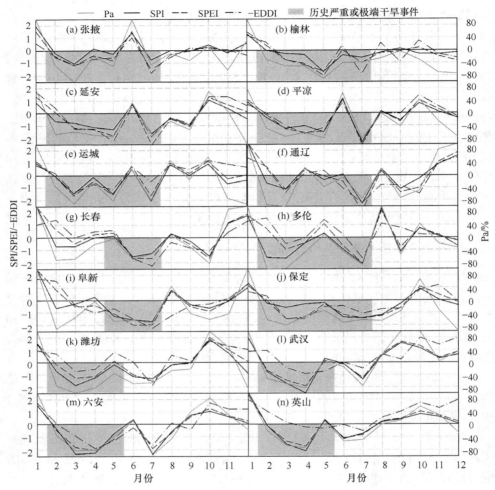

图 4-4　2000 年不同干旱指数及历史严重或极端干旱事件

$R^2 \leqslant 0.95$)。

　　基于我国 1 个月、6 个月、12 个月和 24 个月尺度 SPI、SPEI、EDDI 相互之间的相关性分析，SPI、SPEI 和 EDDI 在不同分区的相关性也存在差异(表 4-5)。随着时间尺度的增加(1~24 个月)，分区 3、5、7 的 SPEI 和 EDDI 之间的决定系数逐渐减小，并且高于 0.48。不同时间尺度的 SPEI 和 EDDI 之间的决定系数在西北地区较大(0.74~0.90)，但是在华北、华中和华南地区较小(0.54~0.68)。总之，SPEI-SPI 的 R^2 高于 EDDI-SPEI 或 EDDI-SPI，尤其是在华中和华南地区(年均降水量分别为 1269 mm 和 1605 mm)。

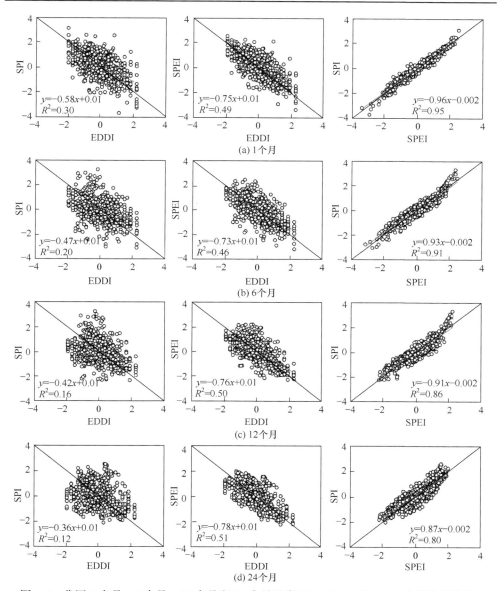

图 4-5 我国 1 个月、6 个月、12 个月和 24 个月尺度 SPI、SPEI 和 EDDI 之间的相关性

表 4-5 不同分区 4 个时间尺度 SPI、SPEI、EDDI 之间的决定系数

分区	EDDI-SPI				EDDI-SPEI				SPEI-SPI			
	1 个月	6 个月	12 个月	24 个月	1 个月	6 个月	12 个月	24 个月	1 个月	6 个月	12 个月	24 个月
1	0.18	0.34	0.39	0.36	0.74	0.87	0.90	0.90	0.64	0.68	0.69	0.64
2	0.33	0.40	0.50	0.48	0.80	0.77	0.78	0.78	0.70	0.81	0.90	0.88

分区	EDDI-SPI				EDDI-SPEI				SPEI-SPI			
	1 个月	6 个月	12 个月	24 个月	1 个月	6 个月	12 个月	24 个月	1 个月	6 个月	12 个月	24 个月
3	0.35	0.14	0.09	0.03	0.71	0.60	0.55	0.52	0.82	0.72	0.72	0.65
4	0.28	0.39	0.45	0.53	0.58	0.65	0.68	0.74	0.86	0.91	0.94	0.95
5	0.39	0.34	0.24	0.13	0.66	0.61	0.54	0.46	0.89	0.90	0.90	0.85
6	0.41	0.39	0.38	0.36	0.54	0.57	0.59	0.60	0.96	0.96	0.95	0.93
7	0.49	0.47	0.44	0.36	0.59	0.58	0.55	0.48	0.96	0.97	0.98	0.98
全国	0.30	0.20	0.16	0.12	0.49	0.46	0.50	0.51	0.95	0.91	0.86	0.80

全国 SPI、SPEI 和 EDDI 之间的决定系数分析结果表明，与各个分区一致，三个干旱指数之间的决定系数为 EDDI-SPI<EDDI-SPEI<SPEI-SPI。相关性也反映了干旱指数的区域适用性，大部分地区 SPI 和 SPEI 的决定系数都比较高。与 EDDI-SPI 的低相关性相比，EDDI-SPEI(或 SPEI-SPI)之间的较高相关性是合理的。SPI、SPEI 和 EDDI 分别是基于 P、D 和 ET_0 得到的，SPI 仅考虑降水量，SPEI 考虑降水量和温度对干旱的影响，而 EDDI 则揭示了大气环境的干燥条件，P 和 ET_0 的贡献很大程度上决定了三个干旱指数之间的相关性。在干旱地区，P 对干旱的影响弱于 ET_0 的作用，而湿润地区恰好相反。因此，不同气候区应该选择合适的干旱指数进行干旱评估。

6. 不同尺度 EDDI 的时间变化

尽管 SPI 和 SPEI 表现更好，但是它们的最小时间尺度都为 1 个月，无法监测干旱的早发性。EDDI 可以小到周时间尺度，能够及时捕捉到早发的干旱，也能反映骤旱。图 4-6 展示了 1961～2013 年我国不同分区 1～12 周尺度 EDDI 的时间变化，从该图可识别出骤旱发生情况及不同时间尺度的大致滞后时间。周时间尺度的 EDDI 周期性地波动并且始终可以识别到每个分区骤发性干旱。时间尺度越小，EDDI 的波动越强烈。大多数情况下，1 周尺度的 EDDI 具有更多的波峰和波谷。1990～1996 年，西北地区的 EDDI 低于其他年份，表明干旱有所缓解。不同的干湿变化也发生在其他分区。对于全国，1984 年和 1993 年干旱出现了缓解态势。

2000 年全国发生了严重干旱(丁一汇，2008)，因此分析了 2000 年 7 个典型站点(分属 7 个不同分区)1～12 周 EDDI 的时间变化(图 4-7)。对于每个站点，时间尺度越小，EDDI 的波动越剧烈，曲线反映了干旱的开始和结束(EDDI≥0.5)，

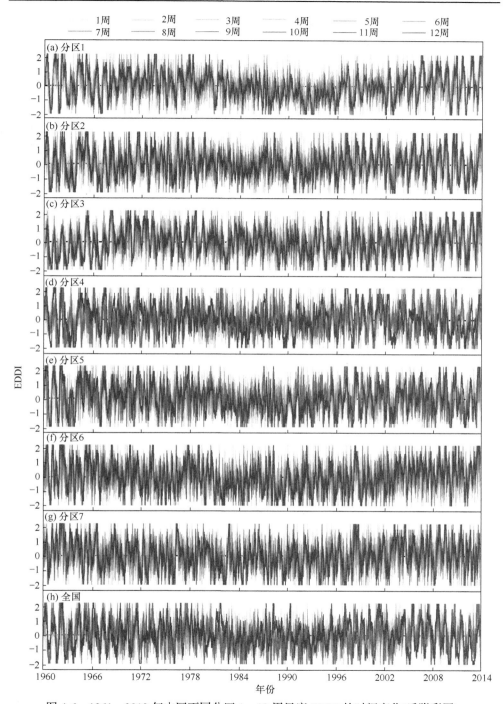

图 4-6 1961~2013 年中国不同分区 1~12 周尺度 EDDI 的时间变化(后附彩图)

并且干旱持续时间较短。在张掖,1 周尺度的 EDDI 显示仅 2~3 月出现了短暂的干旱,尽管 6 月也出现了短暂干旱,但消失很快。在多伦,7 月和 8 月的干旱较轻但持续时间较长。6~9 月,阜新出现了轻度至极端干旱。保定 4~9 月持续干旱,但严重或极端干旱持续小于半个月。4 月、5 月和 9 月在武汉也发现了短暂的干旱。拉萨未发生严重或极端干旱。南宁发生了周期而短暂的严重干旱。7 个站点中阜新发生的干旱最严重,持续时间最长。总体而言,不同时间尺度的 EDDI 可以监测骤旱,时间尺度越小,描述的干旱起始特征越详细,意味着干旱可能在监测到之前已经开始了。

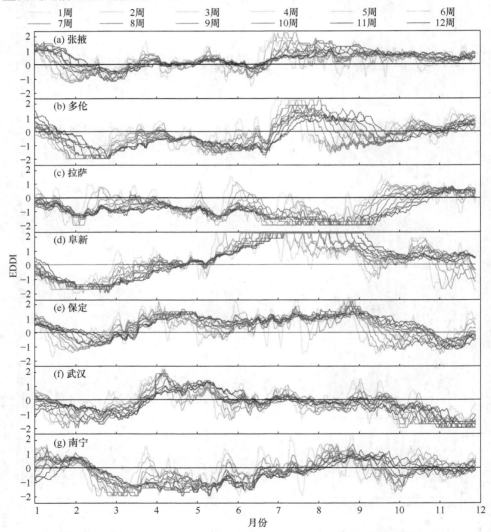

图 4-7　2000 年 7 个典型站点不同时间尺度 EDDI 的时间变化(后附彩图)

4.1.3 不同方法估算 ET_0 对干旱评估的影响

参考作物腾发量(ET_0)估算方法和数据源的差异如表 4-6 所示。研究目标、年份、站点数和我国气候分区的划分都和以往的研究有所不同，这就导致 ET_0 具有不同的变化特征。ET_0 的差异肯定会导致 SPEI 和 EDDI 的差异，但是不同研究之间并没有进行严格地比较分析。本小节使用标准的 FAO56-PM 方程估算 ET_0，同时考虑 48 个站点的辐射校正系数 a_s 和 b_s，以提高 ET_0、SPEI 和 EDDI 估计值的可靠性。

表 4-6　参考作物腾发量(ET_0)估算方法和数据源的差异

参考文献	方法	年份	站点数	分区数	辐射校正	ET_0/(mm/a)	趋势
Fan 等(2016)	FAO56-PM	1956～2015	200	4	是	500～1500	降低
Han 等(2012)	Penman (1948)	1956～2005	690	3	是	—	降低
Liu 等(2012a)	FAO56-PM	1960～2007	653	10	是	931～1017	降低
Wang 等(2017b)	FAO56-PM	1961～2013	0.5°×0.5°格点	9	否	929～1041	降低
Yao 等(2014)	FAO56-PM	1982～2010	752	7	否	540～1850	增加
Zhang 等(2011)	FAO56-PM	1960～2005	590	10	否	—	降低
Yin 等(2010)	FAO56-PM	1971～2008	603	—	是	349～1690	降低
Chen 等(2015)	FAO56-PM	1960～2012	564	8	否	—	—
本书	FAO56-PM	1961～2013	552	7	是	583～1306	降低

近年来，人们使用了不同的蒸散发测定方法，最常用的一种方法是将单作物系数或双作物系数与 ET_0 结合(Yao et al.，2018c；Peng et al.，2017；Li et al.，2017b；Li et al.，2014；McKenney et al.，1993)。Shuttleworth-Wallace 方程也应用于蒸散发估算(刘远等，2017)。与此同时，随着遥感技术的发展，一些先进的方法得到了广泛应用，如陆地表面能量平衡算法(surface energy balance algorithm for land，SEBAL)(Bhattarai et al.，2017；Bastiaanssen et al.，1998)，地表能量平衡系统(surface energy balance system，SEBS)(Su，2002)和内在校准的蒸散发估算法(mapping evapotranspiration with internalized calibration，METRIC)(Wagle et al.，2017；Allen et al.，2007)。在干旱预警方面，遥感技术相关的干旱指数具有广阔的研究前景。

不同的干旱指数分别用于评估我国干旱的频率、演变、严重程度及其趋势变化。其中，PDSI 和 SPI 应用最广泛，SPEI 提出以来也得到了广泛应用(Wang et al.，2017b；Zhang et al.，2016b；Yan et al.，2016；Liu et al.，2016；Chen et al.，2015；

Leng et al., 2015; Ma et al., 2015; Wang et al., 2015b; Stockle et al., 2004)。
有研究将我国综合干旱指数与其他应用较为广泛的干旱指数进行比较分析
(Song et al., 2014; Qian et al., 2011)。基于遥感技术的干旱指数也得到应用,
但只是短期的(Zhou et al., 2017)。由于估算方法、数据来源、干旱指数和目标
的不同,得到的结果也不相同。因此,直接比较不同干旱指数的研究比较困难,
一些研究使用并比较两个或两个以上的干旱指数评估我国干旱演变。通过对相
关文献的比较,得出不同的结论(表 4-7)。大多数研究表明,近几十年来,由于
全国降水量的增加和 ET_0 的降低,干旱有所缓解,这也在本书中得到了很好的
证实。

表 4-7　不同干旱指数的研究比较

作者	干旱指数	时期	主要结论
Leng 等 (2015)	SPI、SSWI、SRI	1971~2000、2020~2049	与 1971~2000 年相比,2020~2049 年干旱更为严重、持续时间更长且干旱发生更频繁
Zhai 等 (2010)	PDSI、SPI	1961~2005	东北三个盆地的干旱趋势呈上升趋势,黄河流域降水量呈下降趋势,西北地区有变湿趋势
Wang 等 (2015b)	SPI、SPEI、PDSI、sc-PDSI、Z 指数	1982~1999	多层桶模型的干旱指数比双层桶模型的干旱指数更能反映不同层土壤含水量特征
Wang 等 (2015d)	SPI、SPEI	1961~2012	没有证据表明中国的干旱严重程度有所增加,极度干旱和干旱地区明显变得湿润
Wang 等 (2017a)	sc- PDSI	1961~2009	在年尺度和季节尺度上,中国都有明显变湿的趋势,1970 年左右干旱格局发生了突变,2~8 年的变化较显著
Yan 等 (2016)	sc- PDSI	1982~2011	干旱变化不显著,但 2000~2001 年发生了极端干旱
Ma 等 (2015)	3 个月 SPI	1982~2009	在 ENSO 具有显著影响的地区,干旱可预测性和预测能力更高
Yu 等(2014)	SPEI	1951~2010	至 21 世纪 90 年代末,严重和极端的干旱越来越严重 (干燥面积每有十年增加 3.72%),中国北方、东北和西北地区持续多年的严重干旱更为频繁
Zhou 等(2017)	ISDI	2001~2013	中国东北和长江以南的旱情逐步加重

注:①sc-PDSI 为自校验帕尔默干旱指数;②SSWI 为标准化土壤水分指数;③ISDI 为综合地表干旱指数。

尽管周时间尺度 EDDI 不能很好地评估严重或极端干旱(图 4-8)及受旱面积,
但是可以较好地识别骤旱(Hobbins et al., 2016; McEvoy, 2015)。从理论上讲,
利用一些常用的干旱指数(如 SPI、SPEI、PDSI 和 sc-PDSI),也可以确定骤旱,
但是相关研究并不多。因此,进行 EDDI、SPI、SPEI、PDSI 和 sc-PDSI 在更小

时间尺度上的干旱研究很有必要，更加有意义。

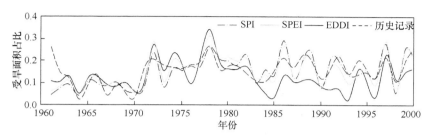

图 4-8　基于不同干旱指数计算的受旱面积与耕地面积比值和历史统计数据的对比

4.1.4　小结

　　由于 T_{max}、T_{min} 和 T_{mean} 呈增加趋势，U_2、RH 和 n 呈下降趋势，我国大多数站点的降水量呈增加趋势，ET_0 呈下降趋势，这都影响了 Pa、SPI、SPEI 和–EDDI 的时空格局。当时间尺度从 24 个月降低到 1 个月时，SPI、SPEI 和–EDDI 的时间波动越来越剧烈。与历史严重或极端干旱相比，12 个月尺度的 SPI 和 SPEI 表现优于–EDDI，但在旱涝急转时表现都不佳。在不同的气候区，Pa、SPI 和 SPEI 在表示历史严重或极端干旱方面表现良好。总之，SPI、SPEI 和–EDDI 可以较好地识别干旱胁迫区域，但 Pa 效果较差。

　　不论对于全国不同的分区，还是不同的站点，SPI、SPEI 和 EDDI 的相关性排序为 SPEI-SPI > EDDI -SPEI>EDDI-SPI。此外，周尺度的 EDDI 揭示了骤旱的发生和结束，并且具有干旱预警的潜力，这是 SPI 和 SPEI 无法实现的。Pa 和 SPI 的变化趋势高度一致且相似。1961～2013 年，由于更多站点的 P、Pa 和 SPI 呈增加趋势，ET_0 和 EDDI 呈下降趋势，我国的干旱普遍得到缓解。

　　每个干旱指数都有其局限性，因此不同地区的水资源分配和利用的评价仍然是一个待解决的问题。

4.2　SPEI 的集合经验模态分解和经验正交函数分解

　　尽管已经有许多学者对我国干旱状况进行了研究，但大多是时间与空间各自进行干旱分析，干旱指数的分解也基于单一方法，对于干旱时空演变规律的综合分析较少。本节拟综合利用改进的 MMK、Sen 斜率、集合经验模态分解(EEMD)和经验正交函数分解(EOF)方法对我国 7 个分区、763 个站点干旱的时空变化规律进行分析，得出 12 个月和 1 个月尺度 SPEI 的变化趋势，包括时间演变周期和空间分布模态，揭示我国干旱的时空演变规律。

4.2.1　材料与方法

1. 研究区概况和数据来源

研究区为我国，最初收集了共 839 个站点的气象要素数据。对数据进行筛选，如果某个站点的数据错误率≥1%，这个站点就会被剔除，通过筛选剔除，最终确定了 763 个数据错误率<1%的气象站点数据。这 763 个站点大多分布在我国东部和中部，而位于西南部的青藏高原地区站点相对较少。这种站点分布的差异性可能会导致区域分析结果出现一定的偏差。和 2.1.1 小节类似，将全国分为 7 个气候分区，1~7 分区所含的站点数量分别为 81、53、69、82、124、277 和 77。

计算 SPEI 用到的气象要素有降水量、风速、最高温度、平均温度、最低温度、相对湿度、日照时数。气象要素数据均来自中国气象数据网。各气象要素数据起始于 1961 年 1 月，截止于 2016 年 12 月。对于选定站点的错误或者缺失的数据按照同一日期附近 10 个站点的数据进行插值补充。数据的质量和可靠性通过 Kendall 自相关检验和 Mann-Whitney 均质性检验两种非参数交叉检验进行保证。检验结果表明，在 5%的显著性水平上，气象数据的随机性和平稳性都合格。

2. SPEI 的计算和趋势检验

SPEI 是基于降水量与参考作物腾发量(ET_0)之间的差值进行计算，具体计算步骤参见 3.1.1 小节。考虑相近时间尺度之间的相似性，选用 1 个月和 12 个月尺度的 SPEI 序列进行干旱分析。其中，1 个月尺度的 SPEI 代表着波动较快的干旱变化，而较长的 12 个月尺度的 SPEI 代表着波动较为平缓的干旱变化。因此，选择这两个时间尺度的 SPEI 能够有效地覆盖干旱变化的整个范围。

在进行趋势检验之前，首先使用 Shapiro-Wilk 正态性检验法对 763 个气象站点的月尺度降水量和 ET_0 进行了正态性检验，检验结果表明降水量和 ET_0 都不是正态分布。因此，使用 MMK 方法对降水量、ET_0 和 SPEI 进行趋势检验是合理的。MMK 方法的具体计算步骤详见 2.1.1 小节。

3. 集合经验模态分解

经验模态分解(EMD)方法是 Huang 等(1998)提出的一种时频自适应分析方法。与傅里叶变换和小波变换相比，EMD 方法具有直观、直接、后验性和自适应性等特点，该方法更适用于非线性和非平稳性序列的分析。EMD 通过时间序列的局部性质提取时间序列的内在因素。每个提取的内禀因子被称为一个本征模态函数(IMF)。EMD 分解得出的所有 IMF 必须满足以下所有条件：①从全局来看，极值点数和过零点数必须相等或最多相差一个；②在某一个局部点，极大值包络和极小值包络在该点的算术平均和是零。但是，EMD 方法用于分解时间序列还存在一些问题，其中混频现象就是一个较为严重的问题。因此，Wu 等(2009)通过向待分解序列中添加白噪声序列，提出了 EEMD，很好地解决了这一混频现象。对于原始时间序列而言，序列中混合包含各种尺度的波动，而 EEMD 方法可以根据每个波动的特征很好地将不同时间尺度上的波动情况分离，得到的不同 IMF 代表着不同的波动周期。EEMD 是一个循环迭代的过程，具体的计算步骤如下：

(1) 初始化集合的数目 M，确定添加的白噪声序列的振幅，令 $m = 1$。

(2) 根据指定的振幅向原始序列中添加白噪声序列。

$$x_m(t) = x(t) + n_m(t) \tag{4-4}$$

式中，$n_m(t)$ 是指第 m 次添加的白噪声序列；$x_m(t)$ 是指原始序列第 m 次添加噪声后的序列；$x(t)$ 是指原始序列。

然后使用 EMD 方法将添加白噪声以后的序列 $x_m(t)$ 分解为不同的 IMF 和 $c_{n,m}$ ($n=1,2,\cdots,N$)，其中 $c_{n,m}$ 代表第 m 次循环的第 n 个 IMF，N 是 IMF 的总数量。循环过程中，如果 $m<M$，令 $m=m+1$，继续循环式(4-4)。最后，添加不同的白噪声(白噪声序列振幅保持一致)序列，循环进行步骤(1)和(2)。

(3) 计算每个 IMF 第 m 次循环的集合平均值。

$$y_n = \frac{1}{M} \sum_{m=1}^{M} c_{n,m}, n = 1,2\cdots N, m = 1,2,\cdots M \tag{4-5}$$

(4) 计算每个 IMF 共 M 次循环的总体平均值 y_n 作为最终确定的 IMF。此处把信噪比设置为 0.2，集合平均值设为 100 次。

4. 经验正交函数分解

经验正交函数分解方法被广泛应用于气象领域的时空分析(Bhattacharya，2014；Kim et al.，2011)，因为它能够用一组非常少且相互独立的向量表示研究数据系列的主要时空特征(North et al.，1982)。也就是说，EOF 方法具有很好的降维作用。一组少且相互独立的向量比一组大的相关变量更容易理解和处理，也更方便进一步分析。

如果用 F_{ij} ($i=1,2,\cdots,m$；$j=1,2,\cdots,n$)表示 m 个站点 n 次观测所得数据序列的矩阵，那么 F_{ij} 可以被 EOF 分解为

$$F_{ij} = \sum T_{jk} X_{ki} \tag{4-6}$$

式中，T_{jk} 表示分解出的时间序列；X_{ki} 表示分解出的空间序列；k 表示向量的数量。

首先用 EOF 方法把 1 个月尺度的 SPEI 分解为一个空间平均序列($S_{t\bar{n}}$)和一个随着空间变异的序列(Z_{tn})：

$$S_{tn} = S_{t\bar{n}} + Z_{tn} \tag{4-7}$$

式中，S_{tn} 是指站点 n 在时间 t 时测得的 SPEI；$S_{\bar{tn}}$ 是指 SPEI 序列的空间平均值；Z_{tn} 是指随着空间变化的 SPEI 序列，下标 $\bar{n}$ 表示空间平均量。

进一步，将 Z_{tn} 通过 EOF 方法分解为一系列 EOF 向量和对应 EC 向量的乘积。EC 是 Z_{tn} 空间协方差的特征向量，因此 EOF 序列可以通过公式 EOF = Z_{tn} EC 计算。分解得出的 EOF(EC) 向量个数等于 SPEI 序列的时间长度。通常，少量规定显著性水平上的 EOF 向量可以解释原始矩阵的大部分方差。一旦确定置信水平，显著的 EOF 向量就可以确定，Z_{tn} 可以通过式(4-8)计算：

$$Z_{tn} = \sum \text{EOF}^{\text{sig}} \times (\text{EC}^{\text{sig}})^{\text{T}} \tag{4-8}$$

式中，EOF^{sig} 代表显著的 EOF 向量；EC^{sig} 代表显著的 EOF 向量对应的时间向量；上标 T 表示矩阵的转置。

以上计算在 MATLAB 2014 软件中进行。

4.2.2　结果与分析

1. SPEI 相关气候要素的时空变化

各分区计算 SPEI 所用的 7 种气象要素数据和 ET_0 的年平均值分布如图 4-9

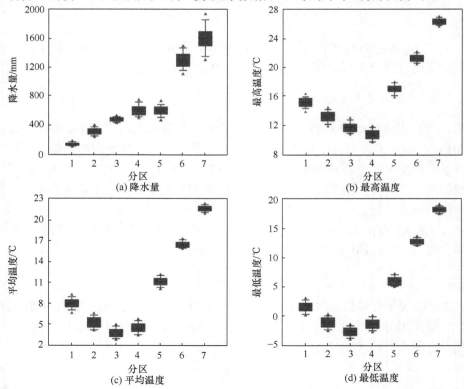

(a) 降水量　　　　　　　　　(b) 最高温度

(c) 平均温度　　　　　　　　(d) 最低温度

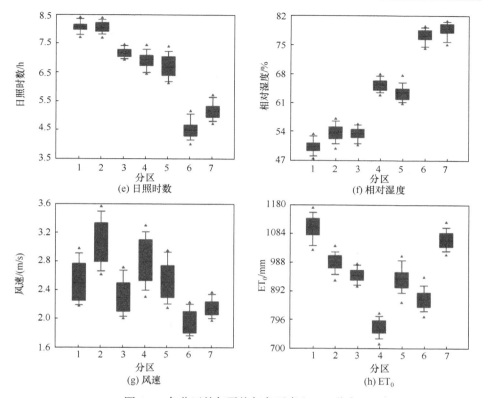

图 4-9　各分区的年平均气象要素和 ET_0 分布

所示。各分区地形和气候各不相同，因此各分区气象要素和 ET_0 的分布也都具有各自的特点。具体来说，华中和华南地区的降水量、温度(包含最高温度、平均温度、最低温度)和相对湿度均明显高于其他 5 个分区，而日照时数和风速却明显低于其他 5 个分区。西北地区、内蒙古地区和青藏高原地区的降水量、相对湿度较低是由于这 3 个分区都远离海洋，气候普遍干燥。青藏高原地区为高海拔和高寒气候，其平均温度和最低温度均低于其他地区。各个分区的 ET_0 自大到小的顺序为：西北地区、华南地区、内蒙古地区、青藏高原地区、华北地区、华中地区及东北地区。降水量和相对湿度从分区 1 至分区 7 逐渐增多，日照时数逐渐减少，最高温度、平均温度、最低温度呈对勾式分布。由箱型图时间分布可知，各分区内风速的时间波动性最强，ET_0 次之，其他气象要素在各分区内时间波动较小。此外，西北地区、内蒙古地区和青藏高原地区降水量较低且 ET_0 较高，属于相对干旱区，其他分区则处于相对湿润区。

气象要素(降水量、风速、最高温度、平均温度、最低温度、相对湿度、日照时数和 ET_0)的年值和变化趋势的空间分布可以参照 Yao 等(2018a)，此处不再赘述。

2. SPEI 的时间变化

图 4-10 展示了 1961～2016 年我国 7 个气候区及全国(由各站点各气象要素平均值得出)1 个月和 12 个月尺度下 SPEI 的时间变化。

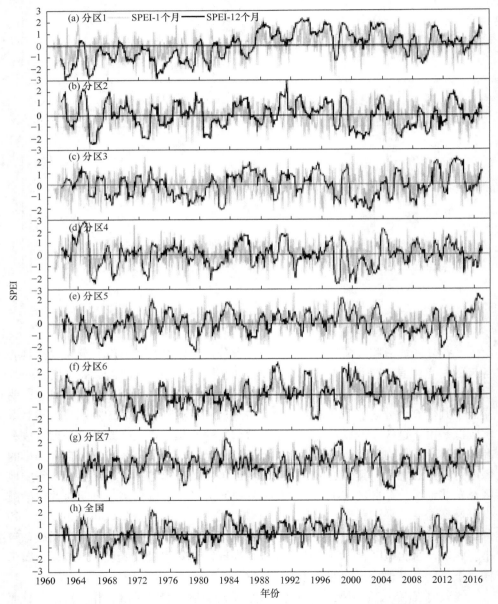

图 4-10　我国 1961～2016 年 1 个月和 12 个月尺度下 SPEI 的时间变化

图 4-10 表明：①1 个月和 12 个月时间尺度的 SPEI 波动模式相似，但是 1 个月尺度的 SPEI 波动更加剧烈。丁一汇(2008)指出，全国范围的极端干旱发生在 1961 年、1965 年、1972 年、1978 年、1986 年、1988 年、1992 年、1994 年、1997 年、1999 年和 2000 年。图中 12 个月尺度的 SPEI 能够清晰地反映这些干旱事件，表明 SPEI 对我国干旱评价的可靠性。②各分区 SPEI 的波动不尽相同。西北、内蒙古、青藏高原、华北、华中地区对应的 1988~2003 年、1991~1998 年、1990~2000 年、1958~1998 年和 2004~2013 年的高 SPEI 反映了对应分区对应时期的湿润状况。其中，西北地区和青藏高原地区的 SPEI 在 1990 年之前较低，1990 年之后较高，表明干旱或者半干旱地区近三十年呈现湿润化趋势，这一点与 Li 等 (2017a)的研究结果一致。另外，Ayantobo 等(2017)也根据青藏高原地区 1990 年以后的干旱历时、严重程度、峰值均有所下降得出该地区的旱情在 1990 年以后有所缓解的结果。华中地区的 SPEI 在 2008~2010 年明显偏低，此外，2009~2010 年西南地区出现冬春连旱状况。华中和华南地区 2004 年以后的 SPEI 较低也表明近年来湿润半湿润地区呈干旱化趋势。

3. 月尺度 SPEI 最小值的空间分布

SPEI 的长期平均值为 0，并且随着时间尺度的增加，SPEI 的空间分布差异更低，为了更细致地了解我国各地区、各站点的极端干旱状况，选用 1 个月尺度的 SPEI 最小值($SPEI_{min}$)代表不同站点或不同分区的极端干旱情况。统计了 1961~2016 年 763 个站点月尺度 $SPEI_{min}$ 及发生的年代。若将 $SPEI_{min}$ 划分为四个值域，$SPEI_{min} < -5$、$-5 \leqslant SPEI_{min} < -4$、$-4 \leqslant SPEI_{min} < -3$、$-3 \leqslant SPEI_{min} < -2$，则研究结果表明：①整体上这四个值域在我国各地区随机分布。$SPEI_{min}$ 小于-5 的站点数较少，分布较为稀疏且主要分布在我国西北地区和西南地区，表明这两个地区的极端干旱程度比其他地区更严重。763 个站点对应的 $SPEI_{min} < -5$、$-5 \leqslant SPEI_{min} < -4$、$-4 \leqslant SPEI_{min} < -3$ 和 $-3 \leqslant SPEI_{min} < -2$ 的站点数量分别为 16、49、248 和 450。SPEI 分布结果表明我国北部地区和西南地区的极端干旱程度更严重。②极端干旱发生在 20 世纪 60 年代的站点数最多，发生在 20 世纪 80 年代的站点数最少，发生于 20 世纪 60 年代的站点大多集中于我国中东部地区；其他年代的极端干旱没有类似的集中分布现象。

不同分区、不同时期月尺度 SPEI 最小值的站点数量分布情况如表 4-8 所示。由该表可以看出，分区 1~7 发生极端干旱站点数最多的时段对应 1971~1980 年、1961~1970 年、1971~1980 年、2001~2010 年、1961~1970 年、1961~1970 年和 1961~1970 年。1981 年以后，西北地区、内蒙古地区和华南地区月尺度 $SPEI_{min}$ 发生的站点数均小于 35 个。月尺度 $SPEI_{min}$ 发生在 1961~1970 年的站点数为 227 个，约占总站点数的 1/3，而发生在 1981~1990 年的站点数仅为 71 个。因此，发生于 1961～1970 年和 1971～1980 年的极端干旱事件较其他时期更严重，而 1961～1980 年是我国极端干旱集中时期。

表 4-8　不同分区、不同时期月尺度 SPEI$_{min}$ 站点数量分布情况

分区	1961～1970 年	1971～1980 年	1981～1990 年	1991～2000 年	2001～2010 年	2011～2016 年
1	15	35	12	2	9	8
2	25	2	5	5	12	4
3	9	20	15	6	13	6
4	6	14	14	8	33	7
5	49	19	11	37	3	5
6	87	61	13	21	58	37
7	36	8	1	6	20	6
全国	227	159	71	85	148	73

4. 年降水量、ET$_0$、SPEI 的趋势分布

采用 MMK 方法检验了年降水量、ET$_0$ 和 12 个月尺度 SPEI 序列的趋势，并通过 Sen 斜率检验了 0.05 显著性水平下 12 个月尺度 SPEI 的趋势，得到了不同分区内具有不同 SPEI 趋势的站点数，具体结果如表 4-9 所示。

表 4-9　不同分区内 SPEI 不同趋势的站点数

分区	显著增长	不显著增长	不显著降低	显著降低
1	12	53	15	1
2	1	25	26	1
3	0	32	29	8
4	3	53	26	0
5	8	56	58	2
6	22	166	83	6
7	11	37	29	0
全国	57	422	266	18

由表 4-9 及相关研究结果可知：①除了东北—中部—西南这条带状分布区域以外，其他大部分分区呈湿润化趋势。具体来说，所有分区内呈显著变化趋势的站点数均少于不显著变化站点数。SPEI 呈增长趋势的站点数大于呈降低趋势的站

点数, 这一特点更明显地体现在西北地区、东北地区和华中地区。呈显著增长趋势的站点主要分布在西北、东部和东南部地区, 而只有少量位于中部地区的站点呈显著降低趋势。②位于东北—中部—西南这条带状分布区域内站点的 SPEI 大多呈微弱降低现象(增长率为−0.023~0), 表明这条带状分布区域呈现微干旱化趋势。西北地区站点增幅较大(增长率为 0.028~0.056), 表明近年来西北地区干旱缓解趋势明显。其余部分地区各站点 SPEI 变化趋势均呈微弱增幅现象(增长率为0~0.028), 表明我国西北、东部、东南沿海地区在过去几十年内呈湿润化趋势, 中部和西南地区呈干旱化趋势。

SPEI 的计算过程基于水分亏缺得出, 因此降水量和 ET_0 是影响 SPEI 最直接的因素。①降水量趋势显著性分布与 SPEI 趋势显著性分布相似。呈降低趋势的站点主要分布在东北—中部—西南这条带状分布的区域, 这一结果解释了东北—中部—西南带状分布区域上的干旱化趋势。其他地区的降水量呈增长趋势, 并且其中许多地区(主要是我国的西北和东南地区)呈显著性增长趋势。②ET_0 与 SPEI 趋势显著性分布几乎相反。对 ET_0 而言, 呈显著降低趋势的站点主要分布在东部和西北地区, 而呈显著增长趋势的站点主要分布在青藏高原地区。西北地区的降水量增长和 ET_0 降低趋势缓解了西北干旱半干旱地区近几十年的旱情, 东南大部地区的降水量增长和 ET_0 降低趋势促进了东南地区近几十年来湿润化趋势, 也再次印证了 SPEI 作为干旱指数在我国各地区的适用性。

5. 月尺度 SPEI 的 EEMD 分解结果

1) IMF 的时间变化特征

EEMD 方法将全国平均的月尺度 SPEI 分解为 8 个 IMF 序列和 1 个代表趋势波动的残差序列。每个 IMF 或残差序列对原序列具有不同的方差贡献率(图 4-11)。从 IMF1~IMF8, 曲线的波动趋于平缓, 周期越来越长。图 4-11 中, 20 世纪 80 年代以前和 21 世纪 00 年代以后的 IMF 序列的大幅度波动与图 4-10(h)中 SPEI 的年变化结果相呼应。残差曲线的增长趋势表明我国的平均干旱严重程度有所缓解。各分区平均月尺度 SPEI 分解出的残差曲线表明, 各分区(除了分区 3 以外)的平均干旱程度也呈降低趋势。分区 3 的月尺度 SPEI 序列分解出的残差序列波动呈降低趋势, 表明该地区干旱有加重趋势。分区 3 的干旱程度加重受 ET_0 的影响比受降水量的影响更大, 因为大多数站点的降水量和 ET_0 呈增长趋势。

各分区平均月尺度 SPEI 采用 EEMD 方法分解的 IMF 表示的平均周期及对原序列的方差贡献率结果如表 4-10 所示。不同的 IMF 代表不同的波动周期, 对原序列的贡献也不相同。结果表明:①就全国平均 SPEI 分解结果显示, IMF1 和 IMF2

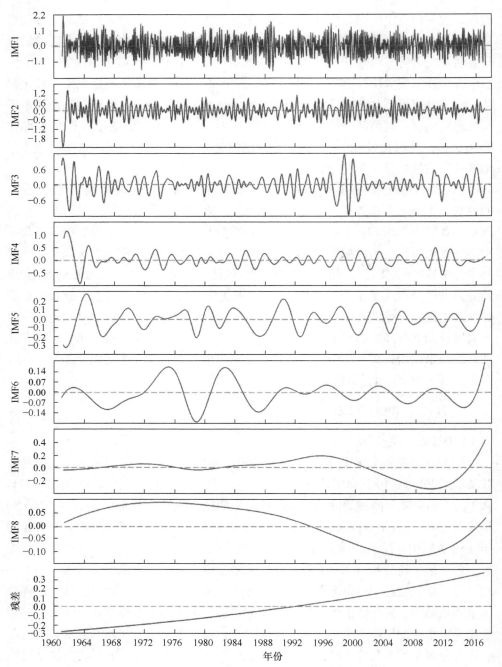

图 4-11　月尺度下 SPEI 分解出的 8 个 IMF 和残差曲线

代表了短周期的波动(0.25 年和 0.52 年)，IMF3 至 IMF8 代表了较长的波动周期，具体来说分别表示 1.11 年、2.33 年、4.46 年、7.77 年、24.46 年和 56.22 年的波动周期。全国平均月尺度 SPEI 的波动周期主要受 IMF1 和 IMF2 影响，因为其方差贡献总和达到了 74.6%(方差贡献率> 70% ，对于 SPEI 序列而言方差贡献率较大)。②其他分区平均月尺度 SPEI 分解出的 IMF 表示的周期和方差贡献率也不尽相同。西北地区与内蒙古地区部分 IMF 表示的周期大于其他 5 个分区，IMF1 和 IMF2 的方差贡献率分别为 16.2%和 23.5%，表明其干旱周期较长。华南地区各 IMF 表示的周期和方差贡献率最接近全国平均状况。③各分区 IMF1 和 IMF2 累积方差贡献率均大于 61%。各分区 IMF5~IMF8 的方差贡献率均小于 5%，表明 IMF1~IMF4 是各地区干旱的主要波动周期。另外，代表各地区趋势变化的残差曲线方差贡献率均低于 10%，因此各地区趋势变化结果的可靠性难以保证。

表 4-10　各分区 IMF 对应的周期与方差贡献率

分区	周期/方差贡献率	IMF1	IMF2	IMF3	IMF4	IMF5	IMF6	IMF7	IMF8	趋势
1	周期/年	0.24	0.54	1.20	2.73	4.54	9.24	33.61	54.83	—
	方差贡献率/%	45.4	16.2	10.5	7.3	4.0	2.2	4.2	0.4	9.6
2	周期/年	0.26	0.58	1.10	2.15	6.08	8.60	24.29	56.83	—
	方差贡献率/%	52.8	23.5	9.1	7.8	3.5	0.9	0.9	0.6	0.9
3	周期/年	0.24	0.54	1.05	2.33	3.83	9.61	16.78	48.17	—
	方差贡献率/%	58.8	22.2	8.1	5.3	2.0	0.9	0.4	2.2	0.1
4	周期/年	0.23	0.49	1.02	2.00	4.10	6.99	23.04	58.33	—
	方差贡献率/%	55.8	19.9	9.0	6.1	2.0	0.9	1.1	0.6	4.7
5	周期/年	0.24	0.55	1.10	2.15	4.90	8.04	20.07	60.50	—
	方差贡献率/%	54.6	20.5	11.4	6.1	2.4	0.5	0.6	1.2	2.6
6	周期/年	0.25	0.51	1.17	2.15	4.33	11.65	21.00	43.50	—
	方差贡献率/%	60.8	17.3	10.5	5.8	1.5	1.0	1.0	0.6	1.4
7	周期/年	0.25	0.52	1.12	2.00	4.39	8.09	20.77	61.00	—
	方差贡献率/%	59.0	19.1	9.5	5.2	2.0	1.4	1.0	0.8	2.1
全国	周期/年	0.25	0.52	1.11	2.33	4.46	7.77	24.46	56.22	—
	方差贡献率/%	55.5	19.1	10.8	6.8	1.3	0.6	1.9	0.5	3.4

2) 各站点月尺度 SPEI 的周期

各站点 1 个月尺度 SPEI 分解出的前四个 IMF 表示的平均周期和对原 SPEI 序列的累积方差贡献率结果表明(绝大多数站点的前四个 IMF 的累积方差贡献率达到 70%以上, 足以表示原 SPEI 序列): ①所有站点前四个 IMF 表示的周期分别在 0.22～0.27 年、0.47～0.63 年、0.95～1.29 年和 1.77～2.95 年。IMF1～IMF4 所代表最长周期的站点主要分布在我国西部小部分地区、中部和西北小部分地区、东部地区、西北地区。②绝大多数站点的前四个 IMF 累积方差贡献率在 70% 以上。只有西北地区 17 个站点的前四个 IMF 累积方差贡献率低于 70%, 其中有 7 个站点的累积方差贡献率小于 58.2%。表明前四个 IMF 所表示周期不足以描述这 17 个站点的干旱主导波动周期, 即这些站点的干旱周期较其他站点干旱周期更长。③除西北地区外, 其他 6 个分区前四个 IMF 累积方差贡献率几乎都在 86.9% 以上, 尤其东南和华南地区前四个 IMF 累积方差贡献率都在 92.8%以上。从西北到东南前四个 IMF 对原 SPEI 序列的累积方差贡献率越来越大, 表明整体上我国干旱周期由西北向东南逐级递减。

6. SPEI 的空间模态分布

使用 EOF 分解方法将 763 个站点 1961～2016 年的月尺度 SPEI 分解为 672 个 EOF 序列, 每个 EOF 序列对月尺度 SPEI 序列的方差贡献率如图 4-12 所示。在 68%置信水平上的显著 EOF 序列为前 8 个 EOF, 它们对原 SPEI 序列的方差贡献率分别为 10.7%、8.5%、7.1%、5.2%、3.8%、3.3%、2.7% 和 2.4%(共 43.7%), 较低的置信水平和累积方差贡献率表明 SPEI 的空间分布差异性较大。

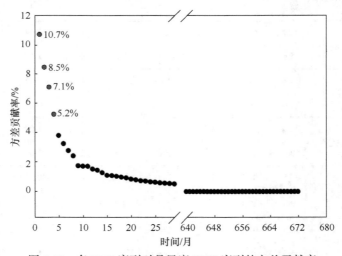

图 4-12　各 EOF 序列对月尺度 SPEI 序列的方差贡献率

　　选用方差贡献率大于 5%的前四个 EOF，逐月 SPEI 分解后的 EC1～EC4 时间变化如图 4-13 所示。相关研究结果表明，如果一段时期内 EC 是正值，对应的 EOF 也是正值，表示这段时期内这个地区 SPEI 大于 0，呈湿润状态；如果对应的 EOF 是负值，表示这段时期内这个地区 SPEI 小于 0，呈干旱状态。同样，如果 EC 是负值，对应结果也会相反。每个 EOF 分布与其对应的 EC 波动都不相同。由 EOF1 的空间分布得出：①华北及其东部地区的干旱状况与其他地区相反。由 EOF2 的空间分布得出，东北地区和西北小部分地区的 EOF 与其他地区相反，同样表明这两个地区干旱状况与其他地区之间的干旱状况相反，而 1970 年之后 EC2 波动幅度较大也会导致 EOF2 这个空间分布状态自 1970 年变化较频繁。EOF1 与 EOF2 空间分布中的绝对值高值区表明我国华北地区和东北地区是干旱敏感区。②与前两个 EOF 分布不同，EOF3 呈东西反向分布，EOF4 呈现中部与南北相反的对称分布。EC3 的绝对值高值期在 20 世纪 70 年代和 2000 年以后，EC4 的绝对值高值期在 2009 年以后，而其他时期的波动大多在 0 附近。总之，前四个 EOF 空间分布中的干旱敏感区分别为华北地区、东北地区、西南地区及南部地区。③除此之外，由 EOF1 和 EOF2 的分布得出，除了华北平原和东北地区，其他地区的 EOF 分布一致，也表明这些地区的干旱状况主要受大尺度大气环流因子影响，而 EOF3 和 EOF4 的空间分布相对较随机，表明这两个状态下的干旱状况主要是

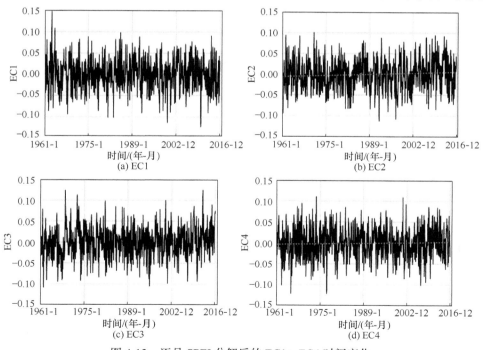

图 4-13　逐月 SPEI 分解后的 EC1～EC4 时间变化

受地形或者其他小尺度物理因素影响。

4.2.3　EEMD 和 EOF 方法在空间分析中的应用优势

　　每个方法都能在一定程度上很好地揭示干旱的时间波动和空间分布规律，综合使用不同的分析方法，能克服单一方法存在的缺陷，更好地揭示 SPEI 的演变规律。EEMD 方法较多应用于干旱周期的分析。Duan 等(2017)利用 EEMD 方法分析了我国平均连续干旱日的时间变化规律，发现西南地区和长江中下游地区(本书中的分区 6)在暖季连续干旱日的残差曲线呈上升趋势，这与本小节得出分区 6 平均 SPEI 呈增长趋势相对应。但是 Duan 等(2017)的研究中残差曲线的增幅更明显，这是由于连续干旱日与 SPEI 为不同的干旱指数所致。Jin 等(2016)以 PDSI 作为干旱指数研究我国西部地区干旱的时空演变特征。研究结果表明，分解出的 IMF3~IMF8 表示西部地区(本书中的分区 1 和分区 2)PDSI 的周期分别为 1.5 年、3.0 年、5.4 年、12.4 年、25.0 年和 60.0 年，这与本小节结果相近。前人使用 EEMD 方法研究干旱大多针对某个区域，本书使用 EEMD 方法对每个典型站点的 SPEI 进行分解，以便更精准地研究全国范围内的干旱演变规律。

　　EOF 方法已经被广泛地应用于干旱领域的研究。例如，Song 等(2014)使用 EOF 分解松嫩平原的春季综合指数，分析结果得出前两个 EOF 对原序列的方差贡献率达到 77%。而本章中前 8 个 EOF 对原序列的累积方差贡献率只有 43.7%。Lei 等(2011)使用 EOF 方法分解我国 1958~2008 年湿润季节的降水量频率，分解出的 EOF1 对原序列的方差贡献率仅有 15.3%。Kim 等(2011)使用 EOF 方法评估了韩国的农业干旱脆弱性，得出 EOF1 的方差贡献率为 20%，其中对 3 个月尺度 SPEI 的分解结果显示，前 8 个 EOF 对原序列的累积方差贡献率为 50%，与本书结果相近。本节研究结果中，EOF 累积方差贡献率低是由于中国地域辽阔，气候受大尺度气候系统及各种小尺度物理因素的综合影响。因此，想深入了解影响我国各分区干旱的潜在机制，应该进一步对各个分区进行 EOF 分解。近年来，遥感技术因其高分辨率被大规模地应用于农业、气象学和水文学中。在未来的研究中，可以将基于遥感的网格数据和现场观测数据结合起来，弥补部分地区站点较少的短板，详细地揭示干旱演变特征。

4.2.4　小结

　　本节综合使用 MMK、EEMD 和 EOF 方法对我国各地区 1 个月和 12 个月时间尺度 SPEI 的时空分布特征进行分析，各分区平均 SPEI 的波动不同。具体来说，干旱半干旱地区自 1990 年呈现湿润化状态，而湿润半湿润地区近年来呈干旱化状态。月尺度 SPEI 的最小值在空间上的分布较为分散。整个研究期内，有 227 个站点最严重的干旱期出现在 1961~1970 年。对 12 个月尺度 SPEI 的趋势检验结果表明各分区 SPEI 呈增长趋势的站点数大于呈降低趋势的站点数，这一现象在分区 1、分区 4 和分区 6 尤为明显。在整个研究期内，我国的西北、东部和东南地区呈湿润化趋势，而中部地区呈干旱化趋势。

由 EEMD 分解月尺度 SPEI 得出的前 3 个 IMF 结果表明我国各分区的平均干旱周期小于 1.2 年。每个站点的干旱平均周期为 0.22～2.95 年，只有一小部分位于西北地区的站点周期大于 2.95 年。我国西北地区的干旱周期要大于其他地区。另外，采用 EOF 对我国 763 个站点 1961～2016 年的月尺度 SPEI 进行分解，由前 4 个 EOF 序列确定了 4 个 SPEI 的空间分布模态。我国华北地区和东北地区是两个干旱敏感区。本节研究结果从全国范围、分区甚至站点尺度上清晰地展现了 1961～2016 年我国的干旱时空变化特征，更好地应对干旱。

4.3　SPEI 的多重分形性

干旱的发生受多种因素影响，具有多时间尺度特征，大小周期相互嵌套，不同地区干旱影响因素的复杂程度不同，因此多重分形性的强弱不同。干旱多重分形性反映了干旱发生规律性的弱强。目前，有关降水量与温度的多重分形研究较多，但是对干旱的多重分形性的研究却较少，因此研究干旱的多重分形性，可进一步探讨干旱的复杂性。为了更好地定量分析 SPEI 的多重分形特性，要对不同时间尺度的 SPEI 进行分析。因此，本节的主要目的是分析 7 个分区在 1961～2018 年、各站点不同时间尺度 SPEI 的多重分形性。

4.3.1　材料与方法

1. 数据来源

研究中计算 SPEI 用到的包含降水量、风速、最高温度、平均温度、最低温度、相对湿度、日照时数等气象要素数据均来自中国气象数据网。如果某个站点的数据缺失或错误率≥1%，这个站点就会被剔除，最终确定了数据错误<1% 的气象站点。对于选定站点缺失的数据按照同一日期附近 10 个站点的数据进行插值补充。数据的质量和可靠性通过 Kendall 自相关检验和 Mann-Whitney 均质性检验进行的交叉检验保证。检验结果表明，在 5% 的显著性水平上，气象数据的随机性和平稳性都合格。各气象要素数据更新至 2018 年 12 月，满足筛选条件的站点数为 646 个。因此，用于计算 1 个月、3 个月、6 个月、9 个月和 12 个月时间尺度 SPEI 的气象要素数据起始于 1961 年 1 月，截止于 2018 年 12 月，共 696 个

月。选择全国 646 个站点的数据进行研究。

拟分析 7 个分区各站点不同时间尺度(1 个月、3 个月、6 个月、9 个月和 12 个月)SPEI 的多重分形性,SPEI 的具体计算过程参照 3.1.1 小节。

2. 多重分形理论

多重分形是对一维时间序列在不同分支组合上的分布状况研究。多重分形是由多个单分形组成的,可以进一步地揭示时间序列的不同层次特征。对序列的多重分形研究主要是研究其标度分布特征,一般用配分函数和奇异谱来表示(郭丽俊等,2011)。

假设将长度为 L 的序列分为 N 份,每一份的长度为 $N(e)$,e 代表每一单元的长度。序列在各个单元的概率计算公式为

$$\mu_i(e) = \frac{I_i(e)}{\sum\limits_{i=1}^{N(e)} I_i(e)} \tag{4-9}$$

式中,$I_i(e)$ 表示尺度为 e 时,第 i 分支内序列的数值。

$\mu_i(e)$ 的 q 阶(q 的大小表示数据的多重分形不均匀程度)配分函数为

$$\mu_i(q,e) = \sum\limits_{i=1}^{N(e)} \mu_i(e)^q \tag{4-10}$$

分析 e 与 $\mu_i(q,e)$ 之间的双对数关系,如果其双对数图呈斜率不同的一簇线性变化,说明该序列具有多重分形性,如果斜率相同则说明不具有多重分形性。质量指数 $\tau(q)$ 由二者之间双对数关系计算可得。

引入广义分形维数 $D(q)$ 表征原序列自相似性,计算公式如下:

$$\begin{cases} D(q) = \dfrac{1}{q-1} \lim\limits_{r \to 0} \dfrac{\lg \sum\limits_{i=1}^{N(e)} \mu_i(q,e)}{\lg e} & (q \neq 1) \\[4mm] D(1) = \lim\limits_{r \to 0} \dfrac{\sum\limits_{i=1}^{N(e)} \mu_i(e) \lg \mu_i(e)}{\lg e} & (q = 1) \end{cases} \tag{4-11}$$

并且,$\tau(q)$ 与 $D(q)$ 之间存在以下关系:

$$\tau(q) = (q-1)D(q) \tag{4-12}$$

由式(4-12)可得当 $D(q) = 1$ 时,$\tau(q) = (q-1)$,因此$(q-1)$可作为序列多重分形性的衡量标准,$\tau(q)$ 与$(q-1)$偏离越大表明序列多重分形性越强,反之越弱。

以上配分函数的计算可以从整体上得出时间序列的多重分形性。要从细节上描述序列的多重分形性还要计算奇异谱，即计算奇异指数 $\alpha(q)$ 和多重分形谱函数（又称"维数分布函数"）$f(\alpha)$。由质量指数 $\tau(q)$ 经勒让德变换得到 $\alpha(q)$ 与 $f(\alpha)$。

$$\alpha(q) = \frac{\mathrm{d}(\tau(q))}{\mathrm{d}(q)} \tag{4-13}$$

$$f(\alpha) = q\alpha(q) - \tau(q) \tag{4-14}$$

如果 $f(\alpha)$ 是一个定值，则所研究样本为单分形，如果多重分形谱 $f(\alpha)$-$\alpha(q)$ 曲线呈钟形分布，则所研究样本具有多重分形性。

$f(\alpha)$-$\alpha(q)$ 的对称程度可用不对称系数 R 表示。

$$R = \frac{\Delta\alpha(q)_{\mathrm{L}} - \Delta\alpha(q)_{\mathrm{R}}}{\Delta\alpha(q)_{\mathrm{L}} + \Delta\alpha(q)_{\mathrm{R}}} \tag{4-15}$$

式中，$\Delta\alpha(q)_{\mathrm{L}}$ 为钟形谱左侧开口宽度；$\Delta\alpha(q)_{\mathrm{R}}$ 为钟形谱右侧开口宽度；$R > 0$ 表示谱向左拖尾，$R < 0$ 表示谱向右拖尾，R 绝对值越大表明谱不对称性越强，也说明序列的多重分形性越强。

4.3.2　结果与分析

1. SPEI 的多重分形判断

由式(4-9)和式(4-10)对 1 个月、3 个月、6 个月、9 个月和 12 个月时间尺度的 SPEI 进行配分函数计算，得到的 $\lg\mu_i(q,e)$-$\lg e$ 结果可用于初步判断全国及 7 个分区各尺度 SPEI 是否具备多重分形性。为统一比较，选取 1962 年 1 月至 2018 年 12 月共 684 个月的 SPEI 数据。为方便计算，尺度 e 选取 684 的约数，具体为 1、2、3、4、6、9、12、19、38、57、76、114、171、228 和 342。另外，当 $e = 1$ 个月时，$\lg e=0$，因此计算中对所有 e 乘以 3 再具体分析。q 取 $-5\sim5$，间隔为 0.5。

图 4-14 和图 4-15 分别为 1 个月和 9 个月尺度 SPEI 的 $\lg\mu_i(q,e)$-$\lg e$ 曲线(配分函数)。由图可知：①各个分区的 SPEI 随 q 变化的双对数曲线可以用一簇斜线来拟合，表明不同分区五个时间尺度的 SPEI 均具有多重分形性，可以用多重分形理论对其进行研究。当 $q < 0$ 时，双对数曲线拟合整体上呈线性，但是线性拟合不如 $q > 0$ 时优良，随着 q 的增加，线性拟合越来越好。表明 SPEI 时间序列在规定的尺度内多重分形性显著。②每个时间尺度，各个分区内 $\lg\mu_i(q,e)$-$\lg e$ 曲线差异不大，其中西北地区线性拟合效果最好。另外，$\lg\mu_i(q,e)$-$\lg e$ 曲线只能作为样本是否具备多重分形性的初步判定条件，SPEI 序列是否真正具备多重分形性还要进一步研究 $\tau(q)$-q 关系曲线。其他时间尺度下配分函数的结果类似，此处不再详细叙述。

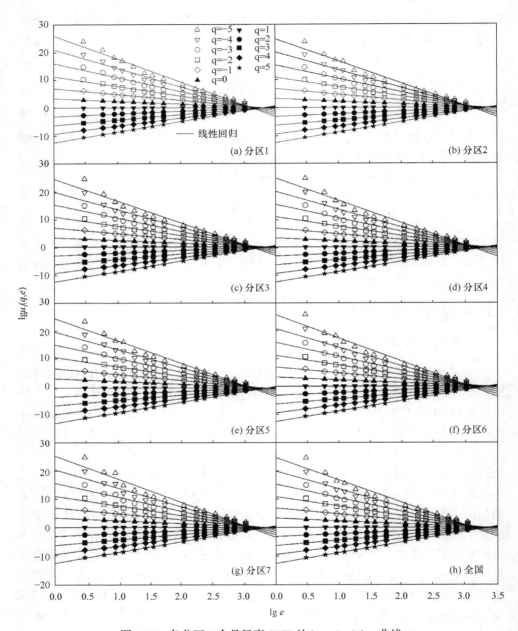

图 4-14　各分区 1 个月尺度 SPEI 的 $\lg \mu_i(q,e)$-$\lg e$ 曲线

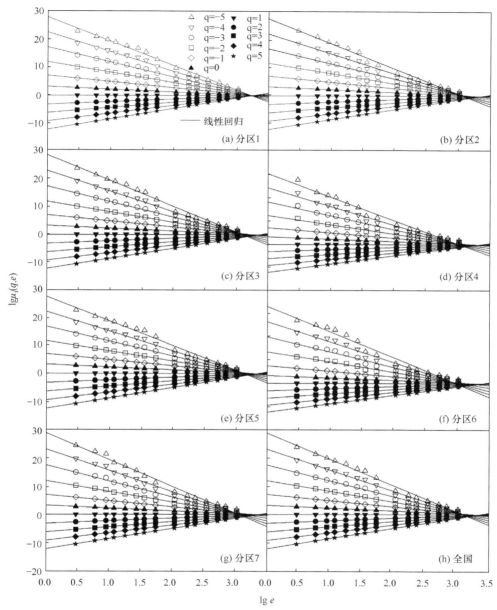

图 4-15　各分区 9 个月尺度 SPEI 的 $\lg \mu_i(q,e)$-$\lg e$ 曲线

图 4-16 显示了 7 个分区五个时间尺度 SPEI 的 $\tau(q)$-q 关系曲线。$\tau(q)$ 是 q 的凸函数，随着 q 增加，$\tau(q)$ 也在增加，表明各地区、各时间尺度的 SPEI 在整个研究期内变化趋势相似。随着时间尺度的增加，$\tau(q)$-q 曲线与 $(q-1)$ 拟合线之间的

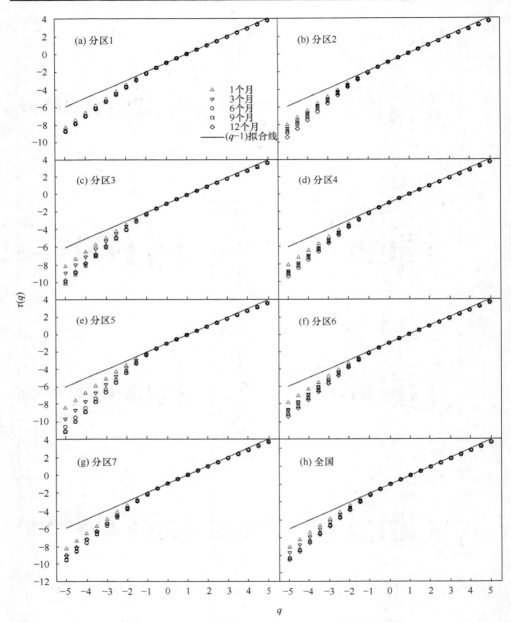

图 4-16　各分区五个时间尺度 SPEI 的 $\tau(q)$-q 关系曲线

偏离越来越大，表明 SPEI 的多重分形性随着时间尺度的增大更加明显。在各时间尺度上，内蒙古地区、青藏高原与华北地区的 $\tau(q)$-q 关系曲线在 $q<0$ 时与$(q-1)$拟合线之间的偏离程度较其他分区更大，表明其 SPEI 多重分形性更加明显，即

这三个分区 SPEI 的波动变异性更强。SPEI 的多重分形性表明可以用分形理论对 SPEI 进行研究, 这对于理清复杂的干旱内在波动, 进一步研究干旱的综合成因十分有价值。

2. SPEI 的广义分形维数

由配分函数的计算可知, 我国各地区 SPEI 具有多重分形性, 即我国的干旱时间变化是自相似的多重分形变化, 均表现出一定的长程相关性。为了描述 SPEI 时间序列多重分形性的细节变化, 由式(4-11)计算 SPEI 的广义分形维数 $D(q)$。各分区五个时间尺度 SPEI 的 $D(q)$-q 关系曲线如图 4-17 所示。

各分区、不同时间尺度 SPEI 的 $D(q)$-q 关系曲线变化不同, 但都随着 q 的增大而减小, 再次表明 SPEI 具备多重分形性。这个结果与 $\tau(q)$-q 曲线分析结果一致, 各分区广义分形维数的变化从大到小依次为: 华北地区、青藏高原地区、华南地区、内蒙古地区、华中地区、东北地区和西北地区。其中, 华北地区各时间尺度 SPEI 的广义分形维数变化范围最大, 表明该地区干旱的内在结构更为复杂, 形成干旱的机理也更多样。西北地区干旱的广义分形维数变化范围最小, 表明西北地区的干旱形成机理相对简单。另外, 在各分区内, 随着时间尺度的增加, 广义分形维的范围整体上也在增大, 表明随着时间尺度的增加, 干旱内在结构的复杂程度也在增加。

3. SPEI 的奇异指数和维数分布函数

以上结果已经从整体上判断出我国各地区 SPEI 序列具备多重分形性, 要从局部空间结构上确定序列的多重分形性, 需要进一步计算序列的奇异指数 $\alpha(q)$ 和维数分布函数 $f(\alpha)$。计算得到各分区五个时间尺度 SPEI 的多重分形谱结果如图 4-18 所示。由该图可知, 各分区五个时间尺度 SPEI 的多重分形谱呈不对称的钟形分布。随着时间尺度的增加, 多重分形谱的谱宽增加, 说明 SPEI 的多重分形性随时间尺度的增加更明显。各分区内随着时间尺度的变化, 谱高变化不大。但是内蒙古地区的多重分形谱谱高随着时间尺度的增加而增加。另外, 所有分区的每个时间尺度 SPEI 的多重分形谱呈不同程度右偏。

对各站点五个时间尺度的 SPEI 进行多重分形分析, 得出各站点多重分形谱的谱宽结果和各站点的多重分形谱不对称系数(图略)。①各时间尺度、各站点的谱宽不尽相同, 除 6 个月时间尺度以外, 随着时间尺度的增加, 所有站点的平均谱宽在增大。1 个月与 3 个月时间尺度的 SPEI 多重分形谱宽空间分布较为相似, 9 个月与 12 个月相似, 说明时间尺度对 SPEI 多重分形性的影响是存在的。1 个月、3 个月和 6 个月时间尺度 SPEI 的多重分形谱宽分布较随机, 9 个月与 12 个月尺度 SPEI 多重分形谱宽的较大值主要分布在东部沿海地区和西南部分地区,

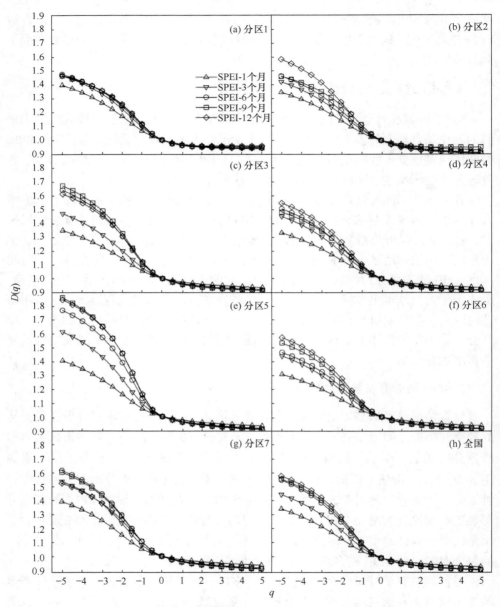

图 4-17　各分区五个时间尺度 SPEI 的 $D(q)$-q 关系曲线

说明这两个地区的 SPEI 变异性较强，影响 SPEI 的潜在物理机制更复杂。②各时间尺度 SPEI 多重分形谱的不对称系数均为负值，即所有站点 SPEI 的多重分形谱呈右偏现象，说明 SPEI 的时间变异中周期较小的波动占主导地位。其中，6 个月时间尺度 SPEI 的右偏现象最明显。

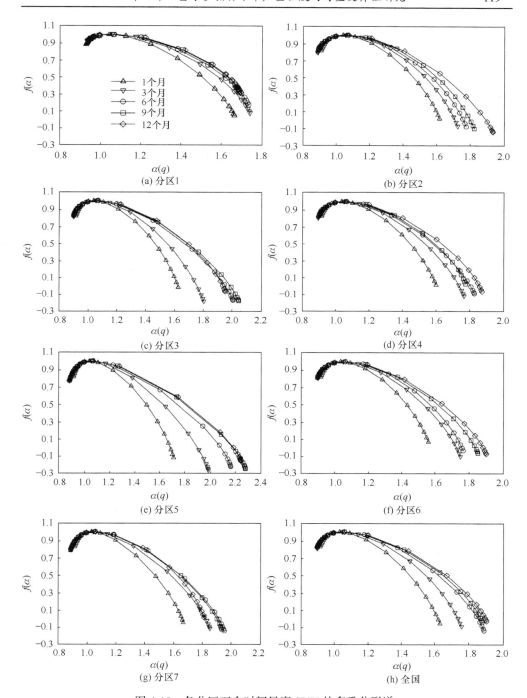

图 4-18　各分区五个时间尺度 SPEI 的多重分形谱

　　结果表明，我国各地区 SPEI 具有多重分形性，并且随着时间尺度、气候区甚至站点分布的不同，多重分形性强弱不同，因此不同气候区干旱因素的复杂程度也不相同。我国各地区各站点干旱的大周期波动占干旱时间变异的主导地位，表明我国干旱受大气环流活动影响比受小尺度物理机制影响程度更大。我国地域辽阔，经纬度跨度大，地形地势复杂多样，不同地区不同时段的干旱事件成因复杂。Hou 等(2018)对我国 1961～2012 年 SPI 的多重分形性研究结果表明，我国各地区干旱的多重分形性受到东部、南部地区季风流和西北地区的西风流的季节性、年际、年代际的综合影响。因此，无法得出各地区干旱的具体成因。而本章研究结果为学者提供理论依据，根据各站点 SPEI 多重分形性的强弱，判断该地区干旱事件的多标度行为，再结合干旱波动主周期长度，用 SPEI 的多重分形参数与大气环流因子及各地高程、坡度、坡向等干旱潜在影响因素进行相关性分析，进一步得出影响干旱内在结构差异性的具体成因，可以更好地预测未来干旱的发生状况。此外，多重分形分析法分为 R/S 分析法、基于配分函数的多重分形分析法和多重分形去趋势涨落分析法，为了进一步确认干旱的多重分形性，可以应用另外两种方法对干旱进行分析。

4.3.3　小结

　　本节研究了五个时间尺度的 SPEI 在我国各地区及各站点的多重分形性，不同气候区不同站点的 SPEI 均具有多重分形性，但是多重分形性的强弱不尽相同。随着 q 的增大，$\lg\mu_i(q,e)$-$\lg e$ 双对数曲线的线性拟合效果更好，表明 SPEI 序列在规定的尺度内多重分形性显著。随着时间尺度的增加，SPEI 的多重分形性更加明显。内蒙古地区、青藏高原地区与华北地区的 SPEI 多重分形性较其他分区更加明显，即这三个分区的 SPEI 波动变异性更强。各个分区广义分形维数的变化范围从大到小依次为：华北地区、青藏高原地区、华南地区、内蒙古地区、华中地区、东北地区、西北地区，表明华北地区干旱变异性最强，内部结构最复杂，西北地区最弱。所有站点 SPEI 的多重分形谱呈现右偏现象，说明 SPEI 的时间变异中周期较小的波动占主导地位。其中，6 个月尺度呈右偏现象的站点数最多。本节系统揭示了我国地区干旱的多重分形性，可为进一步研究干旱的潜在影响机制提供参考。

第 5 章　基于 GEE 和遥感大数据的干旱监测

本章首先通过构建 LST-NDVI(或 EVI)的光谱特征空间，在拟合干、湿边方程的基础上，计算了两种温度植被干旱指数(TVDI$_{NDVI}$ 和 TVDI$_{EVI}$)，并分析 TVDI 监测土壤含水量的适用性。其次，基于降水量、土壤含水量和径流量数据，在估计概率密度函数的基础上，计算标准化降水指数、标准化土壤含水量指数(standardized soil moisture index, SSI)、标准化径流指数，然后通过趋势检验和周期性分析对比三个标准化干旱指数的时空演变特征，分析气象干旱对农业干旱和水文干旱的影响，评估气象干旱到农业和水文干旱的传递时间。最后，通过游程理论(run theory)方法，基于 SPI、SSI 和 SRI，分别提取不同时间尺度下的气象、农业和水文干旱的干旱持续时间、干旱频次和干旱烈度，并对干旱指数相互之间的关系进行对比分析。

5.1　TVDI 的适用性研究

5.1.1　材料与方法

1. 研究区概况与数据来源

研究区域概况和数据来源与 2.1.1 和 2.1.2 小节相同。

2. TVDI 的计算

将原始日间 LST、NDVI、EVI 系列用均值合成法汇总成逐月时间步长(姚镇海等，2017；Qin et al.，2011)。昼间 LST 与土壤含水量的相关性高于夜间 LST，因此月度尺度的 TVDI 采用月度 MODIS 昼间 LST(Sanchez et al.，2016)、NDVI 和 EVI 数据进行计算(赵会超，2020)。

由于我国有不同的土地覆盖类型，如水、稀疏或稠密的植被，地表温度和植被指数的光谱特征空间通常呈三角形或梯形(Carlson et al.，1994)。基于 LST-NDVI(或 EVI)三角特征空间(图 5-1)，利用 NDVI 和 EVI 两个植被指数计算 TVDI$_{NDVI}$ 和 TVDI$_{EVI}$，可用于土壤含水量监测(Sandholt et al., 2002)。

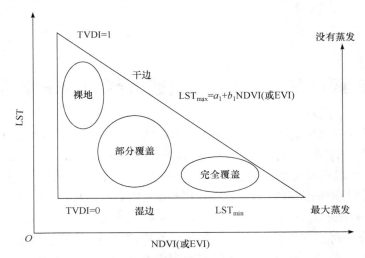

图 5-1 地表温度与植被指数的概念三角形

Sandholt 等(2002)提出 TVDI 的相关计算方法如下:

$$\text{TVDI} = \frac{\text{LST} - \text{LST}_{\min}}{\text{LST}_{\max} - \text{LST}_{\min}} \tag{5-1}$$

式中，LST 为地表温度；$\text{LST}_{\min}$ 和 $\text{LST}_{\max}$ 分别表示 NDVI(或 EVI)对应地表温度的最小值和最大值。

与相同 NDVI 对应的 $\text{LST}_{\max}(\text{LST}_{\min})$ 散点图的线性拟合方程称为干(湿)边方程。干边和湿边方程的计算公式如下:

$$\text{LST}_{\max} = a_1 + b_1 \text{NDVI}，\text{或} \text{LST}_{\max} = a_1 + b_1 \text{EVI}（\text{干边方程}） \tag{5-2}$$

$$\text{LST}_{\min} = a_2 + b_2 \text{NDVI}，\text{或} \text{LST}_{\min} = a_2 + b_2 \text{EVI}（\text{湿边方程}） \tag{5-3}$$

式中，a_1、b_1、a_2、b_2 分别为干边和湿边线性拟合方程的拟合参数。

然后，根据式(5-4)计算 TVDI:

$$\text{TVDI} = \frac{\text{LST} - (a_2 + b_2 \text{NDVI})}{(a_1 + b_1 \text{NDVI}) - (a_2 + b_2 \text{NDVI})} \text{ 或 } \text{TVDI} = \frac{\text{LST} - (a_2 + b_2 \text{EVI})}{(a_1 + b_1 \text{EVI}) - (a_2 + b_2 \text{EVI})} \tag{5-4}$$

当 TVDI 接近 1 时，土壤干旱更为严重，当 TVDI 接近 0 时，土壤不干旱。本节对我国不同地区 $\text{TVDI}_{\text{NDVI}}$ 和 TVDI_{EVI} 的适用性进行比较。

3. TVDI 与土壤含水量的线性拟合

为了验证 TVDI 的适用性,对两种 TVDI 与土壤含水量进行了皮尔逊相关分析。

利用线性函数描述土壤含水量与 TVDI$_{NDVI}$(或 TVDI$_{EVI}$)之间的关系，其表达式为

$$SM = A \times TVDI_{NDVI} + B \text{ 或 } SM = A \times TVDI_{EVI} + B \tag{5-5}$$

式中，A 和 B 是拟合系数；SM 代表土壤含水量；用皮尔逊相关系数(r)评价线性函数的拟合精度。

$$r = \frac{\sum_{i=1}^{n}(x_i - \bar{x})(y_i - \bar{y})}{\sqrt{\sum_{i=1}^{n}(x_i - \bar{x})^2}\sqrt{\sum_{i=1}^{n}(y_i - \bar{y})^2}} \tag{5-6}$$

式中，x_i 为第 i 个月的 TVDI；y_i 为第 i 个月的土壤含水量；$\bar{x}$ 为 TDVI$_{NDVI}$(或 TVDI$_{EVI}$)的月平均值；$\bar{y}$ 为土壤含水量的月平均值；用 r 评价 TVDI 在土壤含水量监测中的适用性，r 的绝对值越接近 1，则它们之间的相关关系越完美。

由于栅格遥感数据量非常大(遥感影像的数据为 TIFF 格式，数据量约为 500G)，通过 GEE 进行皮尔逊相关分析和线性拟合。

5.1.2　结果与分析

1. 光谱特征空间的构建

对全国使用 NDVI(或 EVI)进行 2001～2016 年逐月 LST 估计，并拟合干边/湿边三角形光谱特征空间，如图 5-2 所示。暖季(4～9 月)的湿边关系和干边关系比冷季(10 月到次年 3 月)拟合的好，这可能是由于冷季植被盖度较低，气温也较低造成的。LST 拟合关系的差异和变化可能导致 TVDI 在冷暖季节的适用性存在差异。同时，这也可能是 TVDI$_{NDVI}$ 与 TVDI$_{EVI}$ 在时间和空间上存在明显差异的原因。

提取同一 NDVI(或 EVI)下不同像素对应的 LST 最大值和最小值，拟合多年月平均的干边和湿边方程(表 5-1，其中 R^2 为决定系数)。LST-NDVI 和 LST-EVI 干边方程斜率为负，LST-NDVI 湿边方程的斜率为正，但 LST-EVI 干边方程的斜率有正有负。1～3 月(10～12 月)LST-NDVI(或 EVI)湿边方程的 R^2 大于干边方程。4～9 月 LST-NDVI(或 EVI)湿边方程和干边方程的拟合效果均较好，其湿边方程的 R^2 大于干边方程。LST-NDVI(或 EVI)拟合较差的月份(1～3 月和 10～12 月)的 R^2 一般较小，尤其是干边方程。这可能会导致 TVDI(TVDI$_{NDVI}$ 与 TVDI$_{EVI}$)的估计出现一些偏差。

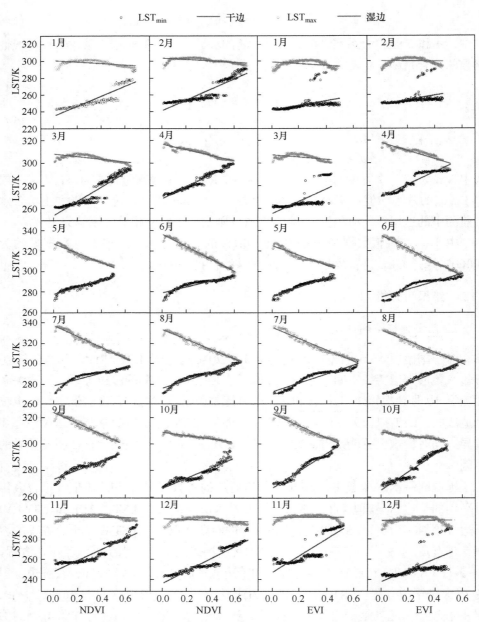

图 5-2 2001～2016 年多年平均月 LST-NDVI 和 LST-EVI 的特征空间

表 5-1　基于 NDVI(或 EVI)-LST 的干湿边方程拟合优度

月份	干边	R^2	湿边	R^2
1	$LST_{max}=300.55-8.90\ NDVI$	0.25	$LST_{min}=234.34+59.66\ NDVI$	0.78
	$LST_{max}=299.34-10.40\ EVI$	0.04	$LST_{min}=242.33+26.98\ EVI$	0.17
2	$LST_{max}=303.87-8.31\ NDVI$	0.32	$LST_{min}=240.86+62.75\ NDVI$	0.81
	$LST_{max}=300.58-1.33\ EVI$	0.00	$LST_{min}=248.95+26.58\ EVI$	0.16
3	$LST_{max}=307.82-11.70\ NDVI$	0.53	$LST_{min}=253.67+62.65\ NDVI$	0.87
	$LST_{max}=306.77-10.08\ EVI$	0.25	$LST_{min}=255.09+53.94\ EVI$	0.48
4	$LST_{max}=316.50-24.24\ NDVI$	0.90	$LST_{min}=268.37+51.39\ NDVI$	0.96
	$LST_{max}=317.69-35.89\ EVI$	0.80	$LST_{min}=269.62+55.29\ EVI$	0.88
5	$LST_{max}=327.14-46.70\ NDVI$	0.94	$LST_{min}=277.55+34.90\ NDVI$	0.92
	$LST_{max}=325.64-47.42\ EVI$	0.91	$LST_{min}=275.80+45.82\ EVI$	0.92
6	$LST_{max}=366.35-60.06\ NDVI$	0.97	$LST_{min}=278.86+28.96\ NDVI$	0.83
	$LST_{max}=335.11-65.96\ EVI$	0.98	$LST_{min}=274.52+38.38\ EVI$	0.83
7	$LST_{max}=337.41-54.94\ NDVI$	0.97	$LST_{min}=277.64+31.43\ NDVI$	0.84
	$LST_{max}=335.47-55.95\ EVI$	0.96	$LST_{min}=271.63+43.77\ EVI$	0.88
8	$LST_{max}=333.53-48.64\ NDVI$	0.97	$LST_{min}=275.11+38.30\ NDVI$	0.91
	$LST_{max}=332.92-55.00\ EVI$	0.97	$LST_{min}=268.44+55.00\ EVI$	0.96
9	$LST_{max}=323.65-41.20\ NDVI$	0.94	$LST_{min}=273.63+33.76\ NDVI$	0.89
	$LST_{max}=322.53-45.35\ EVI$	0.94	$LST_{min}=266.90+64.07\ EVI$	0.96
10	$LST_{max}=308.79-12.42\ NDVI$	0.84	$LST_{min}=266.53+37.28\ NDVI$	0.85
	$LST_{max}=308.53-13.36\ EVI$	0.79	$LST_{min}=265.09+66.61\ EVI$	0.94
11	$LST_{max}=301.75-2.15\ NDVI$	0.04	$LST_{min}=248.00+53.85\ NDVI$	0.86
	$LST_{max}=300.98+0.54\ EVI\ *$	0.00	$LST_{min}=247.29+81.12\ EVI$	0.75
12	$LST_{max}=299.57-4.24\ NDVI$	0.09	$LST_{min}=236.55+59.10\ NDVI$	0.88
	$LST_{max}=297.90+0.54\ EVI\ *$	0.00	$LST_{min}=238.28+54.99\ EVI$	0.40

注：*表示方程的斜率为正。

2. 两种 TVDI 的时空变化规律

1) $TVDI_{NDVI}$ 和 $TVDI_{EVI}$ 的时间变化

不同分区 $TVDI_{NDVI}$ 和 $TVDI_{EVI}$ 的月变化如图 5-3 所示。

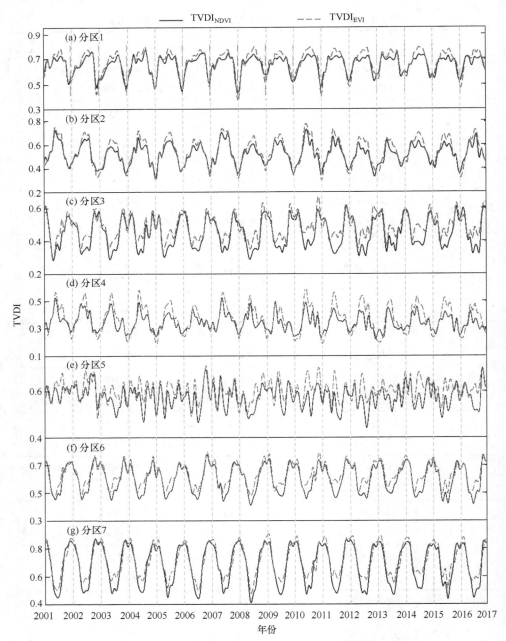

图 5-3　不同分区 TVDI$_{NDVI}$ 和 TVDI$_{EVI}$ 月变化

　　图 5-3 中，TVDI$_{NDVI}$ 和 TVDI$_{EVI}$ 具有非常相似的波动特征，但各分区 TVDI$_{EVI}$ 的波峰和波谷大多高于 TVDI$_{NDVI}$。不同地区 TVDI 的变化存在差异。除分区 4 的

TVDI$_{NDVI}$ 和 TVDI$_{EVI}$ 较混乱外，其他分区 TVDI$_{NDVI}$ 和 TVDI$_{EVI}$ 有明显的周期性变化。TVDI$_{EVI}$ 在分区 1～7 分别为 0.374～0.804、0.302～0.769、0.294～0.648、0.192～0.608、0.488～0.709、0.469～0.795 和 0.483～0.898，TVDI$_{NDVI}$ 在 1～7 区分别为 0.434～0.774、0.335～0.721、0.289～0.621、0.224～0.527、0.444～0.694、0.413～0.780 和 0.411～0.872。

　　2) TVDI$_{NDVI}$ 和 TVDI$_{EVI}$ 的空间分布

　　虽然 TVDI$_{NDVI}$ 和 TVDI$_{EVI}$ 范围不同，但其空间分布格局基本相似。TVDI$_{NDVI}$ 和 TVDI$_{EVI}$ 在不同地区、不同月份的空间分布差异较大。西北地区、东北地区和青藏高原地区全年 TVDI$_{NDVI}$、TVDI$_{EVI}$ 均较小，呈现湿润状态。1～3 月和 10～12 月(冷季)，TVDI$_{NDVI}$ 和 TVDI$_{EVI}$ 在中国西北地区南部和东南地区较高，表明一般情况下土壤较为干燥。4～10 月(暖季)TVDI$_{NDVI}$ 和 TVDI$_{EVI}$ 在西北地区较高，而在华中和华南地区、青藏高原地区较低。

　　土壤含水量的周期性变化(特别是表层土壤含水量的周期性变化)与 TVDI 在不同分区间具有较好的一致性，但 0～10 cm 土壤深度内土壤含水量的空间分布与 TVDI 有部分一致性，东南地区差异较大。主要空间差异表现在华中和华南地区，可能是由于年内植被和温度条件的变化，计算得到的土壤含水量与两个 TVDI 之间的空间一致性可能受影响。

　　3. 土壤含水量与 TVDI 的关系

　　图 5-4 所示为不同深度或不同季节的土壤含水量与 TVDI$_{NDVI}$(或 TVDI$_{EVI}$)的皮尔逊相关系数(r)，以考察 TVDI 的适用性。

　　TVDI 与土壤含水量之间的－r 是有效的(Patel et al.，2009)。在图 5-4(a)中，土壤含水量与 TVDI$_{NDVI}$ 的相关性与土壤含水量与 TVDI$_{EVI}$ 的相关性相似。0～10cm 深度土壤含水量与 TVDI$_{NDVI}$(或 TVDI$_{EVI}$)相关性最好，其次是 0～40cm、0～100cm 和 0～200cm 深度。分区 1、分区 4、分区 6 和分区 7 的相关性优于分区 2、分区 5 和分区 3，在 0～10cm 深度内，土壤含水量与 TVDI$_{NDVI}$ 的 r 绝对值达 0.8。此外，0～40cm 深度土壤含水量和 TVDI$_{EVI}$ 的皮尔逊相关系数在分区 2～3 为正，没有意义。根据温度、植被条件和谱的三角形特征空间，将全年分为两个时期，从 10 月到次年 3 月为冷季，植被盖度和温度较低，4～9 月有高植被盖度和温度为暖季，以此研究 TVDI$_{NDVI}$ 和 TVDI$_{EVI}$ 表示 0～10cm 土壤 TVDI 的适用性。如图 5-4(b)所示，所有分区内 TVDI$_{NDVI}$ 与 0～10cm 深度土壤含水量的 r 在不同季节都是负值且有效，而 TVDI$_{EVI}$ 与 0～10cm 土壤含水量的 r 在分区 2、分区 5 和分区 3 的暖季(4～9 月)是正值且毫无意义。除西北地区外，大部分地区 4～9 月 0～10cm 深度土壤含水量与 TVDI$_{NDVI}$ 的皮尔逊相关系数($r>0.4$)高于 10～次年 3 月。在冷季，TVDI$_{NDVI}$(TVDI$_{EVI}$)与 0～10cm 土壤含水量相关性最好的是西北地区，而在暖季，相关性最好的是华南地区。总的来说，TVDI$_{NDVI}$ 在反映土壤含水量方面表现得比 TVDI$_{EVI}$ 更好，尤其是在暖季。

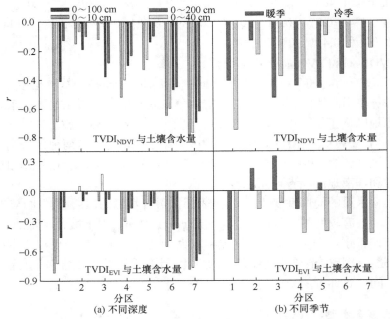

图 5-4　不同深度或季节土壤含水量与 TVDI$_{NDVI}$(或 TVDI$_{EVI}$)的 r(后附彩图)

　　式(5-5)中 0～10cm 深度土壤含水量与 TVDI$_{NDVI}$(和 TVDI$_{EVI}$)的斜率 A、截距 B、皮尔逊相关系数 r 的空间分布中，A 和 B 的分布具有典型的区域特征，A 沿东北—西南带增大，A 在我国东南部较大。相关性最好的区域位于我国东南部、西北部和青藏高原部分地区。TVDI$_{NDVI}$ 和 TVDI$_{EVI}$ 在我国西北、内蒙古和东南地区(分区 1、2、6 和 7)的适用性较好。相关性较差的地区在高山或山区，这可能是由于其低植被盖度和复杂的地形条件，会引起遥感反演 NDVI(或 EVI)和 LST 存在一定的误差，进而会引起 TVDI 计算产生一定的误差，因此在这些区域的相关性出现低负值和正值。在其他土层也可以得到其相关关系，但是适用性不如 0～10cm 深度。

　　TVDI$_{NDVI}$ 和 TVDI$_{EVI}$ 监测土壤含水量的适用性可以通过比较其 r 的差异来评估。r 的差异(面积为 678.6644379 万 km²)代表 TVDI$_{NDVI}$ 与土壤含水量的 r 比 TVDI$_{EVI}$ 与土壤含水量的 r 低(相关性较好)，反之亦然。除东北东部、西北西南、青藏高原小部分区域、中南地区外，我国大部分地区 TVDI$_{NDVI}$ 表现优于 TVDI$_{EVI}$。因此，就 r 差异所覆盖的面积而言，在西北地区，TVDI$_{EVI}$ 对 0～10cm 土壤含水量监测的适用性略好于 TVDI$_{NDVI}$。在其他 6 个地区，TVDI$_{NDVI}$ 表现较好。总的来说，TVDI$_{NDVI}$ 比 TVDI$_{EVI}$ 的适用性好。

TVDI$_{NDVI}$(或 TVDI$_{EVI}$)分别与 0~40cm、0~100cm、0~200cm 深度土壤含水量的皮尔逊相关性分析表明，随着土层深度的增加，两种 TVDI 与土壤含水量的相关性通常逐渐变差。

5.1.3　TVDI 监测土壤干旱的适用性

1. 冷季干湿边方程拟合引起的误差

LST-NDVI(或 EVI)特征空间中的干湿边方程是计算 TVDI$_{NDVI}$(或 TVDI$_{EVI}$)的关键。例如，张喆等(2015)在我国新疆塔里木盆地北部边缘带的渭干河-库车河三角洲绿洲选择 2011 年 4 月和 8 月两个专题制图仪(thematic mapper, TM)图像应用归一化植被指数和比值植被指数(ratio vegetation index，RVI)建立 LST-NDVI(RVI)特征空间，然后通过线性拟合计算 TVDI$_{NDVI}$ 和 TVDI$_{RVI}$。许多研究选择暖季来计算 TVDI，以避免冷季拟合干湿边方程的不确定性(刘立文等，2014；Chen et al.，2011；杨曦等，2009)。在暖季，光谱空间呈三角形，基于特征空间线性拟合的干湿边方程是可靠的。在冷季，LST-NDVI(或 EVI)的特征空间不是三角形，由干湿边方程得到的 LST$_{max}$ 和 LST$_{min}$ 与实际值相差较大[式(5-2)和(5-3)]。在此基础上，基于线性拟合的干湿边方程计算出的 TVDI 存在一定误差。在冷季，植被指数和温度较低，拟合干湿边方程的 R^2 较小，这可能导致 TVDI$_{NDVI}$(或 TVDI$_{EVI}$)的估算出现误差。

2. TVDI 在土壤干旱监测中的适用性比较

Son 等(2012)以湄公河下游为研究区，通过建立 TVDI$_{NDVI}$ 模型，利用 NDVI、LST 和卫星遥感降水数据探测农业干旱，结果表明 TVDI$_{NDVI}$ 在不同季节都与热带降雨测量任务(tropical rainfall measuring mission，TRMM)数据具有较高的一致性；与作物水分胁迫指数相比，TVDI$_{NDVI}$ 与土壤含水量具有较高的一致性。Chen 等(2011)利用 TVDI$_{NDVI}$ 对黄淮海平原土壤含水量进行估算，结果表明，不同土壤深度的土壤含水量与 TVDI$_{NDVI}$ 呈显著的负相关关系，但 10~20cm 深度的相关关系最大(R^2=0.43)。杨曦等(2009)在华北平原部分地区利用实测 10cm、20cm 深度的土壤含水量数据分析 TVDI$_{NDVI}$ 和 TVDI$_{EVI}$ 的适用性，结果表明，TVDI$_{NDVI}$(TVDI$_{EVI}$)与 10cm 和 20cm 深度的土壤含水量为负相关，并且 TVDI$_{EVI}$ 与 10cm 深度土壤含水量有很好的相关性。刘立文等(2014)比较了 TVDI$_{EVI}$ 和 TVDI$_{NDVI}$ 对我国吉林省 10cm 深度土壤干旱监测的适用性，得出 5 月和 8 月 TVDI$_{EVI}$ 和 TVDI$_{NDVI}$ 与 10cm 深度土壤含水量的相关关系最好。李海霞等(2017)于 2016 年 5 月和 6 月构建了新疆 LST-NDVI 和 LST-EVI 特征空间，计算了 TVDI$_{NDVI}$ 和 TVDI$_{EVI}$，得出 TVDI$_{EVI}$ 比 TVDI$_{NDVI}$ 更适合监测 5 月和 6 月的土壤干旱。

TVDI 的计算具有地域性,因此以往研究结果与本节结果存在不一致的情况。例如,不同覆盖区域 NDVI 和 LST 得到的同一站点同一时段内 TVDI 有些许不同。本节以全国为计算区域,可能与以往的研究结果有所不同,以往的研究侧重于较小的区域。然而,上述研究都是基于中国部分地区在较短特定时期内的遥感影像。对 7 个气候区的月土壤含水量、土壤温度、TVDI$_{EVI}$ 和 TVDI$_{NDVI}$ 的估计值(2001~2016 年)进行了研究。与以往研究相比,在 TVDI$_{NDVI}$ 和 TVDI$_{EVI}$ 与土壤含水量的相关性分析上具有较高的数据完整性,可以系统地比较 TVDI$_{NDVI}$ 和 TVDI$_{EVI}$ 与土壤含水量的相关性,TVDI 的适用性研究更可靠,也可以为大面积的土壤水分监测与评价提供指导。此外,TVDI$_{NDVI}$ 在监测 0~10cm 深度土壤含水量方面的适用性也得到了证实,尤其是在我国,4~9 月的暖季比 10~次年 3 月的冷季更明显。本书的研究结果部分与刘立文等(2014)一致,但不同于杨曦等(2009),这是由于 TVDI 计算的地域性差异,这项 TVDI$_{NDVI}$(或 TVDI$_{EVI}$)的适用性研究结果在我国大部分地区是可靠的。然而,由于缺乏 0~10cm 深度的土壤含水量数据,本节主要考虑≥10cm 深度的土壤含水量。进一步的研究将集中在利用遥感数据调查近地表的土壤含水量。

3. TVDI 监测土壤干旱适用性差异的原因

从研究结果可以看出,TVDI$_{EVI}$ 和 TVDI$_{NDVI}$ 对 0~10cm 深度土壤含水量的适用性最好。但 TVDI$_{NDVI}$ 与 TVDI$_{EVI}$ 在其他土壤深度的适用性有差异,且同一 TVDI 在不同地区的适用性也不同。不同气候区下两个 TVDI 与 0~10cm 深度土壤含水量的皮尔逊相关系数见表 5-2。

表 5-2　不同气候区下两个 TVDI 与 0~10cm 深度土壤含水量的皮尔逊相关系数

TVDI	分区 1	分区 2	分区 3	分区 4	分区 5	分区 6	分区 7
TVDI$_{NDVI}$	−0.81	−0.15	−0.12	−0.52	−0.33	−0.65	−0.79
TVDI$_{EVI}$	−0.82	−0.026	−0.10	−0.43	−0.13	−0.56	−0.79

根据 TVDI 的计算原理和 NDVI 与 EVI 的空间分布,TVDI$_{NDVI}$ 和 TVDI$_{EVI}$ 及其在不同地区的适用性差异是由不同 LST 和 NDVI(或 EVI)共同影响的。

TVDI 反映了土壤的干湿程度,在反映地表水分方面具有良好的适用性。然而,本节的结果表明,随着土层深度的增加,TVDI 的适用性降低。根据 TVDI 的计算原理,LST 是计算 TVDI 的一个重要参数,但不是相应深度的土壤温度。根据日间 LST 和不同深度土壤温度的月变化,日间 LST 明显高于不同深度的土壤温度,这可能是基于 LST 的 TVDI 对不同深度土壤含水量监测的适用性存在误差的主要原因。LST 代表日间近地表温度,土壤深度越小,土壤温度越接近日间

LST,这可能使 TVDI 在相应土壤干旱监测方面的效果越好,这就是随着土壤深度的增加 TVDI 适用性下降的原因。

5.1.4　小结

在土壤干旱监测指标的适用性研究上,基于不同植被指数(NDVI 和 EVI),所计算的 TVDI$_{NDVI}$(或 TVDI$_{EVI}$)在我国不同气候区的适用性不同,在 0～10cm 土壤干旱监测的适用性方面最好,但是在 0～10cm 深度土壤干旱监测中的适用性也不同。全国 0～10cm 深度土壤含水量与 TVDI$_{NDVI}$(或 TVDI$_{EVI}$)的皮尔逊相关系数大多为负相关,但是区域之间存在显著差异。土层越深,相关性越差,土壤干旱的监测效果越不好,总之相应土层土壤干旱的监测最好选用该土层的温度作为计算 TVDI 的参数。

在冷季,西北地区 TVDI$_{NDVI}$(TVDI$_{EVI}$)与土壤含水量的相关性最好,而在暖季,华南地区 TVDI$_{NDVI}$(TVDI$_{EVI}$)与土壤含水量的相关性最好。在高山区,冷季不同深度土壤含水量与 TVDI$_{NDVI}$(TVDI$_{EVI}$)的相关性较差,没有意义。这是由于在冷季 TVDI$_{NDVI}$ 或 TVDI$_{EVI}$ 的干湿边方程的拟合优度较差。总体而言,TVDI$_{NDVI}$ 在暖季和冷季对土壤干旱状况的监测表现优于 TVDI$_{EVI}$,尤其是在暖季(4～9 月)。TVDI$_{EVI}$ 在 0～10cm 土壤干旱监测中的适用性好于 TVDI$_{NDVI}$,且在西北地区有显著效果,而在其他分区 TVDI$_{NDVI}$ 表现相对较好。

5.2　三种干旱指数的时空变化规律

5.2.1　材料与方法

1. 研究区概况和数据来源

研究区域概况和数据来源与 2.1.1 小节相同。

2. 多时间尺度 SPI、SSI 和 SRI 的计算

选取降水量、土壤含水量和地下水径流量,分别计算 SPI、SSI 和 SRI,以便用于定量评估气象、农业和水文干旱特征。

1) 降水量、土壤储水量和地下水径流量概率密度函数的选择

累积概率密度函数(probability density function, PDF)是计算 SPI、SSI 和 SRI 的基础。因此,在转换为计算 SPI、SSI 和 SRI 所需的标准正态分布之前,应评估最适合的月尺度降水量(PPT)、土壤储水量(SWS)和地下水径流量(GR)的分布类型。

分别对 PPT、SWS 和 GR 进行正态(normal)分布、双参数对数正态(two-parameter lognormal，LN2)分布、三参数对数正态(three-parameter lognormal，LN3)分布、广义极值(generalized extreme value，GEV)分布、极值Ⅰ分布、韦伯(Weibull)分布、泊松(Poisson)分布、伽马(Gamma)分布、帕累托(Pareto)分布和Pearson-Ⅲ(P-Ⅲ)分布拟合。这 10 个常用概率密度函数的公式列于表 5-3(Li et al.，2019b)，采用线性矩(L-矩)法对各个优选概率密度函数的参数进行估计(Vicente-Serrano et al.，2012b)。

选择最符合经验频率的 PDF 作为每个格点的最优 PDF，进一步选择所占格点数最大的 PDF 作为三个因素(PPT、SWS 和 GR)的通用 PDF。使用决定系数(R^2)、均方根误差(root mean square error, RMSE)和赤池信息量准则(Akaike information criterion, AIC)比较不同 PDF 的优选性。

$$\text{RMSE} = \sqrt{\frac{\sum_{i=1}^{n}(ym_i - y_i)^2}{n}} \tag{5-7}$$

$$\text{AIC} = n_v \ln(\text{RMSE}^2) + 2m \tag{5-8}$$

式中，ym_i 和 y_i 分别是经验频率和理论频率；n_v 是总年数；m 是累积分布函数的参数个数。R^2 越大，RMSE 和 AIC 越低，拟合优度越好。

可分别得出 15202 个网格单元 PPT、SWS 和 GR 的最优 PDF。表 5-4 列出了逐月降水量、土壤储水量和地下水径流量最优 PDF 所占的网格数。一般来说，在 PPT、SWS 和 GR 的概率密度函数总网格中，Gamma、GEV 和 Gamma 分布分别占据了最大的网格数，因此这些分布函数分别被用于进一步计算 SPI、SSI 和 SRI 最合适的分布。

2) 标准化干旱指数的计算

虽然月尺度 PPT、SWS 和 GR 服从不同的频率分布，但 SPI、SSI 和 SRI 的计算过程大体相似。由于 PPT 和 GR 服从伽马分布，SPI 和 SRI 除了输入数据不同，其计算几乎相同。SPI 计算步骤及相关公式详见 3.2.1 小节。

SRI 和 SSI 的计算类似于 SPI。有关 SSI 计算的详细信息参阅 Mckee 等(1993)、Lloyd-Hughes 等(2002)。关于 SRI 的计算参考 Vicente-Serrano 等(2012b)、 Hao 等(2014)和 Shukla 等(2008)。

本部分分别计算了 1 个月、3 个月、6 个月、12 个月和 24 个月时间尺度的标准化干旱指数 SPI、SSI 和 SRI，三个干旱指数都是 1948 年 1 月～2010 年 12 月。此外，分析计算了每个网格单元、每个分区和全国的 SPI、SRI 和 SSI。从丁一汇(2008)的资料中收集了 1961～2000 年的历史干旱事件。

表 5-3　10 个常用的累积概率密度函数公式

PDF 类型		PDF 等式	参数估计方法
正态分布类	正态分布(Normal)	$\displaystyle\int_{-\infty}^{x}\frac{1}{b\sqrt{2\pi}}\times\exp\left[-\frac{(x-a)^2}{2b^2}\right]dx$	$a=\dfrac{1}{n}\sum_{i=1}^{n}x_i=m_1';\ b^2=\dfrac{1}{n}\sum_{i=1}^{n}(x_i-a)^2=m_2$
	双参数对数正态分布(LN2)	$\displaystyle\int\frac{1}{b\sqrt{2\pi}}\times\exp\left[-\frac{(\ln x-a)^2}{2b^2}\right]dx$	$a=\dfrac{1}{n}\sum_{i=1}^{n}\ln x_i=m_1;\ b^2=\dfrac{1}{n}\sum_{i=1}^{n}(\ln x_i-a)^2=m_2$
	三参数对数正态分布(LN3)	$\displaystyle\int_{-\infty}^{x}\frac{1}{(x-a)c\sqrt{2\pi}}\times\exp\left\{-\frac{[\ln(x-a)-b]^2}{2c^2}\right\}dx$	$\displaystyle\sum_{i=1}^{n}\frac{\ln(x_i-a)}{x_i-a}=\frac{n}{\sum_{i=1}^{n}(x_i-a)}\sum_{i=1}^{n}\frac{(b-c^2)}{ };b=\frac{1}{n}\sum_{i=1}^{n}\ln(x_i-a);c^2=\frac{1}{n}\sum_{i=1}^{n}[\ln(x_i-a)-b]^2$
极值类	极值 I(EV1)	$\exp\left[-e^{-a(x-b)}\right]$	$a_{n+1}=a_n-F(a_n)/F'(a_n);\ F(a)=\dfrac{1}{a^2}\sum_{i=1}^{n}x_i e^{-x_i/a}-\left(\dfrac{1}{n}\sum_{i=1}^{n}x_i-a\right)\sum_{i=1}^{n}e^{-x_i/a}=0$ $F'(a)=\dfrac{dF(a)}{da}=\dfrac{1}{a^2}\sum_{i=1}^{n}x_i^2 e^{-x_i/a}+\dfrac{1}{a}\sum_{i=1}^{n}x_i e^{-x_i/a}$
	广义极值分布(GEV)	$\displaystyle a\int_0^{\infty}\frac{1}{x}\exp\left[-a(\ln x-b)-e^{-a(\ln x-b)}\right]dx$	$\dfrac{\partial\lg L}{\partial u}=\dfrac{Q}{a}=0;\ \dfrac{\partial\lg L}{\partial a}=\dfrac{1}{a}-\dfrac{P+Q}{k}=0;\ \dfrac{\partial\lg L}{\partial k}=\dfrac{1}{k}\left(R-\dfrac{P+Q}{k}\right)=0$
	韦伯分布(Weibull)	$\displaystyle\exp\left\{-\left[1-b\left(\frac{x-c}{a}\right)\right]^{\frac{1}{b}}\right\}$	$\dfrac{1}{a}=\dfrac{a}{n(b)}\sum_{i=1}^{n}x_i^a\lg x_i-\bar{y};\ b^a=\dfrac{1}{n}\sum_{i=1}^{n}x_i^a$
伽马分布	两参数伽马分布(Gamma)	$\displaystyle\frac{1}{a\Gamma(\beta)}\int_0^{\infty}\left(\frac{x}{a}\right)^{\beta-1}\times\exp\left(-\frac{x}{a}\right)dx$	$\hat{\beta}=\dfrac{1}{U}\left[0.5000876+0.164852U-0.05427U^2\right],0<U\le0.5772$ $\hat{\beta}=\dfrac{8.8989+9.0599U+0.977U^2}{U(17.7928+11.96847U+U^2)};\hat{a}=A/\hat{\beta}$
	皮尔逊Ⅲ型(P-Ⅲ)	$\displaystyle\frac{1}{a\Gamma(\beta)}\int_0^{\infty}\left(\frac{x-\gamma}{a}\right)^{\beta-1}\exp\left(-\frac{x-\gamma}{a}\right)dx$	$\dfrac{N\beta}{a}-\dfrac{1}{a^2}\sum_{i=1}^{N}(x_i-\gamma)=0;\ -N\psi(\beta)+\sum_{i=1}^{N}\lg\left(\dfrac{x_i-\gamma}{a}\right)=0;\ \dfrac{N}{a}-(\beta-1)\sum_{i=1}^{N}\left(\dfrac{1}{x_i-\gamma}\right)=0$
泊松分布	泊松(Poisson)	$\dfrac{\lambda^x}{x!}e^{-\lambda}$	$\lambda=\dfrac{1}{n}\sum_{i=1}^{n}x_i$
Pareto 分布	Pareto 分布(GPA)	$1-\left(1-\dfrac{a}{b}x\right)^{\frac{1}{a}},a\neq0;\ 1-\exp\left(-\dfrac{x}{b}\right),a=0$	$\displaystyle\sum_{i=1}^{n}\frac{x_i}{1-\alpha x_i/b}=\frac{n}{1-\alpha};\ v-\frac{1}{n}\sum_{i=1}^{n}\ln(1-\alpha x_i/b)+(1-\alpha)\sum_{i=1}^{n}\frac{x_i}{b-\alpha x_i}=0$

表 5-4　逐月降水量、土壤储水量和地下水径流量最优 PDF 所占的网格数

PDF 类型	降水量	土壤储水量	地下水径流量
Gamma	4124	367	4584
GEV	1489	8454	3140
Gumbel	1203	460	773
LN2	12	983	1830
LN3	2596	271	0
normal	2026	1211	510
P-Ⅲ	102	2574	1280
Poiss	582	95	0
Weibull	0	787	1589
Pareto	3068	0	848

根据 SPI、SSI 和 SRI 进行干旱严重程度分类，见表 5-5。

表 5-5　根据 SPI、SSI 和 SRI 对干旱严重程度的分类

SPI/SSI/SRI	干旱严重程度
SPI/SSI/SRI > 0	正常
−1.0 ≤ SPI/SSI/SRI < 0	轻度干旱
−1.5 ≤ SPI/SSI/SRI < −1.0	中度干旱
−2.0 ≤ SPI/SSI/SRI < −1.5	严重干旱
SPI/SSI/SRI < −2.0	极端干旱

3. 三种标准化干旱指数的时间变化规律分析

1) SPI、SSI 和 SRI 的相关分析

采用皮尔逊相关分析方法，对 1 个月、3 个月、6 个月、12 个月和 24 个月的 SPI、SSI 和 SRI 的关系进行研究。如果皮尔逊相关系数(r)的绝对值接近 1，则相关性极好。r 值越小，不同干旱指数之间的相关性越差。

2) MMK 趋势检验

MMK 方法考虑显著自相关结构对原始 MK 方法检验趋势的影响(Hamed et al.，1998；Kendall，1975；Mann，1945)。应用 MMK 方法探讨 SPI、SSI 和 SRI 在显著性水平为 0.05 时的变化趋势(Li et al.，2010；Topaloglu，2006)。详细计算程序和步骤见 2.1.1 小节，另可参考文献 Li 等(2017b，2017e)和 Shiru 等(2019)。

3) 基于小波分析的周期性特征

小波分析使用一组小波函数来表示信号(Whitcher et al., 2000)。该方法是一种基于时频局部化的分析方法,具有固定大小的窗口和可变的形状,用于研究多时间尺度的变化特征。

采用连续小波分析方法研究和比较不同干旱类型的周期性,具体步骤见 2.1.1 小节,另可参考文献 Biswas 等(2011)、Li 等(2019a)和 Biswas(2018)等。

每个标准化干旱指数有其主周期,定义为具有最大振动强度的周期。周期可能显著,也可能不显著,可从小波图中的明亮色带中获得,具有次最大振动强度的周期为准周期。

4. 滞后时间分析

滞后月份是指分别在 1 个月、3 个月、6 个月、12 个月和 24 个月尺度下,SSI、SRI 与 SPI 的皮尔逊相关系数最高时对应的迟滞月数。以 SPI 和 SSI 为例,将 SSI 相对于 SPI 逐月推移进行相关性分析,所得相关性最大时的推移月数为迟滞月数,迟滞的具体定义和过程可参考文献 Ren 等(2007)、Xu 等(2014)和 Wen 等(2017)。

在 GEE、RStudio 3.4.1 和 MATLAB 2014a 中进行数据分析。

5.2.2 结果与分析

1. 三种干旱指数的时间变化

我国 7 个气候区、12 个月尺度的 SPI、SSI 和 SRI 在 1948～2010 年的时间变化如图 5-5 所示。图中还显示了记录的 1961～2000 年的历史干旱事件。除华南地区外,20 世纪 50 年代至 21 世纪 10 年代,干旱恶化风险普遍增加,特别是内蒙古、东北和华北地区。12 个月尺度 SPI 的变化主要反映了 1961～2000 年大部分分区的历史干旱事件(轻度、中度、严重或极端)。然而,SPI、SSI 和 SRI 表示的干燥/湿润期并不完全一致。在西北地区,1948～1958 年的 SPI、SSI 和 SRI 有部分一致,但在 1958 年后有所不同。1958～2010 年,SPI 的变化大于 SSI 和 SRI,这是合理的,因为西北地区的地下水径流量很小,不足以表示水文干旱。内蒙古和东北地区 1958～1964 年的湿润期和 2001～2010 年的干旱期相似,特别是 SSI 和 SRI。SSI 在西北、青藏高原和华中地区表现出比 SPI 和 SRI 更少的极端干湿状况。1979 年开始,SSI 和 SRI 观测到频繁的干旱事件,华北地区经历了比其他分区更长的干旱期。这与之前关于华北干旱的研究是一致的(Zhang et al., 2016b; Zhang et al., 2015; Ma et al., 2003)。在年降水量可达 1500mm 的华南地区,SPI、SSI 和 SRI 的一致性更强,滞后更小。此外,2009 年,SPI、SSI 和 SRI 观测到的内蒙古、东北、华中和华南地区发生了严重干旱事件。这与 2009～2012 年西南地区的严重干旱一致(Klamt et al., 2020; Xu et al., 2015a; Sun et al., 2014)。总的来说,干旱地区和湿润地区的情况不同。

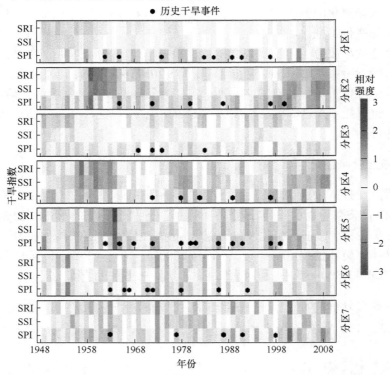

图 5-5　不同分区 1948～2010 年 12 个月尺度 SPI、SSI 和 SRI 与历史干旱事件对比(后附彩图)

2. MMK 趋势检验

12 个月尺度下 SPI、SSI 和 SRI 趋势的空间分布(通过 MMK 方法检验)结果表明,SSI 和 SRI 的变化趋势在空间上具有较高的一致性,尤其在东北和西北地区。在全国范围内,SSI 和 SRI 比 SPI 在更大覆盖范围内呈显著下降趋势,干旱加剧。12 个月尺度的 SPI 在大部分地区,特别是我国西部地区的增长趋势不明显,表明长期气象干旱状况的缓解现象不明显。SSI 和 SRI 在分区 3 的青藏高原地区有大面积不明显的上升趋势。我国东部地区 SPI、SSI 和 SRI 的下降趋势更明显,表明农业干旱和水文干旱呈一定程度的加重趋势。在我国西北大部分地区,12 个月时间尺度的 SPI 呈增长趋势,表明气象干旱有所缓解。SSI 和 SRI 分别呈上升和下降趋势,其不一致的变化趋势表明干旱分布具有复杂性。

3. 干旱的周期性

图 5-6 为 1948～2010 年 7 个不同分区 12 个月尺度下的 SPI、SSI 和 SRI 的连

续小波谱。结果表明，干旱指数或分区不同，主周期也不同。SPI 在 7 个气候区分别以 12 年、20 年、10 年、12 年、5 年、8 年和 8 年为主周期，分区 1～7 的准周期分别为 8 年、6 年、6 年、5 年、8 年、14 年和 4 年。

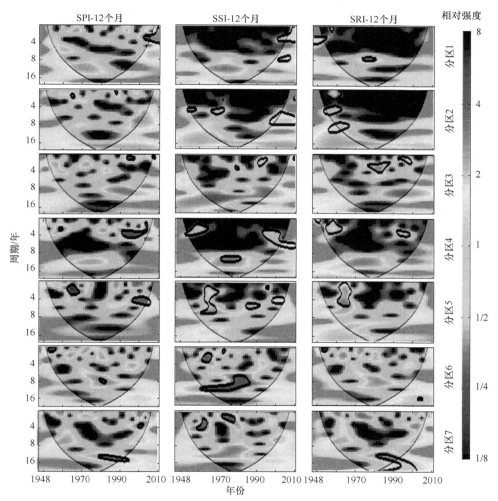

图 5-6　1948～2010 年不同分区 12 个月 SPI、SSI 和 SRI 的连续小波谱(后附彩图)

SSI 在 7 个气候区的主周期分别是 12 年、20 年、10 年、12 年、16 年、8 年和 12 年，7 个气候区的准周期分别为 8 年、6 年、6 年、5 年、8 年、4 年和 6 年。SRI 的主周期是 8 年、20 年、10 年、12 年、16 年、8 年和 8 年，分区 1～7SRI 的准周期分别为 12 年、10 年、4 年、3 年、8 年、4 年和 12 年。SSI 和 SRI 在内蒙古、青藏高原、东北和华中地区(分区 2、3、4 和 6)有类似的主周期，但只有在华北地区有类似的准周期。此外，在连续小波谱的周期性分析中，不同的时间段，存在不同的显著性。例如，在华北地区，1960~1966 年有 1~4 年的显著周期，1996~2006 年有 4~6 年的显著周期。

1948~2010 年全国各网格下 12 个月尺度的 SPI、SSI 和 SRI 主周期的空间分布结果表明，在 SPI 中，0~5 年、5~10 年、10~15 年和 15~21 年的主周期在全国随机分布，主周期在 0~5 年的分区所占比例最大。在 12 个月尺度 SSI 的主周期分析中，15~21 年的主周期所占比例最大，主要分布在我国北方，而 0~5 年的主周期所占比例最小，主要分布在我国东南部。对 12 个月尺度的 SRI 而言，主周期的分布与 SSI 相似，但其空间分布相对较为分散。例如，0~5 年主周期覆盖更多的分区，特别是在我国南方。

4. SPI 和 SSI/SRI 之间的关系

1948~2010 年 1 个月、3 个月、6 个月、12 个月和 24 个月尺度下不同类型的干旱指数之间(SPI 和 SSI/SRI)的皮尔逊相关系数(r)分析结果表明，SPI-SSI/SRI 的 r 空间变化趋势基本一致，其空间分布由北向南逐渐增大。不同时间尺度下，我国西北地区的 r 均较低($r<0.5$)。这是由于降水量并不是影响中国西北地区农业和水文干旱的主要因素。该地区降水量少，蒸散发量大(未展示数据)。这也意味着在西北干旱和半干旱地区，气象干旱和短期内的农业/水文干旱之间的联系很低。SPI-SSI(或 SRI)的 r 随时间的增加而增大。随着时间尺度从 1 个月增加到 24 个月，$r>0.5$ 的分区面积增加，因为在更短的时间尺度上，干旱指数的变异性更大。在同一时间尺度下，SPI-SSI 的 r 均低于 SPI-SRI，尤其在华南地区。建议研究气象干旱对农业干旱和水文干旱的影响时选择长时间尺度。

表 5-6 详细列出了我国 7 个分区的 SPI-SSI(或 SRI)在不同时间尺度下的 r。

表 5-6　我国 7 个分区的 SPI-SSI(或 SRI)在不同时间尺度下的 r

时间尺度/个月	干旱指数	分区						
		1	2	3	4	5	6	7
1	SPI-SSI	0.12	0.11	0.19	0.14	0.17	0.51	0.56
	SPI-SRI	0.00	0.04	0.10	0.12	0.09	0.44	0.50
3	SPI-SSI	0.15	0.19	0.27	0.24	0.27	0.65	0.67
	SPI-SRI	0.00	0.09	0.19	0.27	0.21	0.66	0.71
6	SPI-SSI	0.19	0.33	0.35	0.36	0.41	0.71	0.69
	SPI-SRI	0.02	0.19	0.31	0.42	0.39	0.80	0.86
12	SPI-SSI	0.25	0.54	0.42	0.55	0.60	0.71	0.64
	SPI-SRI	0.07	0.36	0.45	0.64	0.64	0.91	0.94
24	SPI-SSI	0.29	0.65	0.46	0.65	0.72	0.71	0.64
	SPI-SRI	0.12	0.45	0.50	0.72	0.73	0.93	0.96

5. SPI 与 SSI(或 SRI)的交叉小波变换

全国 12 个月尺度下 SPI 与 SSI(或 SRI)的交叉小波谱结果如图 5-7 所示,12 个月尺度下 SPI 与 SRI 交叉小波的周期性波动较大。从 12 个月尺度上 SPI 和 SSI 的交叉小波[图 5-7(a)]可以看出, 1962~1980 年和 1986~2000 年存在显著的正相关关系(95%置信水平)。在 12 个月尺度下的 SPI 和 SRI 交叉小波方面[图 5-7(b)],1950~1966 年和 1986~1996 年 SPI 和 SRI 之间存在显著的(95%置信水平)非线性关系。

但是, 从 12 个月尺度 SPI 和 SRI 交叉小波变换图来看[图 5-7(b)], 两者之间并没有非常明显的高共振周期区。

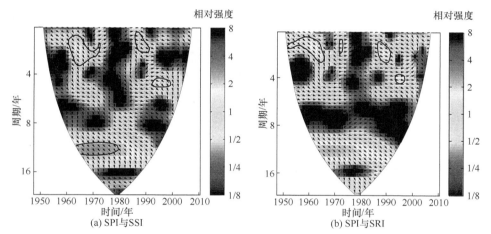

图 5-7　全国 12 个月尺度下 SPI 与 SSI(或 SRI)的交叉小波谱(后附彩图)

6. 不同时间尺度下滞后月数的空间分布

SPI-SSI(或 SRI)的相关性随着空间位置(网格)和时间尺度的不同而不同。以 $r=0.5$ 为标准, 不同时间尺度下 SPI-SSI(或 SRI)$r>0.5$ 的网格数如表 5-7 所示。在 1 个月、3 个月、6 个月、12 个月和 24 个月时间尺度下, $r>0.5$ 对应的网格数量随滞后时间的增加而减少。

表 5-7　不同时间尺度下 SPI-SSI(或 SRI)之间 $r>0.5$ 的网格数

时间尺度/个月	干旱指数	滞后时间/月					
		0	1	2	3	4	5
1	SPI-SSI	2408	0	0	0	0	0
	SPI-SRI	1474	0	0	0	0	0
3	SPI-SSI	3958	85	0	0	0	0
	SPI-SRI	3600	87	0	0	0	0
6	SPI-SSI	5141	3325	546	7	0	0
	SPI-SRI	5464	3823	875	0	0	0

续表

时间尺度/个月	干旱指数	滞后时间/月					
		0	1	2	3	4	5
12	SPI-SSI	8868	7326	5388	2888	1082	283
	SPI-SRI	8296	7665	7057	6256	4812	1862
24	SPI-SSI	10371	9937	9323	8505	7499	6307
	SPI-SRI	9214	9024	8795	8480	8012	7579

在 1 个月、3 个月、6 个月、12 个月和 24 个月时间尺度下，SSI 和 SRI 的滞后月(r 最大)空间分析结果表明，在我国大部分地区，特别是华南地区，SSI(SRI) 与 SPI 之间的滞后时间不足 1 个月。然而，随着时间尺度的增加，从 SPI 到 SSI(或 SRI)较长滞后时间的区域减少。这意味着我国大部分地区从气象干旱到农业干旱或水文干旱的滞后时间越来越短。在大多数地区，气象干旱迅速蔓延到农业和水文干旱(不到 1 个月)。在年降水量少(<500mm)、蒸散发量大(>1000mm)的西北地区，农业干旱与水文干旱的滞后时间较长，表明该地区气象干旱向农业干旱或水文干旱的传递相对缓慢。因此，我国东南和华南地区不仅要重视气象干旱，更要重视农业干旱和水文干旱。

5.2.3　干旱传递过程研究的参考性结果

关注干旱的空间和时间分布信息对于了解相关的灾害和制定预防灾害的战略至关重要。这就需要获得 PPT、SWS 和 GR 等决定因素时空变化的详细信息(Vu et al.，2015；Wilhite，1985；Dracup et al.，1980)，而概率密度函数可以提供这些信息。本小节量化了 PPT、SWS 和 GR 的变化和概率密度函数，进一步计算了 SPI、SSI 和 SRI 的干旱指数，从而尽可能获得接近实际的干旱指数。然而，许多研究使用原始的概率密度函数计算标准化干旱指数。如 Yao 等(2018a)，Sun 等 (2018)和 Lai 等(2019)利用默认分布，计算 SPEI、SPI、SSI 和 SRI，在没有选择最合适概率密度函数的情况下，评估干旱发生特征。与目前的研究不同的是，在没有考虑数据特异性的情况下加入一个固定的函数，可能会在之前的研究中对干旱指数的估计引入一些误差。

以往的研究多集中在气象干旱与农业(或水文)干旱的比较(Ma'rufah et al.，2017；Wu et al.，2017；蒋忆文等，2014)。由于数据的限制和技术的复杂性，干旱传递研究在一定程度上受到限制。李运刚等(2016)利用 SPEI 和径流干旱指数研究了云南省红河流域的气象干旱和水文干旱。结果表明，水文干旱滞后于气象干旱 1~8 个月。Ma'rufah 等(2017)分析了 SPI 与 VHI 的关系，发现在厄尔尼诺期间，气象干旱和农业干旱更加严重。气象干旱主要发生在 6~11 月，农业干旱主要发生在 8～11 月。Huang 等(2017b)基于傅抱璞(1996)公式研究了渭河流域气象干旱向水文干旱的传递时间、影响因素和下垫面条件。结果表明，春夏季干旱的传递时间短于秋冬季。此外，厄尔尼诺和南方涛动对传递时间也有很大影响。Wu 等(2017)提出了从气象干旱向水文干旱传递的理论模型。然而，由于站点数量的限制，理论模型不能广泛应用于其他地区。本书探讨了气象干旱向农业干旱或水文干旱最适宜的传递时间，提高了对干旱传递的认识，为干旱预测或评估干旱对作物和农业生产的影响提供了参考。

由于气象干旱对农业干旱和水文干旱的传递是非线性且复杂的(Leng et al., 2015)，不同的分区气象干旱对水文循环的响应不同。干旱传递时间及其影响因素都很重要。考虑到篇幅的限制，本书未涉及基于游程理论描述干旱发生的频率、持续时间和变化幅度等内容。

干旱发生过程复杂，从气象干旱到农业干旱，再到水文干旱是相互关联的过程。通过不同地区不同干旱类型下的皮尔逊相关系数和干旱传递时间的研究结果，可以因地制宜开发一些干旱预防的措施。例如，南部地区气象干旱和农业干旱的关系较强，干旱传递时间较短，因此应在气象干旱发生后较短的时间之内进行灌溉，以预防气象干旱带来的农业损失。

5.2.4　小结

干旱是一种非常复杂的自然灾害，也是破坏性最大的自然灾害之一。不同类型干旱之间的相互联系、它们在多尺度上的时空演变特征及主要的时间滞后是制定管理和预防干旱灾害的政策与战略关键。本节针对气象干旱、农业干旱和水文干旱在多个时间尺度上的时空分布和演变特征进行了综合分析和评价。根据降水量、土壤含水量和地下水径流量特征，计算了代表气象干旱、农业干旱和水文干旱的 SPI、SSI 和 SRI 三个干旱指数。气象干旱主要集中在西南地区，农业和水文干旱主要集中在西北地区。农业干旱和水文干旱的主周期大于气象干旱，农业干旱和水文干旱主周期的空间分布特征相似。不同分区不同类型干旱的不同主周期意味着政府应根据时间和地点采取针对性的措施来预防干旱。我国西北地区 SPI 与 SSI(或 SRI)的相关性较低，表明西北干旱和半干旱地区的短期气象干旱与农业干旱或水文干旱之间的相关性较低。此外，西北地区的农业干旱和水文干旱之间的滞后时间比华南地区要长，这表明干旱和半干旱地区的气象干旱和水文干旱传递缓慢。华南地区气象干旱的快速蔓延，意味着干旱防治不仅要重视气象干旱，更要重视农业干旱和水文干旱。

干旱的时空分布、因果因素的确定、发展和传递特征只能为制定管理和预防干旱战略提供必要的关键信息。本章得到的结论将有助于管理者和决策者更好地干预干旱传递过程，弱化甚至避免干旱传递的影响，并进行多时间尺度分析。多时间尺度和不同地区的干旱趋势将有助于了解情况和预测气候区未来的干旱。例如，当降水量较低或连续蒸散发量大，为了避免农业干旱和水文干旱的影响，不同类型干旱之间相关性较高的南方地区应当在干旱发生早期进行农田灌溉和流域水储蓄，以降低干旱对农业和水文的影响。

5.3　基于游程理论的干旱变量时空变化分析

5.3.1　材料与方法

1. 研究区概况和数据来源

研究区域概况与 2.1.1 小节介绍的相同。

本章干旱指数的数据来自第 3 章计算的 1948～2010 年 15202 个格点下，1 个月、3 个月、6 个月、12 个月和 24 个月时间尺度下的标准化气象干旱、农业干旱和水文干旱指数，即 SPI、SSI 和 SRI。

2. 游程理论

游程理论是一种用于提取干旱变量的方法，干旱特征包括干旱持续时间(duration，D)、频次(frequency，F)和干旱烈度(magnitude，M)(Chang et al.，2016)。根据游程理论，如果某一周期干旱事件的干旱指数低于截取水平，则认为游程为负游程(Yevjevich，1967)。利用表 5-5 所示的 SPI/SSI/SRI 干旱严重程度分类和图 5-8 所示的游程理论定义了气象干旱、农业干旱和水文干旱变量。SPI/SSI/SRI 连续低于 0 的干旱期定义为干旱持续时间，干旱持续时间内所有负干旱指数(SPI/SSI/SRI)的累计总额被用作衡量干旱烈度，游程理论干旱变量(D 和 M)的详细定义可参考 Wu 等(2018)。

5.3.2　结果与分析

1. 干旱变量的空间分布特征

通过比较 1948～2010 年我国各地 1 个月、3 个月、6 个月、12 个月和 24 个月尺度下 SPI、SSI 和 SRI 的干旱总频次、平均干旱持续时间和干旱烈度的空间分布，可以在一定程度上了解气象干旱对农业干旱和水文干旱的影响。

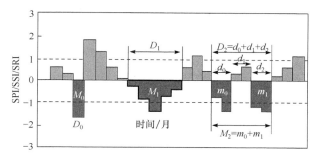

图 5-8　利用 SPI/SSI/SRI 和游程理论定义干旱变量图示

m_i-单次干旱事件的干旱烈度；d_i-单次干旱事件的持续时间；D_i-典型干旱事件的持续时间；M_i-典型干旱事件的干旱烈度

不同类型干旱、不同时间尺度下干旱总频次的空间分析结果表明，随着时间尺度的增加，SPI 的干旱频次空间变异性较大，在 1 个月时间尺度下，我国北部地区的干旱频次基本上小于 280 次。在 24 个月时间尺度下，SPI 的干旱总频次高达 380 次以上，基本上分布于我国华中、东北和西北地区。随着时间尺度的增加，SSI 和 SRI 的干旱频次空间变异性则相对较小。总的来说，SPI 干旱频次较高的区域主要位于华北、华中、华南和西部地区，SRI 干旱频次较高的区域主要位于华北及东北地区。

2. 干旱持续时间的空间分布特征

不同类型干旱、不同时间尺度下平均干旱持续时间(以月为单位)的空间分布结果表明，在干旱持续时间上，SPI 的平均干旱持续时间随着时间尺度的增加而增加。在 24 个月时间尺度上，SPI 的干旱持续时间可达 20 个月左右，反观 SSI 和 SRI 的干旱平均持续时间，虽然也随着时间尺度的增加而增加，但是空间变异性相对气象干旱持续时间较小。总体上，SPI 的平均干旱持续时间低于 SSI 和 SRI。通过 SSI 和 SRI 的干旱平均持续时间的比较，发现两者在较长时间尺度上具有相似特征。在较短的时间尺度下，华南地区的 SSI 的干旱持续时间和 SRI 的干旱持续时间相似，而华北地区的农业干旱持续时间高于水文干旱。

不同类型干旱、不同时间尺度下的平均干旱烈度的空间分布结果显示，三种类型干旱指数的干旱烈度均随着时间尺度的增加而降低。在短期时间尺度下，SPI 的干旱烈度明显高于 SSI 和 SRI，随着时间尺度的增加，SPI 的干旱烈度与 SSI 和 SRI 的干旱烈度有逼近的态势，24 个月时间尺度下，不同类型干旱的干旱烈度的差异性最小。

3. 干旱变量的统计特征

图 5-9 对比了不同分区 1948~2010 年不同时间尺度下基于 SPI、SSI 和 SRI

估算的干旱频次、平均干旱持续时间和干旱烈度。其中平均干旱持续时间或者干

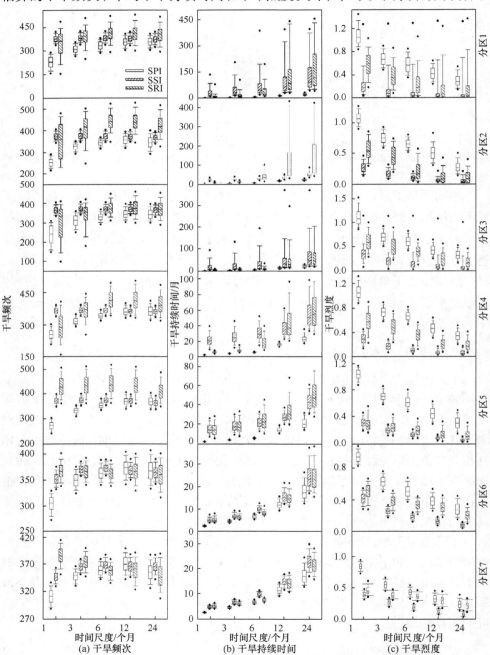

图 5-9　不同时间尺度基于 SPI/SSI/SRI 估算的干旱频次、干旱持续时间和干旱烈度对比

旱烈度为累积干旱持续时间或者干旱烈度除以干旱频次。从结果可以看出，随着时间尺度的增加，SPI、SSI 和 SRI 的干旱频次和持续时间明显增加。然而，随着时间尺度的增加，SPI、SSI 和 SRI 的干旱烈度逐渐降低，这说明在发生干旱时，长期干旱虽然持续时间长、频次高，但其干旱烈度会相应地降低。此外，通过对不同分区干旱发生频次、持续时间和干旱烈度的比较，在 1 个月、3 个月、6 个月、12 个月和 24 个月时间尺度下，各个气候区 SPI 的干旱烈度均高于 SSI 和 SRI。在 SPI 和 SSI 的干旱频次和持续时间的比较分析中，不同的气候区和时间尺度具有不同的特征。三种干旱类型的干旱烈度存在明显差异，基本不受区域尺度和时间尺度的影响。这一差异表现为 SPI 的干旱烈度大于 SRI，SRI 的干旱烈度大于 SSI。

4. 干旱变量的累积频率对比

图 5-10 展示了我国 7 个气候区不同类型干旱、不同时间尺度下干旱持续时间的累积频率曲线。从图中可以得知，在大部分分区、大部分时间尺度下，干旱持续时间相同时，SPI 的累积频率最高。对比基于 SSI 和 SRI 的干旱持续时间，在西北地区、内蒙古地区、东北地区和青藏高原地区，1 个月、3 个月和 6 个月时间尺度下，基于 SSI 得出的干旱持续时间累积频率小于 SRI，而在 12 个月和 24 个月时间尺度下，基于 SSI 得出的干旱持续时间的累积频率介于 SPI 和 SRI 之间。在华北、华中和华南地区，不同时间尺度下都表明 SSI 和 SRI 在干旱持续时间上有着相似的累积频率，且基本都低于 SPI 得出的干旱持续时间累积频率。

图 5-11 展示了我国 7 个气候区不同类型干旱、不同时间尺度下的干旱烈度的累积频率曲线。在 1 个月、3 个月和 6 个月时间尺度上，除东北地区外，SSI 与 SRI 在干旱烈度上有相似的累积频率，然而在东北地区 1 个月的时间尺度上，SSI 与 SPI 在干旱烈度上有着相似的累积频率。随着时间尺度的增加，SSI 的干旱烈度累积频率曲线逐渐向 SRI 的干旱烈度累积频率曲线靠近。在 12 个月和 24 个月时间尺度下，西北地区、华中和华南地区，基于三种指标得出干旱烈度的累积频率曲线较为接近，内蒙古地区、青藏高原地区、东北和华北地区，三种干旱累积频率曲线变得较为离散。

5. 干旱持续时间和干旱烈度的相关性分析

图 5-12 为 12 个月时间尺度下的干旱持续时间与干旱烈度散点图。可以看出不同类型不同分区的干旱等级与干旱时间尺度均有较好的相关性，相对其他气候区而言，内蒙古地区的干旱持续时间与干旱烈度的相关性较低。

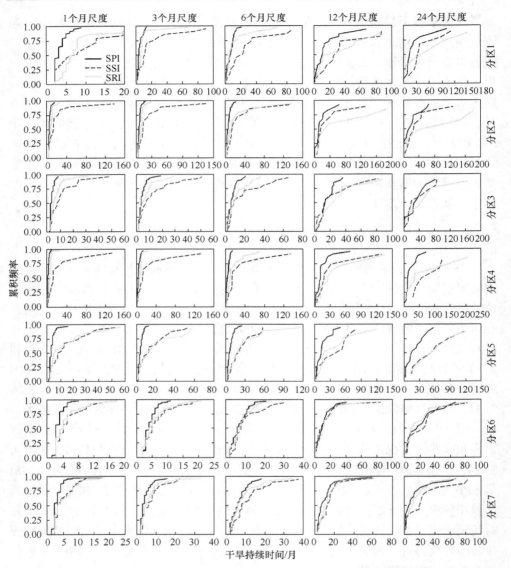

图 5-10　我国 7 个气候区不同时间尺度下不同类型干旱持续时间的累积频率曲线

　　本节对比了不同类型干旱、不同时间尺度下的干旱频次、干旱持续时间和干旱烈度。首先，干旱频次、干旱持续时间和干旱烈度受多因素影响。在干旱变量影响因素分析方面，Fattahi 等(2015)利用全球气候模型(GCM)模拟了 2011～2030 年温室气体增强型条件下干旱事件(干旱强度)的一个概率特征，分析了气候变化条件下碳排放对于气象干旱持续时间和干旱强度的影响。然后，这些干

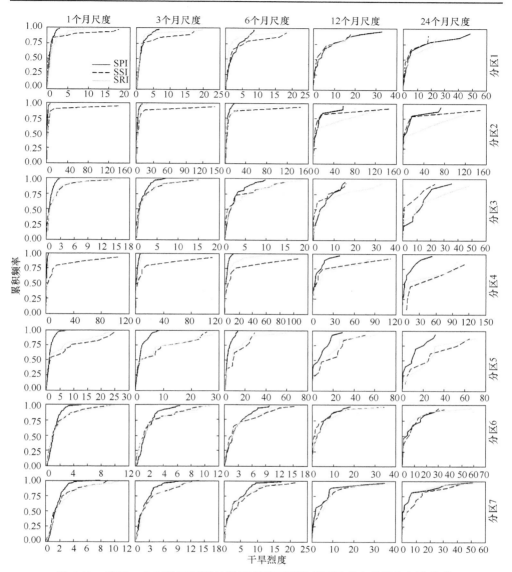

图 5-11　我国 7 个气候区不同时间尺度下不同类型干旱烈度的累积频率曲线

旱变量对农业生产也有很大影响，Nandintsetseg 等(2013)利用 1965～2010 年植被生长季(4～8 月)气象、土壤含水量和植被数据，分析了蒙古 4 个主要植被区的干旱发生概率、干旱持续时间、严重程度及其对牧草生产力的影响。结果显示，在 2001～2010 年，生长季节的干旱严重程度和干旱频率都有所增加，导致蒙古牧草产量下降。

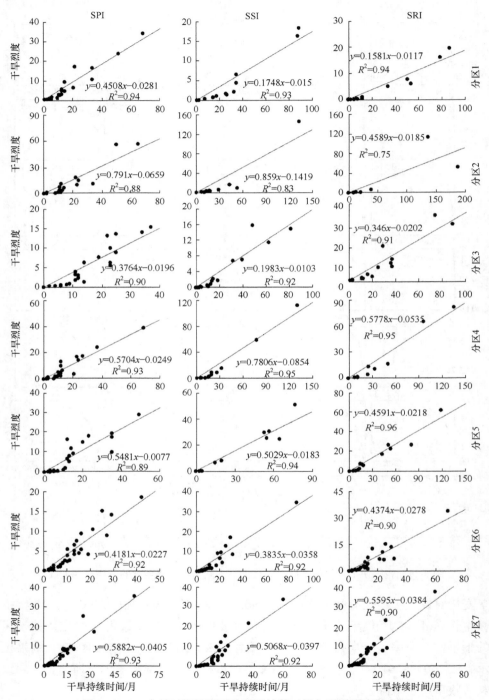

图 5-12　12 个月时间尺度下的干旱持续时间与干旱烈度散点图

分析干旱变量的时空特征是为了更好地应对干旱，在干旱变量概率模型评估方面研究以定量形式完成对干旱灾害风险的评估和预测，Ayantobo 等(2019)采用三变量 Copula 函数构建了气象持续时间、强度和峰值的联合密度函数，并且分析了三个干旱变量的联合重现期。将三变量回归期与双变量和单变量回归期进行了比较，说明了三变量干旱烈度评价的必要性。基于 Copula 的三变量频率分析提供了一个更可靠的评估方式，其研究结果可为极端干旱条件下的水文水资源系统设计提供参考。

5.3.3　小结

随着时间尺度的增加，SPI、SSI 和 SRI 的干旱频率和干旱持续时间明显增加。然而，随着时间尺度的增加，SPI、SSI 和 SRI 的平均干旱烈度逐渐减小，这说明在发生干旱时，长期干旱虽然持续时间长、频率高，但其干旱烈度会相应减弱。

在干旱变量的累积频率分析上，任何分区任何时间尺度下，相同干旱持续时间下 SPI 的累积频率最高。SSI 和 SRI 的干旱持续时间之间的累积频率对比关系表明，在西北地区、内蒙古地区、东北地区以及青藏高原地区，1 个月、3 个月和 6 个月时间尺度下，SSI 的干旱持续时间的累积频率基本小于 SRI，而在 12 个月和 24 个月时间尺度下，SSI 的干旱持续时间的累积频率介于 SPI 和 SRI 之间。在华北、华中和华南地区，不同时间尺度下都表明 SSI 和 SRI 在干旱持续时间上有着相似的累积频率，且大多都低于 SPI 在干旱持续时间上累积频率。在 12 个月时间尺度下，各个气候区的各类型的干旱烈度与干旱持续时间存在较好的相关性($R^2 \geqslant 0.75$)。

第6章 干旱的发生机制及未来预测

气候区内的水平衡受大气环流因子影响很大。综合前人分析结果，厄尔尼诺(ENSO)、太平洋年代际涛动(PDO)、北极涛动(AO)、海表温度(SST)等海洋信号通过改变大气环流，进而影响我国各地区降水量的时空变化(Miao et al.，2019；Zhang et al.，2013；Gong et al.，2003)，因此以这几个因素为重点进行我国各地区干旱的驱动因素分析(Li et al.，2017d；Zhang et al.，2017c；Li et al.，2015a；Qian et al.，2014)。其中 SST 对干旱的影响有半年的滞后时间(Zhang et al.，2017c；Shabbar et al.，2004)。分析各个站点 SPEI 序列与遥相关指数之间的相关性可以在一定程度上揭示大气环流影响干旱的程度。

6.1 干旱的发生机制

本节分析干旱指数(月尺度 SPEI、降水量和 ET_0)与遥相关指数(Niño 3.4、PDO、AO、和 SST)的相关性。

6.1.1 材料与方法

1. 数据来源及重分区

计算 SPEI 所用 763 个站点 1961～2016 年的气象要素数据来源与 3.1.1 小节相同。1961 年 1 月至 2016 年 12 月的月平均 PDO、Niño 3.4、AO 及 1960 年 7 月至 2008 年 11 月的月平均 SST 数据集来自气候指数：月尺度大气—海洋时间序列网(https://www.esrl.noaa.gov/psd/data/climateindices/list/)。

根据 763 个站点 1961～2016 年平均 P–ET_0在 ArcGIS 10.2 软件内利用反距离权重加权法进行插值，将我国重新划分为四个分区：1 区(P–$ET_0 \leqslant -1000\text{mm}$)、2 区($-1000\text{ mm} < P$–$ET_0 \leqslant -500\text{mm}$)、3 区($-500\text{mm} < P$–$ET_0 \leqslant 0\text{mm}$)、4 区($P$–$ET_0 > 0\text{mm}$)。四个分区中 1～4 区包含站点数量递增，分别为 40 个、136 个、247 个和 340 个，观测站点较少的青藏高原地区被划入不同的分区。因此，新分区也会在一定程度上减少青藏高原地区站点数量较少带来的误差(吴梦杰，2020)。

2. SPEI 的时间尺度

SPEI 的计算过程参考 3.1.1 小节，不再赘述。SPEI 时间尺度为 1 个月和 12 个月。

3. 皮尔逊相关系数

皮尔逊相关系数是一种度量两个变量间相关程度的方法。r 为 $-1\sim1$，1 表示变量完全正相关，0 表示无关，-1 表示完全负相关。

6.1.2 结果与分析

1. SPEI 的时间变化

四个分区 1 个月和 12 个月尺度的 SPEI 时间变化特征如图 6-1 所示。图 6-1

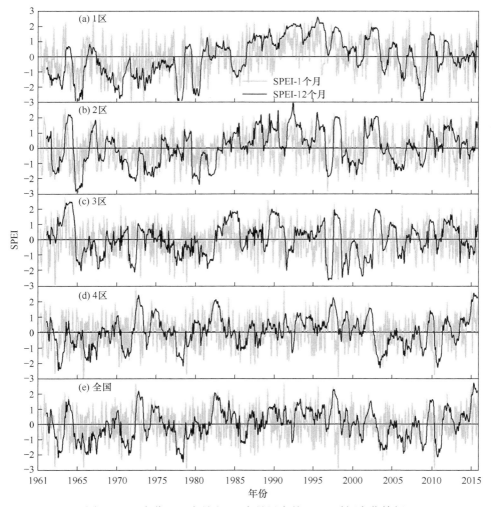

图 6-1 四个分区 1 个月和 12 个月尺度的 SPEI 时间变化特征

显示 1 区与 2 区的两个时间尺度 SPEI 的波动较相似,都是在 1996 年之前呈上升趋势,1996 年之后的波动趋于平缓,其中 1 区波动幅度更明显。1 区与 2 区发生极端干旱(SPEI≤-2)的频率在降低。1984~2004 年是 1 区与 2 区较为湿润的时期。3 区 SPEI 波动状况无明显变化。4 区的干旱状况比较接近全国平均水平。例如,在我国发生极端干旱(SPEI ≤-2)的时段,4 区也发生了类似变化。

2. 月尺度 SPEI 的周期性

图 6-2~图 6-5 是各分区(由 P-ET_0 划分)的八个 IMF 和残差曲线。由图可以看出:①1 区在 1988 年之前和 2006 年之后具有大振幅,表明这两个时段是 1 区的干旱敏感期。2 区和 4 区的干旱敏感期分别对应 2001~2010 年和 1961~1974 年。②1 区 IMF 的残差曲线在 1998 年之前呈上升趋势,1998 年之后呈下降趋势,表示 1 区平均干旱状况在 1998 年是一个转折点,1988 年之前是干旱缓解期,之后干旱进一步加重。2 区和 4 区的 IMF 残差曲线在整个研究期内均呈上升趋势,表明这两个分区在研究期内呈湿润化趋势。3 区的残差曲线表明该分区在 1979 年之前呈干旱化趋势,1979 年之后呈湿润化趋势。由于气候变化的随机性和内在规律,各分区残差曲线的增减特征都是合理的。分区的重新划分从另一个角度揭示了干旱的演变特征。然而,无论将我国划分为 7 个分区还是 4 个分区,对全国干旱状况的分析都十分有价值。

3. 遥相关指数的时间变化

四个遥相关指数——AO、Niño 3.4、PDO 和 SST 的时间变化如图 6-6 所示。由图中可以看出,Niño 3.4 变化缓慢,其他三个遥相关指数波动较频繁。AO 大多数时间在-3~3 波动,其中 1989~1993 年 AO 高于其余时段。PDO 与 SST 呈周期变化。其中,PDO 整体上是先升高后降低,而 SST1996 年以后几乎全是正值。

4. 各站点 SPEI 变化的影响因素

各站点降水量、ET_0 和 SPEI 与四种遥相关指数的皮尔逊相关系数空间分布结果表明,影响各地区降水量、ET_0 和 SPEI 的主要驱动因子不同。其中 AO 与 Niño 3.4 对我国各地区降水量主要呈正向影响,PDO 和 SST 对各地降水量正负影响不统一。降水量最大的驱动因子为 Niño 3.4,其中 4 区降水量受 Niño 3.4 影响最大。AO 对我国各地区降水量影响较一致,只有西北和东北少部分地区二者呈负相关关系,其余地区均呈正相关关系,但是皮尔逊相关系数较低,影响程度不高。PDO 对华北平原地区、青藏高原地区和西南部分地区的降水量呈负向影响,对其余大部分地区呈正向影响,对东南沿海地区的降水量影响较大。SST 对降水量的正负影响随机分布,其中负向影响区多集中于我国中东部地区。

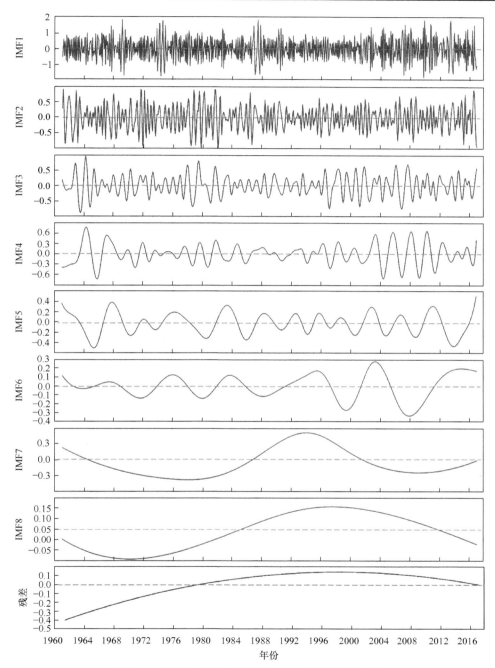

图 6-2　1 区(由 P–ET_0 划分)的八个 IMF 和残差曲线

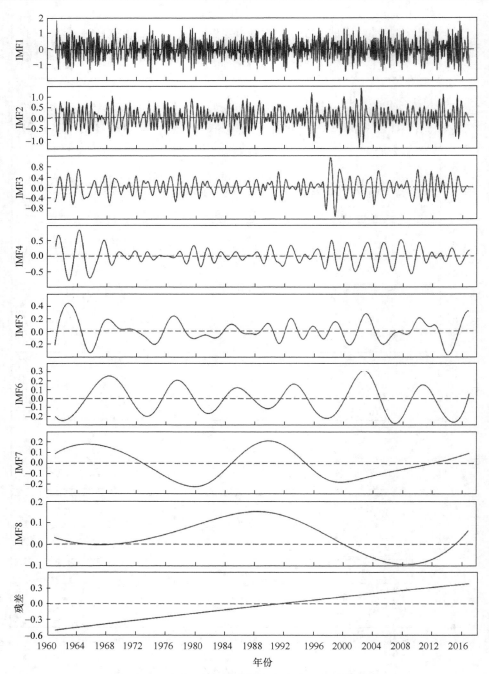

图 6-3　2 区(由 P–ET_0 划分)的八个 IMF 和残差曲线

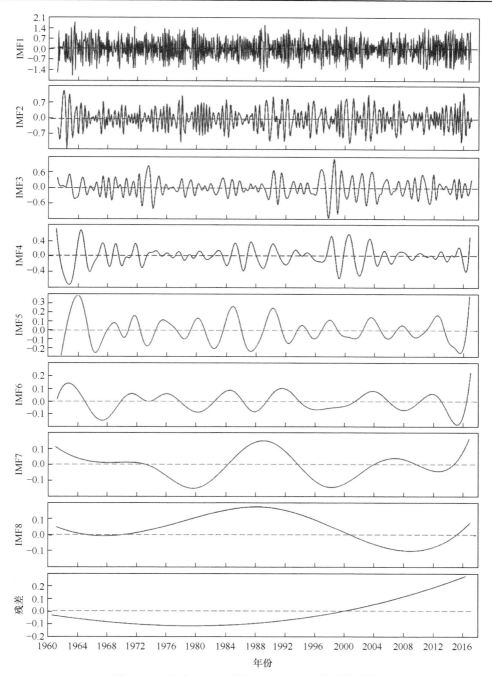

图 6-4　3 区(由 P–ET_0 划分)的八个 IMF 和残差曲线

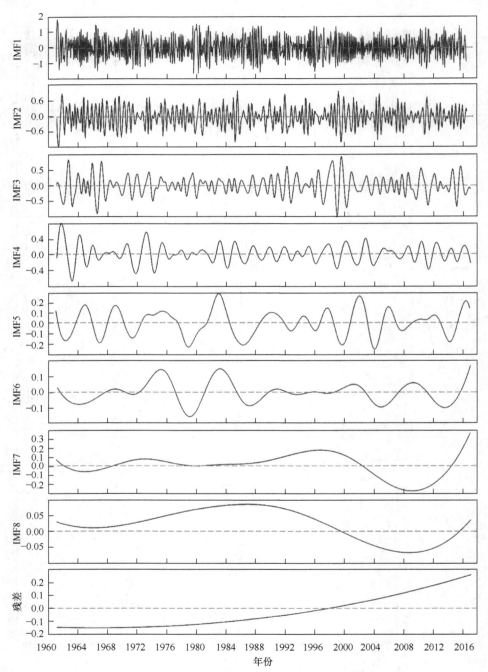

图 6-5　4 区(由 P–ET_0 划分)的八个 IMF 和残差曲线

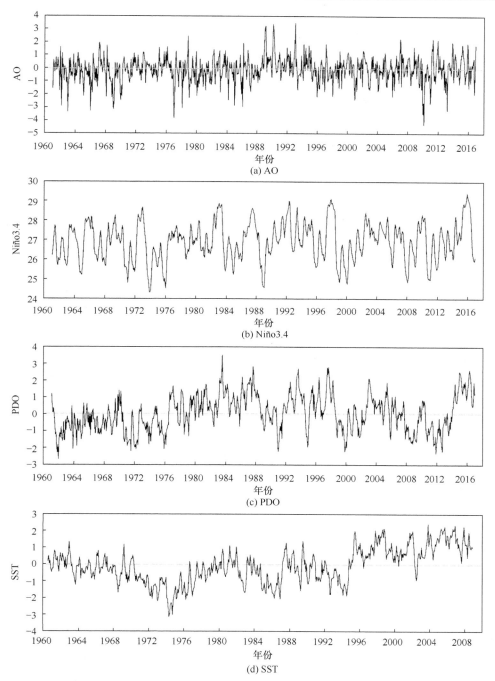

图 6-6　四个遥相关指数——AO、Niño 3.4、PDO 和 SST 的时间变化

　　AO 和 Niño 3.4 对绝大部分站点 ET_0 呈正向影响，PDO 和 SST 对不同地区的 ET_0 正负影响不同。ET_0 最大的驱动因子为 Niño 3.4，除东南沿海少部分站点，我国各地区 ET_0 与 Niño 3.4 呈正相关关系。西北地区、内蒙古地区、青藏高原地区的 ET_0 受 Niño 3.4 影响较大，而东北地区相对较小。AO 对我国各地区(除西南地区少部分站点外)ET_0 呈正向影响，但是皮尔逊相关系数较小，影响程度较低。PDO 对东南地区的 ET_0 呈负向影响，对其余地区呈正向影响，皮尔逊相关系数较高的地区为东南地区和中部—西南带状分布区。SST 对 ET_0 的正负影响随机分布，皮尔逊相关系数较低，影响程度不高。

　　各遥相关指数与 SPEI 的皮尔逊相关系数较大。其中，AO 和 Niño 3.4 对大部分站点 SPEI 呈正向影响，SST 对大部分站点 SPEI 呈负向影响。对 SPEI 最大的驱动因子为 AO，AO 对我国东南沿海地区、东北地区和西北最北部地区 SPEI 呈负向影响，对其他地区的 SPEI 呈正向影响。AO 对我国东北北部地区、中部地区和西南地区 SPEI 的时空变化影响较大，对东北北部地区 SPEI 呈负向影响，对中部和西南地区 SPEI 呈正向影响。降水量和 ET_0 的主要驱动因子都是 Niño 3.4，但是 Niño 3.4 对降水量和 ET_0 的影响在每个分区内都相反，因此对 SPEI 的影响在各分区都抵消了一部分，这导致 Niño 3.4 对我国各地区 SPEI 的影响程度都不大。SST 对我国各地区 SPEI 的影响程度较大。对于各分区而言，1 区和 2 区的 SPEI 受 SST 影响最严重，其中 SST 与 1 区的 SPEI 呈正相关，与 2 区西部地区 SPEI 呈正相关，而与 2 区东部地区 SPEI 大多呈负相关。3 区、4 区的 SPEI 受 AO 影响最大。AO 和 PDO 对我国东南沿海地区的 SPEI 影响最大，并且二者影响是反向的。

5. 我国干旱的发生机制

　　海洋振荡因子及海温异常能改变大气环流，引起不同地区降水量和温度的变化，从而导致不同地区的干湿变化(管晓丹等，2019)。不同海盆区域的 SST 异常导致海陆热力差异异常，影响西风急流、行星波、阻塞高压和亚洲季风(Huang et al.，2017a)；同时，这些异常的大气环流反过来与 SST 异常相互作用，影响区域降水量、温度等气候因子，进而影响干旱的时空变化(Hu et al.，2018；Huang et al.，2010)。Trenberth 等(1998)研究表明，不同海盆的年际、年代际 SST 异常可引发相应时间尺度上的大气环流异常，进而通过遥相关影响全球干旱半干旱区的干湿变化特征。

　　另外，印度洋海温异常可以通过"电容器效应"将厄尔尼诺的暖信号储存到 ENSO 发生的次年夏季，并在大气中激发出开尔文波，造成西北太平洋的反气旋异常(Xie et al.，2016，2009)，而热带西北太平洋对流活动与东亚夏季降水量存在振荡关系(Huang et al.，2004；Nitta，1987，1986)。因此，ENSO 信号可以通过印度洋的"电容器效应"在夏季激发出遥相关信号，通过影响东亚夏季风摆动，进而影响我国西北干旱半干旱地区特别是季风边缘区的夏季干湿变化(Huang et al., 1992; Huang et al., 1989)。我国 1 区、2 区属于干旱半干旱地区，因此 1 区、2 区的干湿时空变化主要驱动因子是 SST 和 ENSO。

PDO 的正负位相变化会对区域降水量产生较大影响。管晓丹等(2019)研究表明，当 PDO 正位相时，赤道中东太平洋的暖 SST 异常信号会增加从海洋到大气的感热通量，导致整个热带对流层出现温度异常。其中，北半球中纬度的对流层温度偏低，北太平洋及周边地区的经向温度梯度发生变化，导致副热带到中纬度地区的经向温度梯度增加。根据热成风原理，该地区的西风增强；而热带和高纬度的经向温度梯度减弱，出现东风异常。这种风场异常使得北太平洋对流层上层出现"南负北正"的涡度切变，即在北太平洋北部出现异常的气旋，在北太平洋南部出现异常的反气旋。在对应的对流层底层，北太平洋北部出现了一个大范围的气旋性风场，西北太平洋出现了一个反气旋性风场，导致长江以南地区出现异常的西南风，华北地区则出现异常的西北风。这种异常风场会削弱东亚夏季风，阻止热带水汽和雨带向北推进，使得我国华北地区降水量减少，降水量更多集中在长江以南地区。说明我国华北地区干湿变化的主要驱动因子是 PDO。此外，我国北部地区和青藏高原地区的年代际夏季干湿变化的主要驱动因子也是 PDO(Zhang et al., 2017c)。

AO 控制着北半球多数地区的海平面气压场变化，其变化存在着明显的季节性差异，秋冬季活动较为活跃(Thompson et al., 1998)。我国中西部降水量和干湿变化受冬春季 AO 的影响显著。当冬春季 AO 活动增强时会带动西太平洋地区对流层低层的水汽向北部湾地区聚集，与孟加拉湾的水汽汇合后，从我国西南地区进入内陆，造成西南地区及中部部分地区降水量增加。同时中高纬度地区的西风在巴尔干湖地区转而北上，使我国西北地区在冬春季没有充足的水汽供应，从而干旱少雨。AO 活动减弱时，情况则正好相反(文仕豪，2016)。说明我国中西部地区干湿变化的主要驱动因子是 AO。

综上所述，不同的海洋信号会引起不同大气环流，进而影响我国各地区干旱的时空变化。我国干旱半干旱地区(1 区和 2 区)干旱时空变化的主要驱动因子是 SST 和 ENSO；我国北部地区、华北地区和青藏高原地区干旱时空变化的主要驱动因子是 PDO；中西部地区干旱时空变化的主要驱动因子是 AO。

6.1.3　不同地区干旱发生机制的对比

本章通过各个站点 1961～2016 年的月尺度 SPEI 与四个遥相关指数之间的相关性分析揭示了我国各地区干旱与遥相关指数之间的关联性。研究发现，对降水量、ET_0 和 SPEI 影响最大的因素分别为 Niño 3.4、Niño 3.4 和 AO，此外 AO 和 PDO 对中国东南沿海地区的 SPEI 影响最大，并且二者影响不同，该结果与前人的研究成果比较一致。例如，Zhang 等(2017c)研究发现 ENSO、PDO、北太平洋当代型(North Pacific contemporary，NPC)及全球变暖为我国夏季干旱多变性的主要影响因素，其中 PDO 对西南、北部及东南部地区的干旱影响更大。Cai 等(2015)研究我国北部地区与 SST 之间的空间模式相关性结果表明，我国北部区域气候模式与 SST 之间紧密相关，当 11 月至次年 7 月的 SST 发生异常高(低)时，亚洲陆地与海洋之间的热反差减弱(加强)，东亚夏季风也相应减弱(加强)，从而导致中国北方的干旱(小雨)。本章研究结果与前人研究结果整体一致。但是，Qian 等(2014)发现我国北部的 PDSI 在 1900~2010 年的变化与 PDO 呈负相关，而本章研究表明，我国北部的 SPEI 在 1961~2016 年的变化与 PDO 呈正相关。这一差异是干旱指数差异，还是研究期的差异，又或者是分析方法不同导致的，还需要进一步研究。

本章仅分析了干旱指数与遥相关指数的线性相关性，因此只能了解各地区干旱会受何种大气环流因素影响，具体的影响过程不得而知，为了更具象地了解干旱的影响因素需要进一步对干旱形成的具体过程进行探索。另外，遥相关指数对各地区干旱的影响也会随着时间变化，除各种遥相关指数之外，各地区高程、坡度、坡向等地理地形因素对其干旱影响也很大。研究中所使用的数据均为站点数据，由站点数据反映的干旱大尺度动力因素的影响关系实际上存在很大偏差，应该进一步收集卫星格点数据进行分析。

6.1.4　小结

1 区、2 区的 SPEI 转折点都是 1996 年。4 区的干旱状况最接近全国平均状况。1 区的干旱敏感期是 1988 年之前和 2006 年之后两个时期，2 区和 4 区的干旱敏感期分别对应 2001~2010 年和 1961~1974 年。1 区与 3 区的干旱状况转折点对应 1988 年和 1979 年。2 区与 4 区在整个研究期内呈干旱化趋势。对降水量、ET_0 和 SPEI 影响最大的遥相关指数分别为 Niño 3.4、Niño 3.4 和 AO。其中，Niño 3.4 对降水量和 ET_0 的影响在每个分区内都是相反的，导致 Niño 3.4 对各分区 SPEI 的影响效果被抵消。1 区和 2 区的干旱受 SST 影响最大，3 区和 4 区的 SPEI 受 AO 影响最大，AO 和 PDO 对中国东南沿海地区的 SPEI 影响最大，并且二者对 SPEI 的影响是反向的。干旱半干旱地区(1 区和 2 区)的干旱时空变化主要驱动因子是 SST 和 ENSO；北部地区、华北地区和青藏高原地区的干旱驱动因子是 PDO；中西部地区的干旱驱动因子是 AO。

6.2　未来不同气候情景下的干旱预测

在气候变化背景下，干旱的发生和发展趋势都有很多不确定性，对我国粮食安全和生态安全存在严重威胁。因此，未来干旱预测显得尤为重要。本节基于历史数据，收集国际 CMIP5 中 28 个 GCM 的未来气候变化情景数据，采用 SPEI 评估了 2011~2100 年 RCP 4.5 和 RCP 8.5 情景下我国干旱的时空演变规律，以期为应对气候变化、旱灾预防、减缓干旱及其适应性方案的制定提供参考。

6.2.1 数据和方法

1. 站点和数据集

和第 2 章类似，将我国分为 7 个气候分区。1961~2016 年的观测气象数据和地理高程数据来自中国气象数据网，763 个站点的气象数据包括逐日降水量(P_m)、最低气温(T_{min})和最高气温(T_{max})。采用非参数 Kendall 秩次相关法和 Mann-Whitney 齐性检验对数据质量和可靠性进行检验(Helsel et al., 1992)。

2. 全球气候模型和统计降尺度

原始 GCM 的空间分辨率较低，无法进行区域尺度预测。因此，需要将原始 GCM 数据降尺度到每个气象站。CMIP5 中的 60 多个 GCM 考虑了 20 世纪所有人为和自然强迫因素，开展了未来大气温室气体 4 种 RCP 的模拟试验。但是，只有约一半的 GCM 可以用于模拟 RCP4.5 和 RCP8.5 数据。RCP4.5 代表年温室气体排放量在 2040 年左右达到峰值，在 21 世纪后期逐渐下降，而 RCP8.5 情景则是整个 21 世纪的温室气体排放量持续增加，最终两个排放情景在 21 世纪末强迫分别达到 4.5 W/m² 和 8.5 W/m²(van Vuuren et al.,2011)。选择 RCP 4.5 和 RCP 8.5 两个排放情景，获得 28 个 GCM 的相关数据。CMIP5 提供的 28 个气候模式的信息详见表 6-1。

表 6-1 CMIP5 提供的 28 个气候模式的信息

编号	名称	缩写	国家/地区	分辨率/(°×°)
1	BCC-CSM1.1	BC1	中国	2.8×2.8
2	BCC-CSM1.1 (m)	BC2	中国	1.1×1.1
3	BNU-ESM	BNU	中国	2.8×2.8
4	CanESM2	CaE	加拿大	2.8×2.8
5	CCSM4	CCS	美国	1.25×0.94
6	CESM1(BGC)	CE1	美国	1.25×0.94
7	CMCC-CM	CM2	欧洲	0.75×0.75
8	CMCC-CMS	CM3	欧洲	1.86×1.87
9	CSIRO-MK3.6.0	CSI	澳大利亚	1.96×1.88

续表

编号	名称	缩写	国家/地区	分辨率/(°×°)
10	EC-EARTH	ECE	欧洲	1.1×1.1
11	FIO-ESM	FIO	中国	2.8×2.8
12	GISS-E2-H-CC	GE2	美国	2.5×2
13	GISS-E2-R	GE3	美国	2.5×2
14	GFDL-CM3	GF2	美国	2.5×2
15	GFDL-ESM2G	GF3	美国	2.5×2
16	GFDL-ESM2M	GF4	美国	2.5×2
17	HadGEM2-AO	Ha5	韩国	1.87×1.25
18	INM-CM4	INC	俄罗斯	2.0×1.5
19	IPSL-CM5A-MR	IP2	法国	1.27×2.5
20	IPSL-CM5B-LR	IP3	法国	1.89×3.75
21	MIROC5	MI2	日本	1.4×1.4
22	MIROC-ESM	MI3	日本	2.8×2.8
23	MIROC-ESM-CHEM	MI4	日本	2.8×2.8
24	MPI-ESM-LR	MP1	德国	1.87×1.86
25	MPI-ESM-MR	MP2	德国	1.87×1.86
26	MRI-CGCM3	MR3	日本	1.1×1.1
27	NorESM1-M	NE1	挪威	2.5×1.9
28	NorESM1-ME	NE2	挪威	2.5×1.9

　　基于历史逐日气象数据，利用 NWAI-WG 统计降尺度方法(Liu et al.，2012b)将 763 个气象站点的最低气温(T_{min})、最高气温(T_{max})和降水量(P)逐月数据降尺度到逐日尺度。NWAI-WG 统计降尺度方法可以用逐月 GCM 网格数据生成逐日时间序列数据。该方法包括对原始 GCM 的偏差校正和集成多个 GCM 计算效率的提高(Li et al.，2019a，2019b)。NWAI-WG 方法已在气候变化方面的研究中广泛应用(Feng et al.，2019；Wang et al.，2016a；Anwar et al.，2015)。降尺度过程包括空间和时间降尺度。空间降尺度使用反距离加权插值法将逐月 GCM 网格数据(T_{min}、T_{max} 和 P)投影到相关站点，然后对每月 GCM 数据进行偏差校正，使其与每个站点的观测数据相匹配。该偏差校正方法建立同一历史时期的观测气候与GCM 模拟气候数据之间的分位数–分位数(quantile-quantile，qq)图，并利用其校正历史模拟和预测未来数据中的偏差(Liu et al.，2012b)。时间降尺度是通过使用改进的天气发生器(weather generator，WGEN)将偏差校正后的逐月数据生成逐日

数据(Richardson et al.，1984)。该方法中用于生成逐日气候序列的参数针对每个站点和每个月，而不是原始 WGEN 中的单一参数集(Liu et al.，2012b)。通过推导相关矩阵的解析解实现，这些矩阵是气象要素之间的序列相关和互相关系数的函数[式(6-1)～式(6-3)]。NWAI-WG 降尺度方法包括一个评估程序，以确保每个月的逐日累计值与偏差校正后的 GCM 预测值接近，因此不会引入降尺度的不确定性。NWAI-WG 方法的更多信息请参见 Liu 等(2012b)。

降水量通过双参数 Gamma 分布建模。Gamma 函数中的两个参数是 α 和 β，它们分别确定 Gamma 分布的清晰度和比例。Gamma 分布的密度函数见表 5-3。

最高气温、最低气温和降水量的 WGEN 参数利用序列自相关系数(A)与互相关系数(B)矩阵计算：

$$X_i(j) = AX_{i-j}(j) + \varepsilon_i(j) \tag{6-1}$$

式中，$X(j)$是包含第 j 天的三个气象要素的矩阵；$\varepsilon_i(j)$是独立随机变量。A、B矩阵定义为

$$A = M_1 M_0^{-1}, \quad BB^{\mathrm{T}} = M_0 - AM_1 \tag{6-2}$$

式中，M_0 的元素是同一天最高温度、最低温度和降水量三个变量之间的相关系数；M_1 的元素是 M_0 滞后 1 天的相关系数。

泰勒图可以用来评估不同 GCM 的模拟性能，该方法既考虑了标准差，又考虑了相关系数，依据泰勒图可以选择合适的 GCM(Taylor，2001)。因此，利用改进的泰勒方法评估 28 个 GCM 的表现(Wang et al.，2015a)。选择多个 GCM，可以在某种程度上减少未来气候变化的不确定性。改进的泰勒指数 S 计算公式为

$$S = \frac{4(1+r)^2}{\left(\dfrac{\sigma_{\mathrm{f}}}{\sigma_{\mathrm{r}}} + \dfrac{\sigma_{\mathrm{r}}}{\sigma_{\mathrm{f}}}\right)^2 (1+r_0)^2} \tag{6-3}$$

式中，r 是皮尔逊相关系数；r_0 为 r 的最大值(0.999)；σ_{f} 和 σ_{r} 分别为模拟值和观测值的标准差。S 越大，表明气候模式表现越好。

1961～2000 年，28 个 GCM 降尺度的年 $T_{\max}$、$T_{\min}$ 和 P 的 S 分别在 0.13～0.54、0.22～0.79 和 0.12～0.40，因此温度的降尺度效果优于降水量。28 个 GCM 对气象变量的模拟情况有所不同，它们的相关性和归一化标准偏差随气象变化。

3. 干旱指数的计算

Peng 等(2017)评估了 10 种参考作物腾发量(ET_0)的计算方法，发现 Berti 等(2014)的方法在中国表现较好。由于气候模式提供的基本数据只有最高温度、最低温度、辐射、降水量和相对湿度，此处选用该方法估算 ET_0，具体计算见式(3-7)。

用每个站点、每个分区及全国的逐月最高温度、最低温度和降水量来计算 SPEI，计算过程见式(3-12)~式(3-14)。为了便于对比分析，将 1961~2000 年作为参考期计算 SPEI。此外，将整个研究时期分为 4 个时段进行对比分析，即 1961~1990 年、2011~2040 年、2041~2070 年和 2071~2100 年。SPEI 的时间尺度分别为 3 个月、6 个月和 12 个月。3 个月和 6 个月的时间尺度可以监测农业干旱，此处将 3 个月和 6 个月的 SPEI 用于棉花和玉米作物的干旱关系分析。12 个月时间尺度的 SPEI 反映了整体变化，没有遗漏详细的干旱变化特征，并且还可用于趋势测试。在参考期内，某些 SPEI 可能超出了历史数据范围，这些超出范围的正值或负值(SPEI> 3 或 SPEI<–3)代表极端状况(Stagge et al.，2015)。

4. 干旱事件的识别

利用游程理论识别 12 个月尺度的干旱事件。游程被定义为时间序列 X_t 的一部分，其中所有 X_t 均低于或高于所选择的阈值 X_0。关于游程理论的基本方法及示意图参考 5.3.1 小节。当 SPEI<–1.0 时，认为该月份为干旱事件的开始，直到 SPEI> 0 时认为该干旱事件结束。干旱历时定义为所有干旱事件的连续干旱月份(SPEI <–1)的总和。累积 SPEI 绝对值是指所有干旱事件从干旱开始到结束时整个区域 SPEI 的绝对值。干旱峰值是干旱期间 SPEI 的最小值。

干旱频率(drought frequency，DF)为研究时期内的干旱年数占整个研究时期的百分比(Spinoni et al.，2014)，计算公式为

$$DF = \frac{N_d}{N_p} \times 100\% \qquad (6-4)$$

式中，N_d 为 SPEI <–1.0 的年数，a；N_p 为整个研究时期，a。将 1961~2100 年划分为不同时期，包括 1961~1990 年、2011~2040 年、2041~2070 年和 2071~2100 年，因此 N_p 为 30a。

发生干旱的站点数占 763 个站的点百分比(PSSD)计算如下：

$$PSSD = \frac{N_s}{763} \times 100\% \qquad (6-5)$$

式中，N_s 为发生干旱的气象站点数。

5. 趋势检验和不确定分析

为了使用合适的统计检验，需要对数据进行正态性检验。Shapiro-Wilk 正态性检验方法(Royston，1982)被用来检验我国 763 个站点逐月 T_{min}、T_{max} 和 P 的正态性。结果表明，在 763 个站点中，28 个 GCM 的三个气象因素均未呈正态分布。因此，可以使用 MMK 方法进行趋势分析(Hamed et al.，1998)。MMK 检验基于

MK 方法，考虑了时间序列中的自相关结构(Kendall，1975；Mann，1945)，被用来分析 T_{min}、T_{max} 和 P 的趋势变化。假设在被测序列中没有趋势，原始的 MK 检验统计量(Z)服从均值为 0，方差为 1 的标准正态分布。在 α 显著性水平下，如果 $|Z| \geqslant Z_{1-\alpha/2}$ ($Z_{1-\alpha/2}$ 是标准正态分布中的 $1-\alpha/2$ 分位数)，则拒绝零假设。在 $\alpha=0.05$ 水平下，当 $|Z| \geqslant 1.96$ 时，该时间序列的趋势具有显著性。Z 为正表示增加趋势，Z 为负表示减小趋势(Li et al.，2010)。

三因素方差分析用来评估干旱预测的不确定性，该方法已经被广泛应用(Aryal et al.，2019；Tao et al.，2018；Wang et al.，2018a)。不确定性主要包括三个来源，即 763 个气象站点、28 个 GCM 和两个 RCP 情景，同时考虑三个不确定性来源的相互作用。干旱变量又包括干旱频率、干旱持续时间、干旱烈度和干旱峰值。

6.2.2　结果与分析

1. 气候模式的评价

为了评估 NWAI-WG 统计降尺度方法的可靠性，比较了基准期(1961~2000年)的观测数据(T_{mean} 和 P)和 28 个 GCM 的降尺度数据。图 6-7 对比了 1961~2000年(基准期)观测值和 28 个 GCM 降尺度数据的年平均值(或标准差)之间的相关性，图中 R^2 为决定系数；O_{mean} 和 D_{mean} 分别表示 763 个站点观测数据和降尺度后数据的年平均值；括号中的数字表示 R^2 的 10 分位数和 90 分位数。

通过比较观测值和降尺度后的年平均值和标准差发现，降尺度后的年平均 T_{mean} 和 P 与观测值吻合度较高(决定系数 $R^2=1$)。在基准期，观测数据年平均值和降尺度后数据年平均值之间的差异可以忽略不计(T_{mean} 为 0.03℃，P 为 1.8 mm)。对于 T_{mean} 和 P，观测值的标准差和降尺度的标准差之间也具有较好的一致性，R^2 普遍较高(对于 T_{mean}，0.32 $<R^2<$0.75；对于 P，0.87$< R^2<$0.93)。对于 T_{mean}，R^2 的 10 分位数和 90 分位数分别为 0.60 和 0.73；对于 P，R^2 的 10 分位数和 90 分位数分别为 0.92 和 0.93。T_{mean} 标准差的 R^2 略小于 P，这是由于气象变量内部变化的复杂性影响。但是，标准差 O_{mean} 和 D_{mean} 之间的差异很小(T_{mean} 为 0.03 ℃，P 为 1.8 mm)。年平均 T_{mean} 和 P 的线性斜率非常接近 1.0，变化范围分别为 0.99~1.01 和 0.99~1.04。对于标准差，线性斜率变化较大(T_{mean} 为 0.77~1.54，P 为 0.70~0.92)。这表示 NWAI-WG 统计降尺度方法对 T_{mean} 和 P 的降尺度效果很好。因此，NWAI-WG 方法降尺度后的气象变量足够可靠，可用于计算 SPEI。

2. 气象要素的趋势变化和幅度

在 1961~2000 年(基准期)和 2011~2100 年(RCP4.5 和 RCP8.5)，年 T_{max}、T_{min}

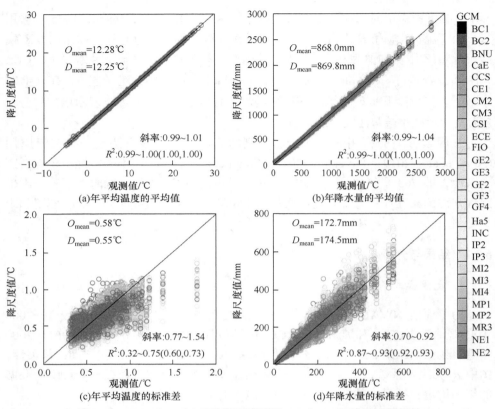

图 6-7　1961~2000 年(基准期)观测值和 28 个 GCM 降尺度数据的
年平均值(或标准差)之间的相关性

和 P 趋势显著性的空间分布结果表明，在 RCP4.5 和 RCP8.5 情景下，年 T_{max}、T_{min} 和 P 为 28 个 GCM 的降尺度数据平均值。结果表明，在 1961~2000 年和 2011~2100 年不同 RCP 情景下，763 个站点的年 T_{max} 和 T_{min} 均呈现显著增加的趋势。在 1961~2000 年，763 个站点中的 29、237、458、34 和 5 个站点的年降水量分别呈现显著增加、不显著增加、不显著减少、显著减少和没有趋势。在 RCP 4.5 情景下，2011~2100 年的 669 和 94 个站点的年降水量分别呈显著增加和不显著增加的趋势。在 RCP 8.5 情景下，2011~2100 年的 734、28 和 1 个站的年降水量分别具有显著增加、不显著增加和不显著下降的趋势。

　　然而，Sen 斜率在不同的站点和时期有所不同。在 1961~2000 年，年 T_{max} 的 Sen 斜率由西北地区向东南地区逐渐降低(<0.025 °C/a)。中国东南部大部分地区 2011~2100 年 T_{max} 的 Sen 斜率比 1961~2000 年高。在青藏高原的中部、西北部的北部地区(RCP 4.5 和 RCP 8.5 情景下)和我国东北地区(RCP8.5 情景下)，年

T_{max} 的 Sen 斜率增量大于 0.030°C/a。在 1961~2000 年和 2011~2100 年，T_{min} 的 Sen 斜率比 T_{max} 的大，尤其是在中国北方的大部分地区。这表明未来 T_{min} 的增加将大于 T_{max} 的增加。从 1961 到 2000 年，中国年降水量的 Sen 斜率变化通常低于 0.5 mm/a。然而，从 2011 年到 2100 年，Sen 斜率增加超过 0.5 mm/a。相较于 RCP 4.5 情景，RCP 8.5 情景下大部分地区年降水量的 Sen 斜率较大，特别是在我国东南部地区。然而，气温和降水量同时增加如何影响干旱评估还需要进一步研究。

较 1961~2000 年而言，根据 RCP4.5 和 RCP8.5 情景下降水量的变化率分析结果，RCP 8.5 情景下，2011~2100 年分区 1~3 的年降水量的变化较大，大部分面积的变化率高于 12%。其他四个分区的年降水量变化率较低(<12%)。在 RCP8.5 情景下，分区 1~3 的年降水量的变化更大，大部分面积的变化率高于 16%。

3. 中国不同分区 SPEI 的时间变化

RCP4.5 情景下，1961~2100 年基于 28 个 GCM 的我国不同分区年 SPEI 的变化如图 6-8 所示。对于每年各个分区的所有站点，由 28 个 GCM 降尺度预测的 SPEI 以分布形式显示，这样可以比较完整地展示干旱的状况。各个分区分布的变化规律可以反映 1961~2100 年我国不同分区干旱状况的总体变化情况。值得注意的是，阴影越深，SPEI 分布越集中，各个分布的峰值可以在一定程度上代表整个分布的中心位置。各个峰值连接起来表示 SPEI 的变化趋势。在研究期内，分区的分布呈现显著下降的趋势($p < 0.001$)。然而，分区 4、5 和 7 的分布呈现不显著的上升趋势。分区 6 的分布呈现显著下降的趋势，但是显著性水平小于分区 1、2、3 和全国($p<0.01$)。分区 1 的峰值从 0.9 下降到接近−2.0，这表明在预测期间，该分区的大部分地区可能经历了由湿到干(或严重干旱状况)的转变。尽管各个分布的中心位置和范围有所不同，但是分区 2 和 3 以及全国的 SPEI 变化特征是类似的。分区 4、5、6 和 7 的 SPEI 变化趋势相对较弱，且峰值在 0 附近波动。一般而言，尽管干旱和半干旱地区(中国西部和西北地区)预测的降水量是增加的，但是未来仍然会遭受更严重的干旱状况，我国东北和东南部地区未来降水量很高，因此可能不会遭受到严重的干旱。

RCP8.5 情景下，1961~2100 年基于 28 个 GCM 的我国不同区域年 SPEI 随时间的变化如图 6-9 所示。不同分区的分布变化表明，1961~2100 年我国大部分分区的干旱状况总体减弱。对于分区 1、2、3、5、6 及全国，SPEI 呈显著下降的趋势($p<0.001$)，但是分区 4 和 7 的 SPEI 呈不显著下降的趋势。在 21 世纪末，我国大部分地区可能会遭遇中度干旱，分区 7 未来不会遭受严重干旱。与 RCP4.5 情景相比，在 RCP8.5 情景下，我国不同分区的 SPEI 线性斜率以每年−0.007~0.002 下降，表明干旱情况将更为严重。在高排放情景下干旱加剧，意味着必须在全世界范围内人工控制二氧化碳的排放，特别是在 21 世纪末。

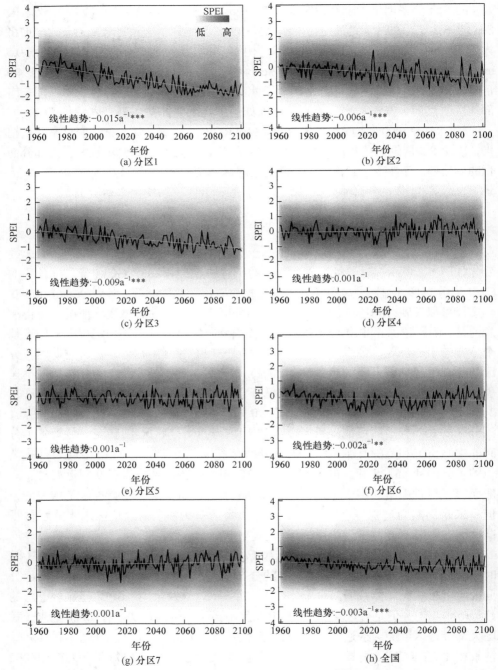

图 6-8　1961~2100 年 RCP4.5 情景下 28 个 GCM 的不同分区年 SPEI 的变化

***代表 $p < 0.001$；**代表 $p < 0.01$

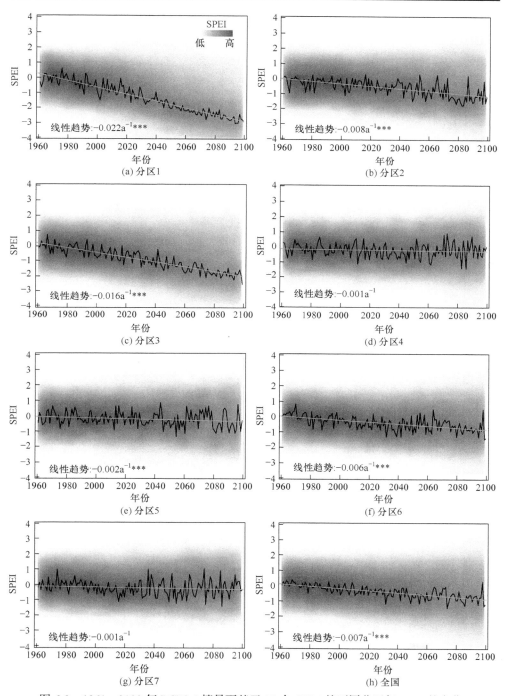

图 6-9　1961～2100 年 RCP8.5 情景下基于 28 个 GCM 的不同分区年 SPEI 的变化

图 6-10 展示了 1961～2100 年 RCP4.5 和 RCP8.5 情景下我国不同分区 PSSD

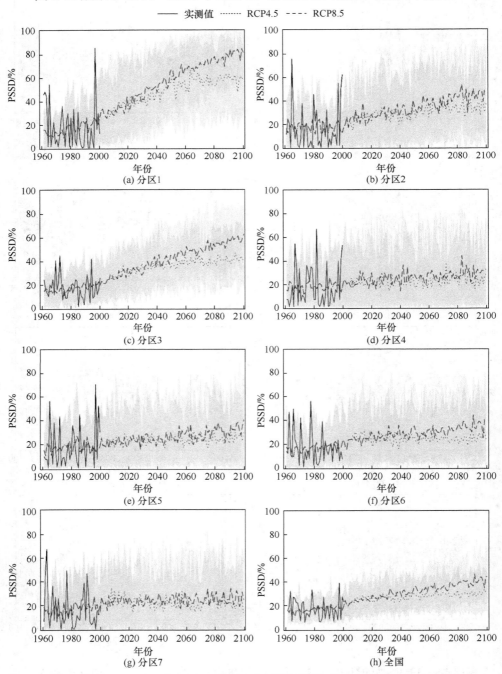

图 6-10　1961～2100 年 RCP4.5 和 RCP8.5 情景下我国不同分区 PSSD 的变化

(28 个 GCM 的集合平均值)的变化。阴影面积的顶部和底部边界分别是 28 个 GCM 降尺度后计算的年 PSSD 的 90 分位数和 10 分位数。1961~2000 年，不同分区观测数据计算的 PSSD 几乎都在 28 个 GCM 预测的 PSSD 集合中。这表明在历史时期内，28 个 GCM 预测的 PSSD 均值和空间特征与历史观测值具有良好的一致性。尽管存在年际变化和 GCM 的不确定性，但是分区 1~3 的 PSSD 呈现明显的增加趋势，分区 4~6 的 PSSD 呈现不明显的增加趋势，而分区 7 的 PSSD 几乎没有变化。21 世纪末，在 RCP4.5 情景下，不同分区及全国分别有大约 60%、37%、42%、28%、29%、24%、11% 和 31% 的站点遭受中度至极端干旱的影响。在 RCP8.5 情景下，分别有 81%、48%、63%、32%、40%、40%、25% 和 45% 的站点遭受中度至极端干旱。总体而言，我国不同分区 PSSD 的趋势与 SPEI 趋势一致。未来干旱可能加剧，特别是在我国西北干旱和半干旱的干旱地区(分区 1、2 和 3)，这表明实施未来优化用水管理策略非常必要。

不同时期(1961~1990 年、2011~2040 年、2041~2070 年和 2071~2100 年)的干旱频率(由 28 个 GCM 预测数据获得)也因不同的分区和 RCP 情景而异(图 6-11)。从 1961~1990 年到 2071~2100 年，中国不同分区的干旱频率都增加了，尤其是分区 1~3。与其他分区相比，分区 7 未来的干旱有所缓解。到 21 世纪末，RCP 8.5 情景下，未来分区 1~6 的干旱频率将显著增加。

4. 不同时期干旱变量的空间分布规律

在四个时期(1961~1990 年、2011~2040 年、2041~2070 年和 2071~2100 年)，干旱事件的发生时间(由 28 个 GCM 集合平均)具有很大的空间变异性。一次干旱事件指部分时期发生干旱，并不是整个时期都发生干旱。此外，干旱事件频繁可能不会导致更长的干旱历时。在 RCP 4.5 和 RCP8.5 情景下，从 1961~1990 年到 2071~2100 年，我国大部分地区发生干旱的次数更多，尤其是西北地区。在 2041~2070 年和 2071~2100 年，我国东南部干旱发生的次数最多，而西北部干旱发生的次数最少。在 RCP4.5 情景下，上述四个时期发生 8 次干旱事件的站点数从 6 增加到 371、293 和 151 个，发生 9 次干旱事件的站点数从 0 增加到 7、1 和 1 个。此外，从 1961~1990 年到 2071~2100 年，干旱发生次数少于 6 次的站点数量增加了。在 RCP8.5 情景下，四个时期发生 8 次干旱的站点数量从 1 个增加到 353、347 和 247 个，发生 9 次干旱的站点数从 0 增加到 45、36 和 49 个。2041~2070 年发生 10 次干旱的站点数从 0 增加到 6 个。在 21 世纪末期，我国东南地区干旱发生的频率增多，而西北地区干旱发生的频率则较低。

1961~1990 年、2011~2040 年、2041~2070 年和 2071~2100 年，总的干旱历时(28 个 GCM 集合平均)增加了，尤其是我国西北地区更为明显(图 6-12)。在 1961~1990 年，干旱历时持续 48 个月、72 个月、96 个月、120 个月、180 个月、

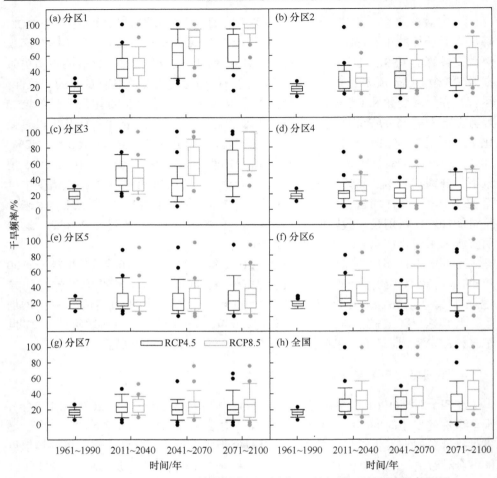

图 6-11　RCP4.5 和 RCP8.5 情景下中国不同分区不同时期干旱频率的箱形图

240 个月和>240 个月的站点数分别为 0、0、96、667、0、0 和 0。在 RCP4.5 情景下，所有站点三个时期(2011~2040 年、2041~2070 年和 2071~2100 年)的干旱历时都超过 96 个月。另外，四个时期的干旱历时为 240 个月的站点分别为 0、50、85 和 87 个。在 2041~2070 年和 2071~2100 年，干旱历时超过 240 个月的站点分别为 48 和 57 个。到 21 世纪末，预计我国西部大部分地区将经历长期干旱(干旱历时大于 240 个月)，尤其是 RCP8.5 情景下。总体而言，我国大部分站点干旱历时更长，这是未来需要预防干旱灾害的预警。

　　1961~1990 年、2011~2040 年、2041~2070 和 2071~2100 年，我国总的累积 SPEI 绝对值(28 个 GCM 集合平均)逐渐增加，尤其是 RCP8.5 情景下，我国西北地区增加更为明显(图 6-13)。在 1961~1990 年，中国 38 个和 725 个站点的累积 SPEI 绝对值分别为 50~100 和 100~150，所有站点的累积 SPEI 绝对值都小于

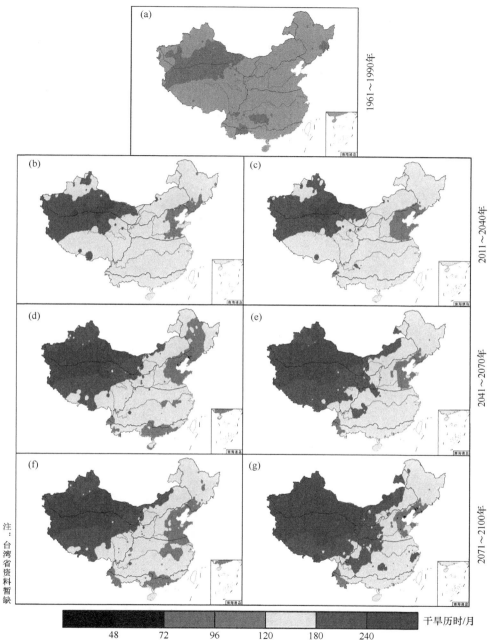

图 6-12　RCP4.5[(b)、(d)、(f)]和 RCP8.5[(c)、(e)、(g)]情景下不同时期干旱历时
的空间分布(后附彩图)

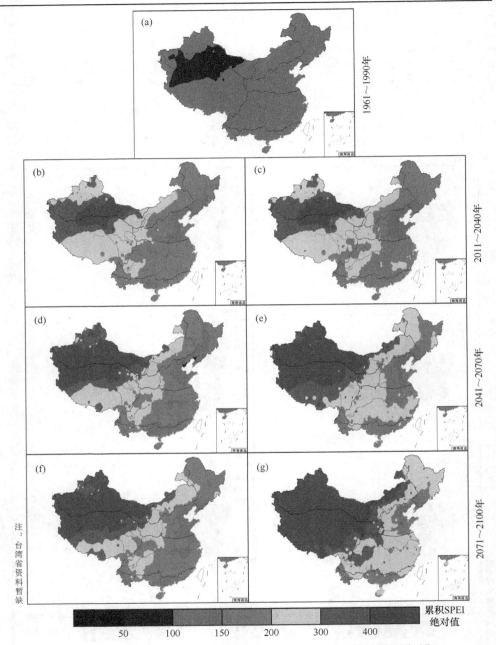

图 6-13　RCP4.5[(b)、(d)、(f)]和 RCP8.5[(c)、(e)、(g)]情景下不同时期
累积 SPEI 绝对值的空间分布(后附彩图)

150。在 RCP4.5 情景下，2011～2040 年累积 SPEI 绝对值为 100～150、150～200、200～300、300～400 及>400 的站点分数别为 126、438、146、29 和 24 个。2041～2070 年，累积 SPEI 绝对值为 50～100、100～150、150～200、200～300、300～400 和>400 的站点数分别为 12、191、298、160、45 和 57 个。2071～2100 年，累积 SPEI 绝对值为 50～100、100～150、150～200、200～300、300～400 和>400 的站点数分别为 2、166、313、159、55 和 68 个。在 RCP8.5 情景下，未来一段时间还将出现更加严重的干旱。2071～2100 年，累积 SPEI 绝对值为 50～100、100～150、150～200、200～300、300～400 和>400 的站点数分别为 7、42、126、326、106 和 156 个。我国西北地区将发生更为严重的干旱，这与 SPEI 的时间变化一致。

干旱峰值为 12 个月时间尺度 SPEI 最小值的绝对值，因空间(不同站点)和时期(1961～1990 年、2011～2040 年、2041～2070 年和 2071～2100 年)的不同而异。干旱峰值表示研究时期的严重或极端干旱状况。从 1961～1990 年，全国干旱峰值分别为 2.0、2.2、2.4、2.6、2.8、3.0 和> 3.0 的站点数分别为 0、319、437、7、0、0 和 0。我国西北大部分地区的干旱峰值较小。然而，在 RCP4.5 和 RCP8.5 情景下，2011～2040 年我国所有站点的干旱峰值都大于 2.2，尤其是西北地区，干旱峰值大于 3.0。2071～2100 年，RCP4.5 情景下，全国 369 个站的干旱峰值大于 3.0，而 RCP8.5 情景下干旱峰值大于 3.0 的站点更多(641 个)。因此，未来我国大部分地区将出现严重或极端干旱。

5. 不同干旱变量预测的不确定性分析

图 6-14 对比了站点、GCM 和 RCP 及其交互作用对中国干旱变量预测的不确

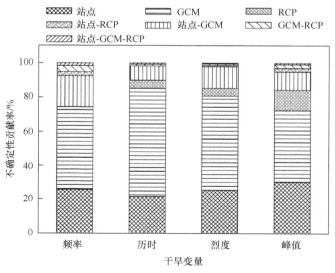

图 6-14　站点、GCM 和 RCP 及其交互作用对中国干旱变量预测的不确定性贡献率

定性贡献率。干旱变量预测的不确定性来源被分为 7 个部分，即站点、GCM、RCP 及其相互作用。最大的不确定性因素为 GCM，对干旱发生频率、持续时间、干旱烈度和峰值预测的不确定性贡献率分别为 48.6%、63.6%、55.4%和 42.2%，其次是地理位置(站点)和 RCP 的影响。在干旱变量预测中，RCP 的不确定性最小，小于 15%。此外，它们之间的相互作用也很大程度上增加了不同干旱变量预测的不确定性。例如，站点与 GCM 之间的不确定性(站点-GCM)在干旱频率预测中比其他因素交互作用的不确定性更为明显(18%)。

6.2.3　干旱研究中的引申问题

1. 我国干旱未来的变化趋势

本节利用 28 个 GCM 统计降尺度的气象数据预测了我国不同分区的干旱状况。从 SPEI 显著的下降趋势可以看出，未来我国可能会经历更加严重的干旱。但是，未来不同分区的干旱趋势是不同的，具有很大的空间变异性。在 RCP8.5 情景下，我国西北、华北和东南地区的 SPEI 均呈现显著下降的趋势，表明这些地区更容易受到干旱的影响。这与莫兴国等(2018)和刘珂等(2015)的研究一致。Huang 等(2018)研究发现，尽管未来降水量会增加，但是西北地区的干旱仍然会更加频繁和严重，这主要是由于未来全球变暖引起蒸散发量增加而导致的。在 21 世纪末，我国西北地区的蒸散速率将是降水量的 2～3 倍(Zhang et al.，2019a)。这些地区是我国主要的人口聚集和农业生产中心，应该优先制定合理的水资源管理和分配策略。对于我国南方湿润地区，降水量变化可能是未来干旱预测的决定性因素。因此，该地区蒸散发量的增加可能对未来干旱的影响很小。但是，更加频繁的极端降水也可能加剧干旱。例如，Ji 等(2015)研究发现，相对于 1985～2005 年，21 世纪末中国南部的降水强度和连续干旱历时将增加。Gu 等(2019)利用偏差修正后 29 个 GCM 和 SPEI 数据评估了未来干旱变化，并分析了内部气候变化对区域干旱的影响。和 1971～2000 年相比，人为因素导致气候的变化，我国各地区未来(2021～2050 年和 2071～2100 年)将会发生更加严重的干旱。在本节中，观测数据和统计降尺度后的 28 个 GCM 的气候数据用于评估干旱，而不是原始逐月 GCM 通过偏差校正后内插的气候数据。此外，研究还包括两个 RCP 情景，温室气体排放情景的覆盖范围很广。通过系统地比较 RCP8.5 和 RCP4.5 情景下的 SPEI，可以详细地展示所有干旱预测可能存在的不确定性。

2. 不同气象要素在干旱监测中的作用

降水量是干旱监测的重要变量，但不是唯一因素。地表蒸散(由温度、湿度和能量驱动)在干旱的演变中也起着重要作用。当使用 SPEI 检测干旱时，降水和温度(或蒸散发量)对 SPEI 的贡献不同。Cook 等(2014)发现潜在蒸散发量的增加是区域干旱的主要原因。潜在蒸散发量会增加降水量，减少地区的干旱程度，也会导致降水量略有增加的地区气候由湿润转为干燥。Vicente-Serrano 等(2015b)分析了四个干旱指数对 P 和 ET_0 的敏感性，他们发现 SPEI 对 ET_0 的变化比较敏感，明确的地理模式主要由干旱控制。Sun 等(2017)利用 SPEI 评估了 1971~2012 年我国西南地区的干旱特征及年代际变化，他们发现潜在蒸散发量在干旱事件识别中起着关键作用，并可能加剧干旱强度和增加干旱历时。对于某个确定的干旱演变过程，不同气象要素的作用各不相同。

尽管本节没有考虑不同地区 ET_0 的控制因素，但 Wang 等(2017b)分析了 1961~2013 年我国不同地区 5 个气象要素(包括风速和太阳辐射)对 ET_0 变化的贡献，他们的研究区域及其分区与本书相似。研究发现分区 1~7 的气候控制因子分别为风速、T_{max}、T_{max}、太阳辐射、太阳辐射、T_{max} 和太阳辐射。尽管日照时数对 ET_0 有很大贡献，但在年降水量大于 500 mm 的地区，ET_0 估算精度的提高并不能提高 SPEI 的估算精度(Yao et al.，2020)。这些研究结果可以提供参考，这里不再详细讨论。

3. 干旱指数在干旱预测中的不确定性

为了评估干旱严重程度和演变规律，很多学者提出了各种各样的干旱指数。例如，SPEI 既考虑了降水量统计分布规律，还引入了潜在蒸散发量，而 SPI 和 EDDI 只考虑了一种气象变量(降水量或蒸发需求量)。为了与 SPEI 进行比较，计算了不同情景下我国 1961~2100 年基于 28 个 GCM 的年 SPI 和 EDDI (图 6-15)。在 RCP4.5 和 RCP8.5 情景下，全国 SPEI 呈显著下降的趋势(线性倾向率分别为 −0.004 和−0.01，$p<0.001$)。然而，SPI 呈显著上升的趋势(线性倾向率为 0.005，$p<0.001$)，这表明未来具有变湿润的趋势。−EDDI 的趋势与 SPI 相同，呈显著上升趋势(线性倾向率分别为 0.015 和 0.018，$P<0.001$)，这意味着未来干旱很可能会加剧。

不同干旱指数预测的干旱状况存在着不确定性。Taylor 等(2013)利用四个干旱指数(SPI、土壤含水量距平、PDSI 和标准化径流指数)评估了全球 2070~2099 年干旱的变化，他们认为干旱指数的选择可能会影响基于气候变化的干旱评估，而且仅使用一个指数或许不能准确地代表未来干旱的变化趋势。Zhao 等(2017)比较了两种干旱指数(自校准的 PDSI 和 SPEI)监测干旱的能力，他们发现 SPEI 同时适用于短期和长期的干旱监测，在我国具有广阔的应用前景。Yao 等(2018a)利用 SPEI、EDDI、降水距平百分率和 SPI 评估了我国 1961~2013 年干旱的演变、严重程度和趋势。他们发现 SPEI 在干旱监测中表现良好。总体上，在许多地区，SPEI 在监测气象、水文干旱和农业干旱方面的性能要优于其他干旱指数。这些信息将有助于选择合适的干旱指数，以解决不同干旱指数给未来干旱评估带来的不确定性。

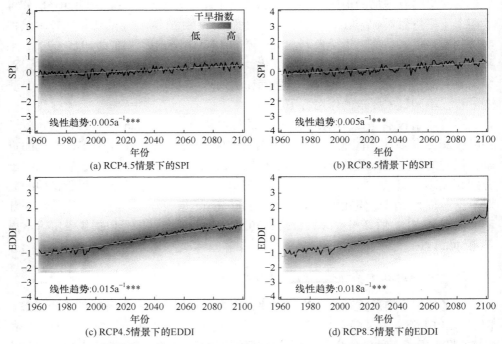

图 6-15　不同情景下我国 1961～2100 年基于 28 个 GCM 的年 SPI 和 EDDI 变化

4. 干旱加剧对作物产量的影响

SPEI 减小的趋势表明未来干旱可能对作物生产具有一定的影响。在本节中，我国西北地区(分区 1)的干旱加剧比其他地区更为明显。因此，收集了 1986～2016 年分区 1 的玉米(17 个站点)和棉花(17 个站点)的产量数据。新疆玉米和棉花站点信息见表 6-2。

表 6-2　新疆玉米和棉花站点信息

玉米				棉花			
站点	纬度/(°)	经度/(°)	时期/年	站点	纬度/(°)	经度/(°)	时期/年
塔城	46.7	83.0	1991～2017	精河	44.6	82.9	1987～2016
博乐	44.9	82.1	1988～2017	吐鲁番东坎	42.8	89.3	1986～2016
精河	44.6	82.9	1988～2010	鄯善	42.9	90.2	1986～2016
乌苏	44.4	84.7	1988～2017	阿克苏	41.2	80.2	1986～2016

玉米				棉花			
站点	纬度/(°)	经度/(°)	时期/年	站点	纬度/(°)	经度/(°)	时期/年
奇台	44.0	89.6	1988～2017	库车	41.7	83.1	1986～2016
伊宁	44.0	81.3	1988～2017	库尔勒	41.8	86.1	1986～2016
新源	43.5	83.3	1988～2005	喀什	39.5	76.0	1986～2016
拜城	41.8	81.9	1988～2017	巴楚	39.8	78.6	1986～2016
和田	37.1	79.9	1992～2011	阿拉尔	40.5	81.1	1986～2016
哈密	42.8	93.5	1988～2016	若羌	39.0	88.2	1986～2016
轮台	41.8	84.3	1998～2016	麦盖提	38.9	77.6	1986～2016
库尔勒	41.8	86.1	1998～2009	莎车	38.4	77.3	1986～2016
喀什	39.5	76.0	1989～2016	叶城	37.9	77.4	1986～2009
巴楚	39.8	78.6	1990～2016	和田	37.1	79.9	1986～2012
若羌	39.0	88.2	1988～2009	且末	38.2	85.6	1987～2016
麦盖提	38.9	77.6	1989～2016	于田	36.9	81.7	1986～2012
叶城	37.9	77.4	1988～2016	哈密	42.8	93.5	1986～2016

表 6-3 展示了 1986～2016 年不同干旱指数(EDDI、SPEI 和 SPI)与作物产量(玉米和棉花)的线性斜率和线性相关系数，***、**和*分别表示在 $p<0.001$、$p<0.01$ 和 $p<0.05$ 水平下显著。结果表明，干旱状况影响了玉米和棉花的产量。从生育期开始到中期，玉米和棉花的产量与 3 个月时间尺度的 EDDI 之间的线性相关系数为正，但是成熟收获时的线性相关系数为负。产量与 SPEI 和 SPI 的相关性恰好和 EDDI 相反，这是因为 EDDI 的干旱严重程度分类恰好与 SPEI 和 SPI 相反，依据不同干旱指数的干旱等级划分参见表 4-1。

在整个生育期，玉米产量与 6 个月尺度的 EDDI、SPEI 和 SPI 均呈正相关，而棉花产量与 6 个月时间尺度的 SPEI 和 SPI 呈负相关。对于玉米而言，在 3 个月和 6 个月时间尺度下，产量与 EDDI 之间的相关系数的最大值出现在 5 月；对于 3 个月时间尺度的 SPEI，最大线性相关系数出现在 10 月；对于 6 个月时间尺度的 SPEI 和 SPI，最大线性相关系数出现在 4 月。对于棉花而言，产量和 3 个月时间尺度的 SPEI、EDDI 和 SPI 之间的最大相关系数出现在 5 月份，而对于 6 个月时间尺度的三个干旱指数，相关系数的最大值分别出现在 7 月、6 月和 6 月。不同作物、不同时间尺度的不同干旱指数与作物产量之间的关系都不一致，并且相关性最高的月份也是不一致的。这是合理的，因为农业和气候系

表 6-3　1986～2016 年不同干旱指数与作物产量的线性斜率和线性相关系数

作物	时间尺度	月份	产量-EDDI		产量-SPEI		产量-SPI	
			斜率	相关系数	斜率	相关系数	斜率	相关系数
玉米	3 个月	4	449.2**	0.136	132.2	0.047	228.4	0.071
		5	481.5**	0.150	−21.3	0.007	134.3	0.041
		6	407.6**	0.122	−30.8	0.010	25.2	0.008
		7	178.3	0.054	13.9	0.004	−3.2	0.001
		8	30.2	0.009	56.2	0.018	−113.1	0.034
		9	−173.7	0.048	281.9	0.085	141.9	0.042
		10	−19.9	0.006	264.3	0.089	160.7	0.048
	6 个月	4	404*	0.115	296.5*	0.101	364.5*	0.116
		5	433.1**	0.131	191.7	0.067	346.5*	0.109
		6	413.5**	0.126	85.4	0.029	139.2	0.043
		7	398.6**	0.122	73.2	0.025	157.1	0.048
		8	365.1*	0.114	32.9	0.011	74.4	0.023
		9	232.7	0.071	120.0	0.039	146.3	0.045
		10	136.9	0.041	185.0	0.059	133.7	0.040
棉花	3 个月	4	383.8***	0.183	−334.8***	0.188	−193.7*	0.091
		5	414.4***	0.202	−346.4***	0.192	−241.2*	0.111
		6	354.7***	0.163	−338.2***	0.188	−218.7*	0.103
		7	261.7**	0.119	−165.5	0.081	−70.0	0.032
		8	146.4	0.061	−55.4	0.026	−17.4	0.008
		9	−110.1	0.044	207.8*	0.094	222.3*	0.100
		10	−41.2	0.018	59.4	0.030	102.7	0.047
	6 个月	4	337.0**	0.146	−279.3**	0.141	−15.1	0.007
		5	300.0**	0.139	−251.9**	0.139	−168.4	0.080
		6	310.3***	0.150	−302.6***	0.169	−181.3	0.086
		7	361.6***	0.171	−268.5**	0.145	−123.3	0.057
		8	361.3***	0.169	−242.4**	0.125	−113.5	0.052
		9	209.4*	0.092	−116.8	0.058	−33.7	0.016
		10	177.2	0.078	−71.0	0.035	−7.2	0.003

统具有自然可变性。因此，当收集到其他农作物的产量数据时，有必要对该问题进行进一步的研究。

尽管如此，干旱将对玉米和棉花的产量造成负面影响。例如，Shi 等(2014)发现 SPEI 每降低 0.5 就会导致非洲 32 个国家的玉米减产超过 30%。Zhang(2004)指出，1949～1990 年农业气象灾害对玉米产量的损失占 55%，其中 60%是干旱

造成的。Liu 等(2018a)发现产量与干旱指数 SPI 和 SPEI 之间的相关性往往高于
PDSI。然而，本节研究发现，当采用不同的干旱指数，干旱对不同作物产量的影
响结果之间存在明显差异。此外，不同作物受干旱影响最大的月份也是不同的
(Peña-Gallardo et al.，2019)。因此，为了今后研究能得到可靠的结论，需要对不
同作物进行干旱监测。研究结果将有助于更好地了解未来我国不同地区的干旱演
变，为制定抗旱减灾策略提供有用的信息。

6.2.4　小结

根据基准期内观测和统计降尺度后的 GCM 数据(T_{mean} 和 P)比较，证实了
NWAI-WG 统计降尺度方法总体上表现良好，具有较高的适用性。SPEI(12 个月
时间尺度)的时空变化和识别的干旱变量(干旱站点百分比、干旱频率、干旱事件
发生次数、干旱历时、累积 SPEI 绝对值和干旱峰值)一致表明我国未来可能发生
更加严重、频繁的干旱，尤其是 RCP8.5 情景下，西北地区干旱更加频繁，干旱
峰值更大。我国西北地区的干旱加剧十分明显，这意味着相关政府部门应该优先
考虑该地区的防旱抗旱工作。未来我国东北地区、中部地区和东部地区遭受的干
旱程度较轻。但是，水资源管理机构仍然需要采取适当的干旱预防措施，因为气
候的多变性是自然发生的，不能被人为控制。

在我国不同地区，气温和降水量对干旱的评估起着不同的作用。尽管未来我
国大部分地区的年降水量将增加，但它并不能抵消最低和最高气温的升高对干旱
加剧影响，特别是在我国西北地区。在 21 世纪末，我国西北地区的干旱预防工
作仍将严峻。GCM 对干旱预测的不确定性贡献大于站点和 RCP，方差百分比大
于 40%。

在未来干旱评估中，SPEI 的表现优于其他仅考虑单个变量影响的干旱指数
(例如 SPI 和 EDDI)。作物产量与干旱指数之间的关系以及相关性最高的月份随作
物、干旱指数和时间尺度的不同而变化。在使用不同的干旱指数评估干旱对玉米
和棉花产量的影响时，发现存在很大的差异。因此，需要进一步研究干旱对其他
农作物产量的影响。

第 7 章　结论及建议

7.1　主　要　结　论

干旱是自然灾害中破坏力很强、带来的经济损失极为严重的一类灾害。为了更好地防控干旱灾害，有效进行水资源管理，研究不同气候区干旱的时空分布及预测具有十分重要的意义。本书首先评述了干旱严重程度的时空变异性及干旱发生机制方面的国内外研究现状，其次介绍了和干旱指数有关水文要素的变化规律，之后分别基于收集的气象站点和格点数据，估算了不同时间尺度、不同分区、不同站点和格点的多种干旱指数；分析了降水量偏差校正和参考作物腾发量的不同估算方法对干旱评估的影响；采用小波分析、经验模态分解、经验正交函数分解、多重分形等方法对多种干旱指数的时空变化规律进行研究，深入探讨了我国干旱严重程度的变化规律；结合 GEE 和遥感大数据进行干旱监测，探讨了干旱的发生机制；并结合耦合模式比较计划第 5 阶段的多种气候模式预测了未来不同时期和不同气候情景下标准化降水蒸散指数的演变趋势。得出的主要结论有：

（1）在湿润和半湿润地区，年降水量和蒸散发量在数值上存在较大差异。年降水量、土壤储水量和地下水径流量随时间的波动状态有较高的一致性。在不同气候区之间，气象要素的时间变化特征有较大的不同，在干旱半干旱地区，年降水量与蒸散发量十分接近。此外，年降水量、土壤储水量和地下水径流量之间存在一定的滞后关系。在年值的空间分布上，多年平均年降水量、蒸散发、土壤储水量和地下水径流量在空间上均呈现出由西北到东南逐渐递增的特点。气象干旱对农业干旱和水文干旱的影响具有区域性，对我国湿润地区的土壤储水量和地下水径流量有较大的影响。

在土壤各层的水分、温度、地表温度和植被指数的时空变化上，华中和华南地区，各层之间的土壤含水量变化过程明显一致，为先增加再减少的变化样式，并且可以明显看出随着深度的增加，土壤含水量也增加状态。土壤地表温度明显高于其他各个分层，各个气候区各层土壤温度均呈现为峰值曲线样式。另外，各层土壤温度在季节上的差异性表现为在冷季，深层土壤温度高于浅层土壤温度；在暖季，浅层土壤温度高于深层土壤温度。植被指数方面，日序列变化中，在西北和内蒙古地区，NDVI 和 EVI 的变化呈明显的均匀性单峰曲线，且峰值出现在一年中的第 225 天左右，大约在一年中的 7 月中旬。青藏高原和东北地区的变化类型与西北和内蒙古地区相似,但是峰值略微有所提前。月值变化特征表现为在西北、内蒙古和东北地区,NDVI 和 EVI 的时间序列变化有着高度的一致性,且 NDVI 的峰值高于 EVI。

(2) 1961~2013 年我国的大多数站点的 P 呈增加趋势,ET_0 呈下降趋势,干旱普遍缓解。P 和 ET_0 的变化趋势也影响了 Pa、SPI、SPEI 和 EDDI 的时空分布模式。当时间尺度从 24 个月降低到 1 个月时,SPI、SPEI 和 EDDI 的时间波动越来越剧烈。与历史上严重或极端干旱相比,12 个月尺度的 SPI 和 SPEI 表现优于 EDDI,但在旱涝急转时表现都不佳。在不同的气候区,Pa、SPI 和 SPEI 在表示历史严重或极端干旱方面表现良好,但 EDDI 在分区 1、4、5 和 7 中的表现较差。总之,SPI、SPEI 和 EDDI 可以较好地识别干旱胁迫区域,但 Pa 效果较差。SPI、SPEI 和 EDDI 的相关性排序为 SPEI-SPI >EDDI-SPEI >EDDI-SPI。此外,1~12 周尺度的 EDDI 有效揭示了骤旱的发生和结束,具有骤旱预警潜力,这是 SPI 和 SPEI 无法实现的。每个干旱指数都有其优势和局限性,使用时要慎重选择。

SPEI 在不同分区具有不同的波动特征。具体来说,干旱半干旱地区 1990 年以后呈现湿润化状态,而湿润半湿润地区近年来呈干旱化状态。月尺度 SPEI 最小值在空间上的分布较为分散。在整个研究期内,有 227 个站点最严重的干旱期出现在 20 世纪 60 年代。对 12 个月尺度 SPEI 的趋势检验结果表明各分区 SPEI 呈增长趋势的站点数大于呈降低趋势的站点数,这一现象在西北地区、东北地区和华中地区尤为明显。我国的西北、东部及东南地区呈湿润化趋势,而中部地区呈干旱化趋势。

(3) ET_0 的估算方法差异影响了干旱评估结果。响应降水量 P、ET_0 和 $D(P-ET_0)$,基于不同 ET_0 估算方法得到的 SPEI 出现季节性和区域性差异。冬春季节西北和东北地区的 SPEI 呈增加趋势,但华中地区四季 SPEI 都有所降低。季节性和年际 $SPEI_{IRA}$、$SPEI_{PT}$、$SPEI_{MHS}$、$SPEI_{val}$ 和 $SPEI_{PM}$ 监测的干旱频率和周期随着季节性和区域性的变化而变化。在干旱半干旱地区和青藏高原地区(分区 1、2 和 6)发现 $SPEI_{IRA}$、$SPEI_{PT}$、$SPEI_{MHS}$ 和 $SPEI_{val}$ 存在较大偏差,表明利用 SPEI 进行干旱评估时,降水量较少的干旱半干旱地区 SPEI 受 ET_0 估计方法的影响比湿润地区大。然而,对于大多数分区,不同 ET_0 估算方法得到的 SPEI 指示的极端干旱事件(SPEI <−2)差异不明显。小波分析结果表明,尽管西北地区(分区 1)不同 SPEI 的波动和波谱大体相似,但是周期信号不同。

观测的降水量数据经过偏差校正后进行干旱评估,采用标准化干旱指数时,干旱评估结果差异不大。但采用非干旱指数时,评估结果差异较大。1961~2015 年,校正后的降水量 P_c 通常比观测降水量 P_m 大,并且具有依分区 7、6、4、5、3、2 和 1 的顺序逐渐减小的规律。因此,使用 P_c 计算的 I_m 都要大于使用 P_m 计算的 I_m。当使用 I_m(基于 P_m 和 P_c)进行气候类型划分时,不同分区的气候类型保持不变或向湿润气候类型转变。1961～2015 年，降水量观测偏差校正对 SPEI 的影响很小，但在严重或极端干旱的情况下，基于 P_c 的 SPEI 较大，这也意味着气候变得较为湿润。因此，干旱指数 I_m 和 SPEI 均随 P_c 的变化而变化，其中各分区的 I_m 变化明显，SPEI 变化较小。

(4) 在土壤干旱监测指标的适用性研究上，基于不同植被指数(NDVI 和 EVI)所计算的 $TVDI_{NDVI}(TVDI_{EVI})$ 在我国不同气候区的适用性不同，在 0～10 cm 土层土壤含水量监测的适用性方面最好，但是在 0～10cm 土层土壤含水量监测的适用性也不同。全国范围内 0～10 cm 深度土壤含水量与 $TVDI_{NDVI}(TVDI_{EVI})$ 的皮尔逊相关系数大多为负相关，但是各分区之间存在显著差异。在不同深度的土壤含水量监测上，土层越深，相关性越差，监测效果越不好，总之相应土层含水量的监测最好选用相应土层的温度作为 TVDI 计算参数。

在我国，分别基于降水量、土壤储水量和地下水径流量的干旱指数具有很强的空间变异性，且具有明显的时滞。气象干旱主要集中在西南地区，农业和水文干旱主要集中在西北地区。SSI 和 SRI 的主周期大于 SPI，SSI 和 SRI 主周期的空间分布特征相似。不同分区、不同类型干旱的不同主周期意味着政府应针对时间和地点采取措施来预防干旱。我国西北地区 SPI 与 SSI(或 SRI)的相关性较低，表明西北干旱和半干旱地区的短期气象干旱与农业干旱、水文干旱之间的相关性较低。此外，西北地区的 SSI 和 SRI 之间的滞后时间比华南地区长，这表明干旱和半干旱地区的气象干旱和水文干旱传递缓慢。华南地区气象干旱的快速蔓延，意味着干旱防治不仅要重视气象干旱，更要重视农业干旱和水文干旱。

(5) 随着时间尺度的增加，SPI、SSI 和 SRI 的干旱频率和持续时间明显增加。然而，随着时间尺度的增加，SPI、SSI 和 SRI 的平均干旱程度逐渐减小，说明在发生干旱时，长期干旱虽然持续时间长、频率高，但其干旱等级也会相应减弱。在干旱变量的累积频率分析上，任何分区任何时间尺度下，相同干旱持续时间 SPI 所具有的累积频率最高。对于 SSI 和 SRI 的干旱持续时间之间的累积频率对比关系，在西北地区、内蒙古地区、东北地区及青藏高原地区，1 个月、3 个月和 6 个月时间尺度下，SSI 的干旱持续时间的累积频率基本小于 SRI，而在 12 个月和 24 个月时间尺度下，SSI 的干旱持续时间的累积频率介于 SPI 和 SRI 之间。在华北、华中和华南地区，不同时间尺度下 SSI 和 SRI 在干旱持续时间上有着相似的累积频率，且大多低于 SPI 在干旱持续时间上累积频率。在 12 个月尺度下，各个气候区各类型干旱的干旱等级与干旱持续时间存在较好的相关性($R^2 \geqslant 0.75$)。

(6) 由 EEMD 分解月尺度 SPEI 得出的前 4 个 IMF 结果表明我国各分区的平均干旱周期小于 1.2 年。各站点的干旱平均周期在 0.22～2.95 年，只有一小部分位于西北地区的站点周期会大于 2.95 年。我国西北地区的干旱周期长于其他地区,全国干旱周期整体由西北向东南逐级递减。另外,EOF 对 763 个站点 1961~2016 年的月尺度 SPEI 进行分解,由前 4 个 EOF 序列确定了 4 个干旱空间模态。我国华北地区和东北地区是两个干旱敏感区。研究结果从全国范围内、分区甚至是具体站点上清晰地展现了我国的干旱时空特征,更好地为决策者制定新的干旱应对策略提供理论支撑。

4 个分区的 SPEI 波动较 7 个分区更明显。1 区与 2 区的 SPEI 转折点都是 1996 年。4 区的干旱状况最接近全国平均状况。1 区的干旱敏感期是 1988 年之前和 2006 年之后两个时期,2 区和 4 区的干旱敏感期分别对应 2001~2010 年和 1961~1974 年。1 区与 3 区的干旱状况转折点对应 1988 年和 1979 年。2 区与 4 区在整个研究期内呈干旱化趋势。对降水量、ET_0 和 SPEI 影响最大的遥相关指数分别为 Niño 3.4、Niño 3.4 和 AO。其中,Niño 3.4 对降水量和 ET_0 的影响在每个分区内都是相反的,导致 Niño 3.4 对各分区 SPEI 的影响效果被抵消。1 区和 2 区的干旱受 SST 影响最大,3 区和 4 区的 SPEI 受 AO 影响最大,AO 和 PDO 对我国东南沿海地区的 SPEI 影响最大,并且二者对 SPEI 的影响是反向的。我国干旱半干旱地区(1 区和 2 区)干旱时空变化的主要驱动因子是 SST 和 ENSO;我国北部地区、华北地区、青藏高原地区的干旱时空变化主要驱动因子是 PDO;中西部地区的干旱时空变化主要驱动因子是 AO。

(7) 研究了五个时间尺度的 SPEI 在我国各分区以及各站点的多重分形性,不同分区不同站点的 SPEI 均具有多重分形性,但其强弱不尽相同。随着 q 的增大,双对数曲线的线性拟合效果更好,SPEI 序列在规定的尺度内多重分形性显著。随着时间尺度的增加,SPEI 的多重分形性更加明显。内蒙古地区、青藏高原与华北地区的 SPEI 多重分形性较其他分区更加明显,即这三个分区 SPEI 的波动变异性更强。各分区广义分形维的变化范围从大到小依次为华北地区、青藏高原、华南地区、内蒙古地区、华中地区、东北地区、西北地区,表明华北地区干旱变异性最强,内部结构最复杂,西北地区最弱。所有站点 SPEI 的多重分形谱呈现右偏现象,说明 SPEI 的时间变异中周期较小的波动占主导地位。其中,6 个月时间尺度 SPEI 呈右偏现象的站点数最多。通过揭示我国各地区干旱的多重分形性可以为学者们提供参考,进一步研究干旱的潜在影响机制。

(8) 基于 CMIP5 对 28 种 GCM 结合统计降尺度预测的未来干旱变量,干旱站点百分比、干旱频率、干旱事件发生次数、干旱历时、干旱严重程度和干旱峰值的时空变化结果表明我国未来将发生更加严重、更加频繁的干旱,尤其是西北地区,干旱峰值更大。未来我国东南部、东北部、中部和东部遭受的干旱程度较轻。尽管未来我国大部分地区的年降水量将增加,但并不能抵消最低和最高气温升高对干旱的加剧,特别是在我国西北地区。21 世纪末,我国西北地区的干旱预防工作仍将严峻。GCM 对干旱预测的不确定性贡献大于站点和 RCP，方差百分比大于 40%。在未来干旱评估中，SPEI 的表现优于其他仅考虑单个变量影响的干旱指数(如 SPI 和 EDDI)。作物产量与干旱指数之间的关系及相关性最高的月份随作物、干旱指数和时间尺度的不同而变化。在使用不同干旱指数评估干旱对玉米和棉花产量的影响时，发现存在很大的差异。

7.2　建　　议

干旱的发生是一系列水文要素的极端反映，从气象干旱到农业干旱，再到水文干旱，这是一个内在相关的过程。通过不同地区、不同干旱类型下的相关关系研究结果，可以因地制宜研究一些干旱预防措施。例如，在我国南部地区气象干旱和农业干旱的关系较强，可以认为气象干旱对农业干旱的影响比较大，因此，应在气象干旱发生后较短的时间内及时进行灌溉，以避免和预防气象干旱带来的农业损失。

根据对 SPI、SSI 和 SRI 的 MMK 趋势检验结果，这三种类型干旱指数在我国西部大多数地区呈增加趋势。因此，可以给干旱防治和研究者提供一些建议，建议对西部地区的干旱状况进行未来预测，同时倡导大家在西北地区开展植树造林活动，改善西部地区气候环境，节约和保护水资源，预防干旱灾害。

我国冬小麦种植区域边界北移(西北地区)，而该区域属于干旱半干旱地区，受到干旱的影响也很严重。此外，近年来骤发性干旱频发，对农业生产造成了严重影响。尽管本书做了全国不同区域的干旱评价研究，但是干旱本身比较复杂，很难准确地监测。虽然已经针对干旱时空变异性及发生机制做了一些工作，但研究成果仍有较大局限，还需要对以下内容进行进一步研究：

(1) 使用不同的干旱指数评估干旱对玉米和棉花产量的影响时，存在很大的差异。因此，需要深入研究干旱发生的机制，将干旱变化与农业生产相结合，综合评价干旱的影响，揭示分析不同作物对干旱的响应机制。

(2) 持续性干旱的研究较多，但是骤发性干旱的研究较少，有必要分析骤发性干旱对作物的影响，同时揭示骤发性干旱发生的机制。

(3) 单一指标监测干旱存在不足，后续研究应该考虑多手段干旱监测。例如，将基于气象数据计算的干旱指数和遥感反演所得的数据进行集成分析，采用综合干旱指数，建立干旱预警系统。

(4) 由于 GLDAS 数据是来自 NASA 结合遥感、站场、水文模型等方法所提供的模拟数据，与实测数据相比有一定不确定性，在未来实测数据可充分获取的情况下可进一步验证。

　　(5) 不同干旱类型间的关系是复杂的，受多种因素影响，尤其是下垫面条件的影响，建议研究者在以后的研究中可以充分对干旱关系的影响因子进行分析，构建更为合理的干旱关系模型。

参 考 文 献

陈端生, 龚绍先, 1990. 农业气象灾害[M]. 北京: 北京农业大学出版社.

陈学凯, 2016. 贵州省多时间尺度气象干旱时空变化特征研究[D]. 郑州: 华北水利水电大学.

丁一汇, 2008. 中国气象灾害大典·综合卷[M]. 北京: 气象出版社.

傅抱璞, 1996. 山地蒸发的计算[J]. 气象科学, 16(4): 328-335.

高力浩, 付遵涛, 2012. 中国地区相对湿度与温度多分形特征对比分析[J]. 北京大学学报(自然科学版), 48(3): 399-404.

高婷婷, 2010. 基于 IEM 的裸露随机地表土壤水分反演研究[D]. 乌鲁木齐: 新疆大学.

龚宇, 邢开成, 王璞, 2008. 沧州地区近 40 年来气温和降水量的变化趋势分析[J]. 中国农业气象, 9(2): 143-145.

管晓丹, 马洁茹, 黄建平, 等, 2019. 海洋对干旱半干旱区气候变化的影响[J]. 中国科学: 地球科学, 49(6): 895-912.

郭丽俊, 李毅, 李敏, 等, 2011. 垆土土壤水力特性空间变异的多重分形分析[J]. 农业机械学报, 42(9): 50-58.

侯威, 张存杰, 高歌, 2012. 基于气候系统内在层次性的气象干旱指数研究[J]. 气象, 38(6): 701-711.

胡胜, 杨冬冬, 吴江, 等, 2017. 基于数字滤波法和 SWAT 模型的灞河流域基流时空变化特征研究[J]. 地理科学, 37(3): 455-463.

蒋忆文, 张喜风, 杨礼箫, 等, 2014. 黑河上游气象与水文干旱指数时空变化特征对比分析[J]. 资源科学, 36(9): 1842-1851.

鞠笑生, 邹旭恺, 张强, 1998. 气候旱涝指标方法及其分析[J]. 自然灾害学报, 7(3): 51-57.

李海霞, 杨井, 陈亚宁, 等, 2017. 基于 MODIS 数据的新疆地区土壤湿度反演[J]. 草业学报, 26(6): 16-27.

李洁, 宁大同, 程红光, 等, 2005. 基于 3S 技术的干旱灾害评估研究进展[J]. 中国农业气象, 26(1): 49-52.

李敏敏, 延军平, 2013. 全球变化下秦岭南北旱涝时空变化格局[J]. 资源科学, 35(3): 638-645.

李娜, 李毅, 张文萍, 2017. 湖南省降水量观测误差分析及其校正[J]. 水电能源科学, 35(2): 21-23.

李伟光, 易雪, 侯美亭, 等, 2012. 基于标准化降水蒸散指数的中国干旱趋势研究[J]. 中国生态农业学报, 20(5): 643-649.

李运刚, 何娇楠, 李雪, 2016. 基于 SPEI 和 SDI 指数的云南红河流域气象水文干旱演变分析[J]. 地理科学进展, 35(6): 758-767.

凌霄霞, 2007. 基于修正 Palmer 旱度模式的湖北农业干旱研究[D]. 武汉: 华中农业大学.

刘珂, 姜大膀, 2015. RCP4.5 情景下中国未来干湿变化预估[J]. 大气科学, 39(3): 489-502.

刘立文, 张吴平, 段永红, 等, 2014. TVDI 模型的农业旱情时空变化遥感应用[J]. 生态学报, 34(13): 3704-3711.

刘任莉, 佘敦先, 李敏, 等, 2019. 利用卫星观测数据评估 GLDAS 与 WGHM 水文模型的适用性[J]. 武汉大学学报(信息科学版), 44(11): 1596-1604.

刘远, 周买春, 2017. 空间插值气象数据在 Shuttleworth-Wallace 潜在蒸散模型中的应用[J]. 水利水电科技进展, 37(1): 8-16.

马岚, 2019. 气象干旱向水文干旱传播的动态变化及其驱动力研究[D]. 西安: 西安理工大学.

马尚谦, 张勃, 杨梅, 等, 2019. 基于 EEMD 的华北平原 1901—2015 年旱涝灾害分析[J]. 干旱区资源与环境, 33(3): 62-68.

莫兴国, 胡实, 卢洪健, 等, 2018. GCM 预测情景下中国 21 世纪干旱演变趋势分析[J]. 自然资源学报, 33(7): 144-156.

彭灵灵, 2017. 不同方法估算参考作物腾发量对干旱指标 SPEI 的影响[D]. 杨凌: 西北农林科技大学.

《气候变化国家评估报告》编写委员会, 2007. 气候变化国家评估报告[M]. 北京: 科学出版社.

热伊莱·卡得尔, 玉苏甫·买买提, 玉素甫江·如素力, 等, 2018. 伊犁河谷 2001—2014 年地表温度时空分异特征[J]. 中国沙漠, 38(3): 637-644.

孙鹏, 孙玉燕, 张强, 等, 2018. 淮河流域径流过程变化时空特征及成因[J]. 湖泊科学, 30(2): 497-508.

孙艺杰, 刘宪锋, 任志远, 等, 2019. 1960—2016 年黄土高原多尺度干旱特征及影响因素[J]. 地理研究, 38(7): 1820-1832.

王慧敏, 郝祥云, 朱仲元, 2019. 基于干旱指数与主成分分析的干旱评价——以锡林河流域为例[J]. 干旱区研究, 36(1): 98-106.

王劲松, 李耀辉, 王润元, 等, 2012. 我国气象干旱研究进展评述[J]. 干旱气象, 30(4): 497-508.

王涛, 杨梅焕, 2017. 榆林地区植被指数动态变化及其对气候和人类活动的响应[J]. 干旱区研究, 34(5): 1133-1140.

文仕豪, 2016. AO、MJO 与中国中西部降水之间的关系[D]. 成都: 成都信息工程大学.

吴梦杰, 2020. 基于 SPEI 的干旱时空演变规律及驱动机制[D]. 杨凌: 西北农林科技大学.

徐向阳, 2006. 水灾害[M]. 北京: 中国水利水电出版社.

轩俊伟, 郑江华, 刘志辉, 2016. 基于 SPEI 的新疆干旱时空变化特征[J]. 干旱区研究, 33(2): 338-344.

严绍瑾, 彭永清, 张运刚, 1996. 一维气温时间序列的多重分形研究[J]. 热带气象学报, 12(3): 207-211.

杨大庆, 1989. 国外降水观测误差分析及改正方法研究概况[J]. 冰川冻土, 11(2): 177-183.

杨金虎, 江志红, 白虎志, 2008. 西北区东部夏季极端降水事件同太平洋 SSTA 的遥相关[J]. 高原气象, 27(2): 331-338.

杨曦, 武建军, 闫峰, 等, 2009. 基于地表温度–植被指数特征空间的区域土壤干湿状况[J]. 生态学报, 29(3): 1205-1216.

姚宁, 2020. 气候变化背景下干旱时空演变规律及其预测[D]. 杨凌: 西北农林科技大学.

姚镇海, 邱新法, 施国萍, 等, 2017. 我国近 10 年月平均 NDVI 空间分布特征分析[J]. 国土资源遥感, 29(2): 181-186.

叶柏生, 成鹏, 杨大庆, 等, 2008. 降水观测误差修正对降水变化趋势的影响[J]. 冰川冻土, 30(5): 717-725.

叶柏生, 杨大庆, 丁永建, 等, 2007. 中国降水观测误差分析及其修正[J]. 地理学报, 62(1): 3-13.

张宝庆, 2014. 黄土高原干旱时空变异及雨水资源化潜力研究[D]. 杨凌: 西北农林科技大学.

张国宏, 王晓丽, 郭慕萍, 等, 2013. 近 60a 黄河流域地表径流变化特征及其与气候变化的关系[J]. 干旱区资源与环境, 27(7): 91-95.

张乐乐, 高黎明, 赵林, 等, 2017. 降水观测误差修正研究进展[J]. 地球科学进展, 32(7): 723-730.

张强, 邹旭恺, 肖风劲, 等, 2006. 气象干旱等级 GB/T 20481—2006[S]. 北京: 中国标准出版社.

张淑兰, 王彦辉, 于澎涛, 等, 2011. 人类活动对泾河流域径流时空变化的影响[J]. 干旱区资源与环境, 25(6): 66-72.

张喆, 丁建丽, 李鑫, 等, 2015. TVDI 用于干旱区农业旱情监测的适宜性[J]. 中国沙漠, 35(1): 220-227.

赵会超, 2020. 不同类型干旱的时空变化规律及其关系研究[D]. 杨凌: 西北农林科技大学.

赵静, 严登华, 杨志勇, 等, 2015. 标准化降水蒸发指数的改进与适用性评价[J]. 物理学报, 64(4): 378-386.

赵聚宝, 李克煌, 1995. 干旱与农业[M]. 北京: 中国农业出版社.

赵林, 武建军, 吕爱锋, 等, 2011. 黄淮海平原及其附近地区干旱时空动态格局分析——基于标准化降雨指数[J].

资源科学, 33(3): 468-476.

赵松乔, 1983. 中国综合自然地理区划的一个新方案[J]. 地理学报, 50(1): 1-10.

赵宗慈, 罗勇, 黄建斌, 2020. 全球变暖与气候突变[J]. 气候变化研究进展, 1: 1-10.

周连童, 黄荣辉, 2006. 华北地区降水、蒸发和降水蒸发差的时空变化特征[J]. 气候与环境研究, 11(3): 280-295.

周牡丹, 2014. 气候变化情景下新疆地区干旱指数及作物需水量预测[D]. 杨凌: 西北农林科技大学.

朱良燕, 毛军军, 苗强, 等, 2009. 合肥市降水变化趋势分形特征分析与预测[J]. 计算机技术与发展, 19(9): 17-20.

庄少伟, 左洪超, 任鹏程, 等, 2013. 标准化降水蒸发指数在中国区域的应用[J]. 气候与环境研究, 18(5): 617-625.

ADAM J C, LETTENMAIER D P, 2003. Adjustment of global gridded precipitation for systematic bias[J]. Journal of Geophysical Research: Atmospheres, 108(D9): 4257.

ALLEN R G, PEREIRA L S, RAES D, et al., 1998. Crop Evapotranspiration: Guidelines for Computing Crop Water Requirements[R]. Roma: Food and Agriculture Origination.

ALLEN R G, TASUMI M, TREZZA R, 2007. Satellite-based energy balance for mapping evapotranspiration with internalized calibration (METRIC)—Model[J]. Journal of Irrigation and Drainage Engineering, 133(4): 380-394.

ALMAZROUI M, SAEED F, ISLAM M N, et al., 2016. Assessing the robustness and uncertainties of projected changes in temperature and precipitation in AR4 Global Climate Models over the Arabian Peninsula[J]. Atmospheric Research, 182: 163-175.

ANDERSON M C, HAIN C, OTKIN J,et al., 2013. An intercomparison of drought indicators based on thermal remote sensing and NLDAS-2 simulations with U.S. Drought Monitor classifications[J]. Journal of Hydrometeorology, 14(4): 1035-1056.

ANDERSON M C, HAIN C, WARDLOW B, et al., 2011. Evaluation of drought indices based on thermal remote sensing of evapotranspiration over the continental United States[J]. Journal of Climate, 24(8): 2025-2044.

ANDERSON M C, NORMAN J M, MECIKALSKI J R, et al., 2007. A climatological study of evapotranspiration and moisture stress across the continental United States based on thermal remote sensing: 1. Model formulation[J]. Journal of Geophysical Research: Atmospheres, 112: D10117.

ANDREADIS K M, CLARK E A, WOOD A W, et al., 2005. Twentieth-century drought in the conterminous United States[J]. Journal of Hydrometeorology, 6(6): 985-1001.

ANDRESEN L, BODE S, TIETEMA A, et al., 2015. Amino acid and N mineralization dynamics in heathland soil after long-term warming and repetitive drought[J]. Soil, 1(1): 341-349.

ANWAR M R, LIU D L, FARQUHARSON R, et al., 2015. Climate change impacts on phenology and yields of five broadacre crops at four climatologically distinct locations in Australia[J]. Agricultural Systems, 132: 133-144.

ARORA V K, 2002. The use of the aridity index to assess climate change effect on annual runoff[J]. Journal of Hydrology, 265: 164-177.

ARYAL A, SHRESTHA S, BABEL M S, 2019. Quantifying the sources of uncertainty in an ensemble of hydrological climate-impact projections[J]. Theoretical and Applied Climatology, 135(1): 193-209.

ASOKA A, MISHRA V, 2014. Spatiotemporal variability of NDVI over Indian region and its relationship with rainfall, temperature, soil moisture, and SST[C]. San Francisco:AGU Fall Meeting.

ASONG Z E, WHEATER H S, BONSAL B, et al., 2018. Historical drought patterns over Canada and their teleconnections with large-scale climate signals[J]. Hydrology and Earth System Sciences, 22(6): 3105-3124.

AYANTOBO O O, LI Y, SONG S, 2019. Copula-based trivariate drought frequency analysis approach in seven climatic sub-regions of mainland China over 1961—2013[J]. Theoretical and Applied Climatology, 137(3-4): 2217-2237.

AYANTOBO O O, LI Y, SONG S, et al., 2018. Probabilistic modelling of drought events in China via 2-dimensional joint copula[J]. Journal of Hydrology, 559: 373-391.

AYANTOBO O O, LI Y, SONG S, et al., 2017. Spatial comparability of drought characteristics and related return periods in mainland China over 1961—2013[J]. Journal of Hydrology, 550: 549-567.

BADRIPOUR H, 2007. Role of drought monitoring and management in NAP implementation[M]. Berlin: Springer Berlin Heidelberg.

BARRIOPEDRO D, GOUVEIA C M, TRIGO R M, et al., 2012. The 2009/10 drought in China: Possible causes and impacts on vegetation[J]. Journal of Hydrometeorology, 13(4): 1251-1267.

BASTIAANSSEN W G, MENENTI M, FEDDES R, et al., 1998. A remote sensing surface energy balance algorithm for land (SEBAL). 1. Formulation[J]. Journal of Hydrology, 212: 198-212.

BATHIANY S, DAKOS V, SCHEFFER M, et al., 2018. Climate models predict increasing temperature variability in poor countries[J]. Science Advance, 4(5): eaar5809.

BAYEN P, SOP T, LYKKE A M, et al., 2015. Does Jatropha curcas L. show resistance to drought in the Sahelian zone of West Africa? A case study from Burkina Faso[J]. Solid Earth, 6(2): 525-531.

BEGUERÍA S, VICENTE-SERRANO S M, REIG F, et al., 2014. Standardized precipitation evapotranspiration index (SPEI) revisited: Parameter fitting, evapotranspiration models, tools, datasets and drought monitoring[J]. International Journal of Climatology, 34(10): 3001-3023.

BERTI A, TARDIVO G, CHIAUDANI A, et al., 2014. Assessing reference evapotranspiration by the Hargreaves method in North-eastern Italy[J]. Agricultural Water Management, 140(3): 20-25.

BHATTACHARYA T, CHIANG J C, 2014. Spatial variability and mechanisms underlying El Niño-induced droughts in Mexico[J]. Climate Dynamics, 43(12): 3309-3326.

BHATTARAI N, QUACKENBUSH L J, IM J, et al., 2017. A new optimized algorithm for automating endmember pixel selection in the SEBAL and METRIC models[J]. Remote Sensing of Environment, 196: 178-192.

BHUYAN H, SCHEUERMANN A, BODIN D, et al., 2018. Soil moisture and density monitoring methodology using TDR measurements[J]. International Journal of Pavement Engineering, Z1(10): 1-12.

BISWAS A, 2018. Scale—location specific soil spatial variability: A comparison of continuous wavelet transform and Hilbert—Huang transform[J]. Catena, 160: 24-31.

BISWAS A, SI B C, 2011. Application of continuous wavelet transform in examining soil spatial variation: A review[J]. Mathematical Geosciences, 43(3): 379-396.

BLANEY H F, CRIDDLE W D, 1950. Determining Water Requirements in Irrigated Areas from Climatological and Irrigation Data[R]. Washington D C: US Department of Agriculture, Soil Conservation Service.

BROCCA L, MELONE F, MORAMARCO T, et al., 2010. Spatial-temporal variability of soil moisture and its estimation across scales[J]. Water Resources Research, 46(2): W02516.

BROCCA L, TULLO T, MELONE F, et al., 2012. Catchment scale soil moisture spatial-temporal variability[J]. Journal of Hydrology, 422-423: 63-75.

BUDYKO M I, 1974. Climate and Life[M]. Orlando: Academic Press.

BYUN H R, WILHITE D A, 1996. Daily quantification of drought severity and duration[J]. Journal of Climate, 5:1181-1201.

CAI J, LIU Y, LEI T, et al., 2007. Estimating reference evapotranspiration with the FAO Penman-Monteith equation using daily weather forecast messages[J]. Agricultural and Forest Meteorology, 145(1): 22-35.

CAI Q F, LIU Y, LIU H, et al., 2015. Reconstruction of drought variability in North China and its association with sea surface temperature in the joining area of Asia and Indian—Pacific Ocean[J]. Palaeogeography-Palaeoclimatology-Palaeoecology, 417: 554-560.

CARLSON T N, GILLIES R R, PERRY E M, 1994. A method to make use of thermal infrared temperature and NDVI measurements to infer surface soil water content and fractional vegetation cover[J]. Remote Sensing Reviews, 9: 161-173.

CHANG J, LI Y, WANG Y, et al., 2016. Copula-based drought risk assessment combined with an integrated index in the Wei River basin, China[J]. Journal of Hydrology, 540: 824-834.

CHEN H, SUN J, 2015. Changes in drought characteristics over China using the standardized precipitation evapotranspiration index[J]. Journal of Climate, 28(13): 5430-5447.

CHEN J, WANG C, JIANG H, et al., 2011. Estimating soil moisture using Temperature-Vegetation Dryness Index (TVDI) in the Huang-Huai-Hai (HHH) plain[J]. International Journal of Remote Sensing, 32(4): 1165-1177.

CHEN R, ERSI K, YANG J, et al., 2004. Validation of five global radiation models with measured daily data in China[J]. Energy Conversion and Management, 45(11): 1759-1769.

CHEN X, LI Y, CHAU H W,et al., 2020. The spatiotemporal variations of soil water content and soil temperature and the influences of precipitation and air temperature at the daily, monthly, and annual timescales in China[J]. Theoretical and Applied Climatology, 140(1): 429-451.

CHIN W W, MARCOLIN B L, NEWSTED P R, 2003. A partial least squares latent variable modeling approach for measuring interaction effects: Results from a Monte Carlo simulation study and an electronic-mail emotion/adoption study[J]. Information Systems Research, 14(2): 189-217.

CHO E, CHOI M, 2014. Regional scale spatio-temporal variability of soil moisture and its relationship with meteorological factors over the Korean peninsula[J]. Journal of Hydrology, 516: 317-329.

COBANER M, 2013. Reference evapotranspiration based on Class A pan evaporation via wavelet regression technique[J]. Irrigation Science, 31(2): 119-134.

COOK B I, ANCHUKAITIS K J, TOUCHAN R, et al., 2016. Spatiotemporal drought variability in the Mediterranean over the last 900 years[J]. Journal of Geophysical Research: Atmospheres, 121(5): 2060-2074.

COOK B I, SMERDON J E, SEAGER R, et al., 2014. Global warming and 21st century drying[J]. Climate Dynamics, 43(9): 2607-2627.

COOK E R, MEKO D M, STAHLE D W, et al., 1999. Drought reconstructions for the continental United States[J]. Journal of Climate, 12(4): 1145-1162.

DABANLI I, MISHRA A K, SEN Z, 2017. Long-term spatio-temporal drought variability in Turkey[J]. Journal of Hydrology, 552: 779-792.

DAI A, 2011a. Characteristics and trends in various forms of the Palmer Drought Severity Index during 1900—2008[J]. Journal of Geophysical Research: Atmospheres, 116: D12115.

DAI A, 2011b. Drought under global warming: A review[J]. Wiley Interdisciplinary Reviews: Climate Change, 2(1): 45-65.

DAI A, 2013. Increasing drought under global warming in observations and models[J]. Nature Climate Change, 3(1): 52-58.

DAI S, ZHANG B, WANG H, et al., 2010. Analysis on the spatio-temporal variation of grassland cover using SPOT NDVI in Qilian Mountains[J]. Progress in Geography, 29(9): 1075-1080.

DAVEY M K, BROOKSHAW A, INESON S, 2014. The probability of the impact of ENSO on precipitation and near-surface temperature[J]. Climate Risk Management, 1: 5-24.

DENG S, CHEN T, YANG N, et al., 2018. Spatial and temporal distribution of rainfall and drought characteristics across the Pearl River basin[J]. Science of the Total Environment, 619-620: 28-41.

DING Y, YANG D, YE B, et al., 2007. Effects of bias correction on precipitation trend over China[J]. Journal of Geophysical Research: Atmospheres, 112: D13116.

DORIGO W, DE J R, 2016. Satellite soil moisture for advancing our understanding of earth system processes and climate change[J]. International Journal Applied Earth Observation Geoinformation, 48: 1-4.

DRACUP J A, LEE K S, PAULSON JR E G, 1980. On the definition of droughts[J]. Water Resources Research, 16(2): 297-302.

DU L, SONG N, LIU K, et al., 2017. Comparison of two simulation methods of the temperature vegetation dryness index (TVDI) for drought monitoring in semi-arid regions of China[J]. Remote Sensing, 9(2): 177-196.

DUAN K, MEI Y, 2014. Comparison of meteorological, hydrological and agricultural drought responses to climate change and uncertainty assessment[J]. Water Resources Management, 28(14): 5039-5054.

DUAN Y W, MA Z G, YANG Q, 2017. Characteristics of consecutive dry days variations in China[J]. Theoretical and Applied Climatology, 130: 701-709.

DUTRA E, MAGNUSSON L, WETTERHALL F, et al., 2013. The 2010–2011 drought in the Horn of Africa in ECMWF reanalysis and seasonal forecast products[J]. International Journal of Climatology, 33(7): 1720-1729.

DUTTA D, KUNDU A, PATEL N R, et al., 2015. Assessment of agricultural drought in Rajasthan (India) using remote sensing derived Vegetation Condition Index (VCI) and Standardized Precipitation Index (SPI)[J]. The Egyptian Journal of Remote Sensing and Space Science, 18(1): 53-63.

EKLUNDH L, 1995. Noise estimation in NOAA AVHRR maximum-value composite NDVI images[J]. International journal of remote sensing, 16(15): 2955-2962.

ERICA G, ANDREW H, RICK L, 2016. Using NDVI and EVI to map spatiotemporal variation in the biomass and quality of forage for migratory elk in the greater Yellowstone ecosystem[J]. Remote Sensing, 8(5): 404.

ERINÇ S, 1965. An attempt on precipitation efficiency and a new index[D]. Istanbul: Istanbul University Institute.

ESPADAFOR M, LORITE I J, GAVILÁN P, et al., 2011. An analysis of the tendency of reference evapotranspiration estimates and other climate variables during the last 45 years in Southern Spain[J]. Agricultural Water Management, 98(6): 1045-1061.

EZZINE H, BOUZIANE A, OUAZAR D, 2014. Seasonal comparisons of meteorological and agricultural drought indices in Morocco using open short time-series data[J]. International Journal of Applied Earth Observation and Geoinformation, 26: 36-48.

FAN A W, LIU W, 2003. Simulation of the daily change of soil temperature under different conditions[J]. Heat Transfer-Asian Research, 32(6): 533-544.

FAN J, WU L, ZHANG F, et al., 2016. Climate change effects on reference crop evapotranspiration across different climatic zones of China during 1956—2015[J]. Journal of Hydrology, 542: 923-937.

FANG Y, QIAN H, CHEN J, et al., 2018. Characteristics of spatial-temporal evolution of meteorological drought in the Ningxia Hui autonomous region of Northwest China[J]. Water, 10: 992.

FATHIZAD H, TAZEH M, KALANTARI S, et al., 2017. The investigation of spatiotemporal variations of land surface temperature based, on land use changes using NDVI in southwest of Iran[J]. Journal of African Earth Sciences, 134:

249-256.

FATTAHI E, HABIBI M, KOUHI M, 2015. Climate change impact on drought intensity and duration in west of Iran[J]. Journal of Earth Science and Climatic Change, 6(10): 319-320.

FENG P, LIU D L, WANG B, et al., 2019. Projected changes in drought across the wheat belt of southeastern Australia using a downscaled climate ensemble[J]. International Journal of Climatology, 39(2): 1041-1053.

FENG S, TRNKA M, HAYES M, et al., 2017. Why do different drought indices show distinct future drought risk outcomes in the US Great Plains? [J]. Journal of Climate, 30(1): 265-278.

FORD T W, MCROBERTS D B, QUIRING S M, et al., 2015. On the utility of in situ soil moisture observations for flash drought early warning in Oklahoma, USA[J]. Geophysical Research Letters, 42(22): 9790-9798.

FRANK J MASSEY J, 1951. The kolmogorov-smirnov test for goodness of fit[J]. Journal of the American Statistical Association, 46(253): 68-78.

FU G, CHARLES S P, CHIEW F H S, et al., 2018. Uncertainties of statistical downscaling from predictor selection: Equifinality and transferability[J]. Atmospheric Research, 203: 130-140.

GAO X, ZHAO Q, ZHAO X, et al., 2017. Temporal and spatial evolution of the standardized precipitation evapotranspiration index (SPEI) in the Loess Plateau under climate change from 2001 to 2050[J]. Science of the Total Environment, 595: 191-200.

GARCIA M, RAES D, ALLEN R, et al., 2004. Dynamics of reference evapotranspiration in the Bolivian highlands (Altiplano)[J]. Agricultural and Forest Meteorology, 125(1): 67-82.

GIBBS W J, 1967. Rainfall Deciles as Drought Indicators[R]. Melbourne: Australian Bureau of Meteorology.

GIDEY E, DIKINYA O, SEBEGO R, et al., 2018. Using drought indices to model the statistical relationships between meteorological and agricultural drought in raya and its environs, Northern Ethiopia[J]. Earth Systems and Environment, 2: 265-279.

GODFRAY H C J, BEDDINGTON J R, CRUTE I R, et al., 2010. Food security: The challenge of feeding 9 billion people[J]. Science, 327: 812-818.

GONG D Y, WANG, S W, 2003. Influence of Arctic Oscillation on winter climate over China[J]. Journal of Geographical Sciences, 13(2): 208-216.

GOODISON B E, LOUIE P,YANG D, 1998. WMO Solid Precipitation Measurement Intercomparison[R]. Geneva: World Meteorological Organization.

GROISMAN P Y, KOKNAEVA V V, BELOKRYLOVA T A,et al., 1991. Overcoming biases of precipitation measurement: A history of the USSR experience[J]. Bulletin of the American Meteorological Society, 72(11): 1725-1733.

GROISMAN P Y, LEGATES D R, 1994. The accuracy of United States precipitation data[J]. Bulletin of the American Meteorological Society, 75(2): 215-227.

GU L, CHEN J, XU C Y, et al., 2019. The contribution of internal climate variability to climate change impacts on droughts[J]. Science of the Total Environment, 684: 229-246.

GUNDEKAR H, KHODKE U, SARKAR S, et al., 2008. Evaluation of pan coefficient for reference crop evapotranspiration for semi-arid region[J]. Irrigation Science, 26(2): 169-175.

GUO E L, ZHANG J Q, SI H, et al., 2017. Temporal and spatial characteristics of extreme precipitation events in the Midwest of Jilin Province based on multifractal detrended fluctuation analysis method and copula functions[J]. Theoretical and Applied Climatology, 130 (1-2): 597-607.

GUO H, BAO A, LIU T, et al., 2018. Spatial and temporal characteristics of droughts in Central Asia during 1966—2015[J]. Science of the Total Environment, 624: 1523-1538.

GYAMFI C, AMANING-ADJEI K, ANORNU G K, et al., 2019. Evolutional characteristics of hydro-meteorological drought studied using standardized indices and wavelet analysis[J]. Modeling Earth Systems and Environment, 5(2): 455-469.

HAMED K H, RAO A R, 1998. A modified Mann-Kendall trend test for autocorrelated data[J]. Journal of Hydrology, 204(1-4): 182-196.

HAN S, XU D, WANG S, 2012. Decreasing potential evaporation trends in China from 1956 to 2005: Accelerated in regions with significant agricultural influence? [J] Agricultural and Forest Meteorology, 154: 44-56.

HANG Y, LONG W, RUI Y, et al., 2018. Temporal and spatial variation of precipitation in the Hengduan Mountains region in China and its relationship with elevation and latitude[J]. Atmospheric Research, 213: 1-16.

HAO Z, AGHAKOUCHAK A, NAKHJIRI N, et al., 2014. Global integrated drought monitoring and prediction system[J]. Scientific Data, 1: 140001.

HARGREAVES G H, SAMANI Z A, 1985. Reference crop evapotranspiration from temperature[J]. Applied Engineering in Agriculture, 1(2): 96-99.

HATZIANASTASSIOU N, KATSOULIS B, PNEVMATIKOS J, et al., 2008. Spatial and temporal variation of precipitation in Greece and surrounding regions based on global precipitation climatology project data[J]. Journal of Climate, 21(6): 1349-1370.

HE L, CLEVERLY J, WANG B, et al., 2018. Multi-model ensemble projections of future extreme heat stress on rice across Southern China[J]. Theoretical and Applied Climatology, 133(3): 1107-1118.

HEDO DE SANTIAGO J, LUCAS-BORJA M E, WIC-BAENA C, et al., 2016. Effects of thinning and induced drought on microbiological soil properties and plant species diversity at dry and semiarid locations[J]. Land Degradation & Development, 27(4): 1151-1162.

HEIM J R R, 2002. A review of twentieth-century drought indices used in the United States[J]. Bulletin of the American Meteorological Society, 83(8): 1149-1165.

HELSEL D R, HIRSCH R M, 1992. Statistical Methods in Water Resources[M]. Amsterdam: Elsevier Publishers.

HISDAL H, TALLAKSEN L M, 2003. Estimation of regional meteorological and hydrological drought characteristics: A case study for Denmark[J]. Journal of Hydrology, 281(3): 230-247.

HOBBINS M, WOOD A, MCEVOY D, et al., 2016. The evaporative demand drought index: Part I-linking drought evolution to variations in evaporative demand[J]. Journal of Hydrometeorology, 17(6): 1745-1761.

HOERLING M, EISCHEID J, KUMAR A, et al., 2014. Causes and predictability of the 2012 Great Plains drought[J]. Bulletin of the American Meteorological Society, 95(2): 269-282.

HOLLINGER S, ISARD S, WELFORD M, 1993. A New Soil Moisture Drought Index for Predicting Crop Yields[C]. Anaheim: Eighth Conference on Applied Climatology.

HOU W, FENG G L, YAN P C, et al., 2018. Multifractal analysis of the drought area in seven large regions of China from 1961 to 2012[J]. Meteorology and Atmospheric Physics, 130(4): 459-471.

HU K M, HUANG G, WU R G, et al., 2018. Structure and dynamics of a wave train along the wintertime Asian jet and its impact on East Asian climate[J]. Climate Dynamics, 51: 4123-4137.

HU W, SHAO M G, HAN F P, et al., 2010. Watershed scale temporal stability of soil water content[J]. Geoderma, 158: 181-198.

HUANG G, HU K, XIE S P, 2010. Strengthening of tropical Indian Ocean teleconnection to the Northwest Pacific since the mid-1970s: An atmospheric GCM study[J]. Journal of Climate, 23: 5294-5304.

HUANG J, ZHAI J, JIANG T, et al., 2018. Analysis of future drought characteristics in China using the regional climate model CCLM[J]. Climate Dynamics, 50(1-2): 507-525.

HUANG J P, LI Y, FU C B, et al., 2017a. Dryland climate change: Recent progress and challenges[J]. Reviews of Geophysics, 55: 719-778.

HUANG N E, SHEN Z, LONG S R, et al., 1998. The empirical mode decomposition and the Hilbert spectrum for nonlinear and non-stationary time series analysis[J]. Proceedings of the Royal Society A: Mathematical, Physical and Engineering Sciences, 454(1971): 903-995.

HUANG R H, CHEN W, YANG B L, et al., 2004. Recent advances in studies of the interaction between the East Asian winter and summer monsoons and ENSO cycle[J]. Advances in Atmospheric Sciences, 21: 407-424.

HUANG R H, SUN F, 1992. Impacts of the tropical Western Pacific on the East Asian summer monsoon[J]. Journal of the Meteorological Society of Japan, 70: 243-256.

HUANG R H, WU Y F, 1989. The influence of ENSO on the summer climate change in China and its mechanism[J]. Advances in Atmospheric Sciences, 6: 21-32.

HUANG S, LI P, HUANG Q, et al., 2017b. The propagation from meteorological to hydrological drought and its potential influence factors[J]. Journal of Hydrology, 547: 184-195.

HUANG S Z, WANG L, WANG H, et al., 2019. Spatio-temporal characteristics of drought structure across China using an integrated drought index[J]. Agricultural Water Management, 218: 182-192.

HUETE A, DIDAN K, MIURA T, et al., 2002. Overview of the radiometric and biophysical performance of the MODIS vegetation indices[J]. Remote Sensing of Environment, 83(1-2): 195-213.

IRMAK S, IRMAK A, ALLEN R, et al., 2003. Solar and net radiation-based equations to estimate reference evapotranspiration in humid climates[J]. Journal of Irrigation and Drainage Engineering, 129(5): 336-347.

JI Z, KANG S, 2015. Evaluation of extreme climate events using a regional climate model for China[J]. International Journal of Climatology, 35(6): 888-902.

JIN J, WANG Q, LI L, 2016. Long-term oscillation of drought conditions in the Western China: An analysis of PDSI on a decadal scale[J]. Journal of Arid Land, 8(6): 819-831.

KARL T R, QUAYLE R G, GROISMAN P Y, 1993. Detecting climate variations and change: New challenges for observing and data management systems[J]. Journal of Climate, 6(8): 1481-1494.

KASHKOOLI O B, GHADAMI M, AMINI M, et al., 2019. Spatiotemporal variation of the Southern Caspian Sea surface temperature during 1982—2016[J]. Journal of Marine Systems, 2(6): 126-136.

KENDALL M G, 1975. Rank correlation methods[J]. British Journal of Psychology, 25(1): 86-91.

KHOOB A R, 2008. Artificial neural network estimation of reference evapotranspiration from pan evaporation in a semi-arid environment[J]. Irrigation Science, 27(1): 35-39.

KIM D H, YOO C, KIM T W, 2011. Application of spatial EOF and multivariate time series model for evaluating agricultural drought vulnerability in Korea[J]. Advances in Water Resources, 34(3): 340-350.

KIM J S, SEO G S, JANG H W, et al., 2016. Correction analysis between Korean spring drought and large-scale teleconnection patterns for drought forecasting[J]. KSCE Journal of Civil Engineering, 21(1): 458-466.

KIM S M, KANG M S, JANG M W, 2018. Assessment of agricultural drought vulnerability to climate change at a municipal level in South Korea[J]. Paddy and Water Environment, 16(4): 699-714.

KIOUTSIOUKIS I, MELAS D, ZANIS P, 2008. Statistical downscaling of daily precipitation over Greece[J]. International Journal of Climatology, 28(5): 679-691.

KLAMT A M, HU K, HUANG L, et al., 2020. An extreme drought event homogenises the diatom composition of two shallow lakes in Southwest China[J]. Ecological Indicators, 108: 105662.

KOGAN F N, 1995. Application of vegetation index and brightness temperature for drought detection[J]. Advances in Space Research, 15(11): 91-100.

KOGAN F N, 2001. Operational space technology for global vegetation assessment[J]. Bulletin of the American Meteorological Society, 82(9): 1949-1964.

KORZOUN V, SOKOLOV A, 1978. World Water Balance and Water Resources of the Earth[R]. Paris: United Nations Educational, Scientific and Cultural Organization Studies and Reports in Hydrogy.

KOSTER, RANDAL D, 2003. Observational evidence that soil moisture variations affect precipitation[J]. Geophysical Research Letters, 30(5): 1241-1256.

KUMAR S V, PETERS-LIDARD C D, TIAN Y, HOUSER P R, et al., 2006. Land information system: An interoperable framework for high resolution land surface modeling[J]. Environmental Modelling and Software, 21(10): 1402-1415.

LAI C, ZHONG R, WANG Z, et al., 2019. Monitoring hydrological drought using long-term satellite-based precipitation data[J]. Science of the Total Environment, 649: 1198-1208.

LEGATES D R, WILLMOTT C J, 1990. Mean seasonal and spatial variability in gauge-corrected, global precipitation[J]. International Journal of Climatology, 10(2): 111-127.

LEI Y, DUAN A, 2011. Prolonged dry episodes and drought over China[J]. International Journal of Climatology, 31(12): 1831-1840.

LENG G, TANG Q, RAYBURG S, 2015. Climate change impacts on meteorological, agricultural and hydrological droughts in China[J]. Global and Planetary Change, 126: 23-34.

LI B, CHEN Z, YUAN X, 2015a. The nonlinear variation of drought and its relation to atmospheric circulation in Shandong Province, East China[J]. Peer J, 3: e1289.

LI D, ZHAO T, SHI J, et al., 2015b. First evaluation of Aquarius soil moisture products using in Situ observations and GLDAS model simulations[J]. IEEE Journal of Selected Topics in Applied Earth Observations and Remote Sensing, 8(12): 5511-5525.

LI H, CHEN Z, JIANG Z, et al., 2015c. Temporal-spatial variation of evapotranspiration in the Yellow River delta based on an integrated remote sensing model[J]. Journal of Applied Remote Sensing, 9(1): 096047.

LI J, LEI Y, LIU X, et al., 2017d. Effects of AO and pacific SSTA on severe droughts in Luanhe river basin, China[J]. Natural Hazards, 88(2): 1-17.

LI L, YAO N, LI Y, et al., 2019a. Future projections of extreme temperature events in different sub-regions of China[J]. Atmospheric Research, 217: 150-164.

LI L, YAO N, LIU D L, et al., 2019b. Historical and future projected frequency of extreme precipitation indicators using the optimized cumulative distribution functions in China[J]. Journal of Hydrology, 579: 124170.

LI N, LI Y, YAO N, 2018. Bias correction of the observed daily precipitation and re-division of climatic zones in China[J]. International Journal of Climatology, 38: 3369-3387.

LI S, YAO Z, LIU Z, et al., 2019c. The spatio-temporal characteristics of drought across Tibet, China: Derived from meteorological and agricultural drought indexes[J]. Theoretical and Applied Climatology, 137(3-4): 2409-2424.

LI X, GEMMER M, ZHAI J, et al., 2013. Spatio-temporal variation of actual evapotranspiration in the Haihe River Basin of the past 50 years[J]. Quaternary International, 304: 133-141.

LI Y, CHEN C, SUN C, 2017a. Drought severity and change in Xinjiang, China, over 1961—2013[J]. Hydrology Research, 48(5): 1343-1362.

LI Y, HE D, YE C, 2008. Spatial and temporal variation of runoff of Red River basin in Yunnan[J]. Journal of Geographical Sciences, 18(3): 308-318.

LI Y, HORTON R, REN T, et al., 2010. Prediction of annual reference evapotranspiration using climatic data[J]. Agricultural Water Management, 97(2): 300-308.

LI Y, SUN C, 2017e. Impacts of the superimposed climate trends on droughts over 1961—2013 in Xinjiang, China[J]. Theoretical and Applied Climatology, 129(3-4): 977-994.

LI Y, WEN Y, LAI H, et al., 2020. Drought response analysis based on cross wavelet transform and mutual entropy[J]. Alexandria Engineering Journal, 59(3): 1223-1231.

LI Y, YAO N, CHAU H W, 2017b. Influences of removing linear and nonlinear trends from climatic variables on temporal variations of annual reference crop evapotranspiration in Xinjiang, China[J]. Science of the Total Environment, 592: 680-692.

LI Y, YAO N, SAHIN S, et al., 2017c. Spatiotemporal variability of four precipitation-based drought indices in Xinjiang, China[J]. Theoretical and Applied Climatology, 129(3-4): 1017-1034.

LI Y, ZHOU M, 2014. Trends in dryness index based on potential evapotranspiration and precipitation over 1961—2099 in Xinjiang, China[J]. Advances in Meteorology,548230.

LIANG X, LETTENMAIER D P, WOOD E F, et al., 1994. A simple hydrologically based model of land surface water and energy fluxes for general circulation models[J]. Journal of Geophysical Research: Atmospheres, 99(D7): 14415-14428.

LIN Q H, SUN L R, WANG X Z, et al., 2012. Spatio-temporal variation of vegetation NDVI in China from 2001 to 2011[J]. Advanced Materials Research, 610-613: 3752-3755.

LIN W, WEN C, WEN Z, et al., 2015. Drought in Southwest China: A review[J]. Atmospheric and Oceanic Science Letters, 8(6): 339-344.

LIU C, ZHANG D, LIU X, et al., 2012a. Spatial and temporal change in the potential evapotranspiration sensitivity to meteorological factors in China (1960–2007)[J]. Journal of Geographical Sciences, 22(1): 3-14.

LIU D L, ZUO H, 2012b. Statistical downscaling of daily climate variables for climate change impact assessment over New South Wales, Australia[J]. Climatic Change, 115(3): 629-666.

LIU X, ZHU X, PAN Y, et al., 2018a. Performance of different drought indices for agriculture drought in the North China Plain[J]. Journal of Arid Land, 10(4): 507-516.

LIU Y, LEI H, 2015. Responses of natural vegetation dynamics to climate drivers in China from 1982 to 2011[J]. Remote Sensing, 7(8): 10243-10268.

LIU Y, MA W, YUE H, et al., 2011. Dynamic Soil Moisture Monitoring in Shendong Mining Area Using Temperature Vegetation Dryness Index[C] Nanjing: International Conference on Remote Sensing, Environment and Transportation Engineering.

LIU Y, REN L, HONG Y, et al., 2016. Sensitivity analysis of standardization procedures in drought indices to varied input data selections[J]. Journal of Hydrology, 538: 817-830.

LIU Y, YUE H, 2018b. The temperature vegetation dryness index (TVDI) based on bi-parabolic NDVI-Ts space and gradient-based structural similarity (GSSIM) for long-term drought assessment across Shaanxi Province, China

(2000–2016)[J]. Remote Sensing, 10(6): 959-977.

LLOYD-HUGHES B, SAUNDERS M A, 2002. A drought climatology for Europe[J]. International Journal of Climatology, 22(13): 1571-1592.

LU E, CAI W Y, JIANG Z H, et al., 2014. The day-to-day monitoring of the 2011 severe drought in China[J]. Climate Dynamics, 43(1-2): 1-9.

LV M, MA Z, YUAN X, et al., 2017. Water budget closure based on GRACE measurements and reconstructed evapotranspiration using GLDAS and water use data for two large densely-populated mid-latitude basins[J]. Journal of Hydrology, 547: 585-599.

MA F, YUAN X, YE A, 2015. Seasonal drought predictability and forecast skill over China[J]. Journal of Geophysical Research: Atmospheres, 120(16): 8264-8275.

MA S, WU Q, WANG J, et al., 2017. Temporal evolution of regional drought detected from GRACE TWSA and CCI SM in Yunnan Province, China[J]. Remote Sensing, 9(11): 1124-1139.

MA Z, FU C, 2003. Interannual characteristics of the surface hydrological variables over the arid and semi-arid areas of northern China[J]. Global and Planetary Change, 37(3-4): 189-200.

MA'RUFAH U, HIDAYAT R, PRASASTI I, 2017. Analysis of relationship between meteorological and agricultural drought using standardized precipitation index and vegetation health index[J]. IOP Conference Series: Earth and Environmental Science, 54(1): 012008.

MAHERAS P, KOLYVA-MACHERA F, 1990. Temporal and spatial characteristics of annual precipitation over the Balkans in the twentieth century[J]. International Journal of Climatology, 10(5): 495-504.

MALHERBE J, DIEPPOIS B, MALULEKE P, et al., 2016. South African droughts and decadal variability[J]. Natural Hazards, 80(1): 657-681.

MALLICK K, BHATTACHARYA B K, PATEL N K, 2009. Estimating volumetric surface moisture content for cropped soils using a soil wetness index based on surface temperature and NDVI[J]. Agricultural and Forest Meteorology, 149(8): 1327-1342.

MANAGE N P, LOCKART N, WILLGOOSE G, et al., 2016. Statistical testing of dynamically downscaled rainfall data for the Upper Hunter region, New South Wales, Australia[J]. Journal of Southern Hemisphere Earth Systems Science, 66(2): 203-227.

MANDELBROT B B, WHEELER J A, 1982. The fractal geometry of nature[J]. American Journal of Physics, 51(3), 286-287.

MANN H B, 1945. Nonparametric tests against trend[J]. Econometrica: Journal of the Econometric Society, 13: 245-259.

MARIOTTI A, SCHUBERT S, MO K, et al., 2013. Advancing drought understanding, monitoring, and prediction[J]. Bulletin of the American Meteorological Society, 94(12): ES186-ES188.

MARSHALL M T, FUNK C C, MICHAELSEN J, 2010. Spatio-Temporal Characteristics of Actual Evapotranspiration Trends in Sub-Saharan Africa[C]. San Francisco: AGU Fall Meeting Abstracts.

MASUD M B, KHALIQ M N, WHEATER H S, 2017. Future changes to drought characteristics over the Canadian Prairie Provinces based on NARCCAP multi-RCM ensemble[J]. Climate Dynamics, 48(7): 2685-2705.

MCEVOY D J, 2015. Physically based evaporative demand as a drought metric: Historical analysis and seasonal prediction[D].Reno: University of Nevada.

MCEVOY D J, HUNTINGTON J L, ABATZOGLOU J T, et al., 2012. An evaluation of multiscalar drought indices in Nevada and Eastern California[J]. Earth Interactions, 16(18): 1-18.

MCKEE T B, 1995. Drought Monitoring with Multiple Time Scales[C]. Boston: Proceedings of 9th Conference on Applied Climatology.

MCKEE T B, DOESKEN N J, KLEIST J, 1993. The Relationship of Drought Frequency and Duration to Time Scales[C] Anaheim: Proceedings of the 8th Conference on Applied Climatology.

MCKENNEY M S, ROSENBERG N J, 1993. Sensitivity of some potential evapotranspiration estimation methods to climate change[J]. Agricultural and Forest Meteorology, 64(1-2): 81-110.

MCVICAR T R, VAN NIEL T G, LI L, et al., 2007. Spatially distributing monthly reference evapotranspiration and pan evaporation considering topographic influences[J]. Journal of Hydrology, 338(3): 196-220.

MIAO C H, DUAN Q Y, SUN Q H, et al., 2019. Non-uniform changes in different categories of precipitation intensity across China and the associated large-scale circulations[J]. Environmental Research Letters, 14: 25004.

MISHRA A K, SINGH V P, 2010. A review of drought concepts[J]. Journal of Hydrology, 391(1-2): 202-216.

MISHRA A K, SINGH V P, 2011. Drought modeling-A review[J]. Journal of Hydrology, 403(1): 157-175.

MISHRA V, AADHAR S, ASOKA A, et al., 2016. On the frequency of the 2015 monsoon season drought in the Indo-Gangetic Plain[J]. Geophysical Research Letters, 43(23): 12102-12112.

MO K C, LETTENMAIER D P, 2015. Heat wave flash droughts in decline[J]. Geophysical Research Letters, 42(8): 2823-2829.

MOLINA A J, LATRON J, RUBIO C M, et al., 2014. Spatio-temporal variability of soil water content on the local scale in a Mediterranean mountain area (Vallcebre, North Eastern Spain). How different spatio-temporal scales reflect mean soil water content[J]. Journal of Hydrology, 516: 182-192.

MOZNY M, TRNKA M, ZALUD Z, et al., 2012. Use of a soil moisture network for drought monitoring in the Czech Republic[J]. Theoretical and Applied Climatology, 107(1-2): 99-111.

MPELASOKA F, AWANGE J L, GONCALVES R M, 2018. Accounting for dynamics of mean precipitation in drought projections: A case study of Brazil for the 2050 and 2070 periods[J]. Science of the Total Environment, 622-623: 1519-1531.

NANDINTSETSEG B, SHINODA M, 2013. Assessment of drought frequency, duration, and severity and its impact on pasture production in Mongolia[J]. Natural Hazards, 66(2): 995-1008.

NASIM W, AMIN A, FAHAD S, et al., 2018. Future risk assessment by estimating historical heat wave trends with projected heat accumulation using SimCLIM climate model in Pakistan[J]. Atmospheric Research, 205: 118-133.

NDEHEDEHE C E, AWANGE J L, CORNER R J, et al., 2016. On the potentials of multiple climate variables in assessing the spatio-temporal characteristics of hydrological droughts over the Volta Basin[J]. Science of the Total Environment, 557-558: 819-837.

NIELSEN-GAMMON J W, 2012. The 2011 Texas drought[J]. Texas Water Journal, 3(1): 59-95.

NING L, CHENG C, SHEN S, 2019. Spatial-temporal variability of the fluctuation of soil temperature in the Babao River basin, Northwest China[J]. Journal of Geographical Sciences, 29(9): 1475-1490.

NITTA T, 1987. Convective activities in the tropical Western Pacific and their impact on the Northern Hemisphere summer circulation[J]. Journal of the Meteorological Society of Japan, 65 (3) : 373-390.

NIU G Y, YANG Z L, DICKINSON R E, et al., 2007. Development of a simple groundwater model for use in climate models and evaluation with gravity recovery and climate experiment data[J]. Journal of Geophysical Research: Atmospheres, 112: D07103.

NORTH G R, BELL T L, CAHALAN R F, et al., 1982. Sampling errors in the estimation of empirical orthogonal functions[J]. Monthly Weather Review, 110(7): 699-706.

ONI S K, MIERES F, FUTTER M N, et al., 2017. Soil temperature responses to climate change along a gradient of upland-riparian transect in boreal forest[J]. Climate Change, 143(1-2): 27-41.

ORIMOLOYE I R, MAZINYO S P, NEL W, et al., 2018. Spatiotemporal monitoring of land surface temperature and estimated radiation using remote sensing: Human health implications for East London, South Africa[J]. Environmental Earth Sciences, 77(3): 77-87.

OTKIN J A, ANDERSON M C, HAIN C, et al., 2013. Examining rapid onset drought development using the thermal infrared-based evaporative stress index[J]. Journal of Hydrometeorology, 14(4): 1057-1074.

OTKIN J A, ANDERSON M C, HAIN C, et al., 2015a. Using temporal changes in drought indices to generate probabilistic drought intensification forecasts[J]. Journal of Hydrometeorology, 16(1): 88-105.

OTKIN J A, ANDERSON M C, HAIN C, et al., 2016. Assessing the evolution of soil moisture and vegetation conditions during the 2012 United States flash drought[J]. Agricultural and Forest Meteorology, 218: 230-242.

OTKIN J A, SHAFER M, SVOBODA M, et al., 2015b. Facilitating the use of drought early warning information through interactions with agricultural stakeholders[J]. Bulletin of the American Meteorological Society, 96(7): 1073-1078.

PALMER W C, 1965. Meteorological Drought[R]. Washington D C: Weather Bureau Research Paper.

PALMER W C, 1968. Keeping track of crop moisture conditions, nationwide: The new crop moisture index[J]. Weatherwise, 21(4): 156-161.

PAN X, YANG D, LI Y, et al., 2016. Bias corrections of precipitation measurements across experimental sites in different ecoclimatic regions of Western Canada[J]. Cryosphere Discussions, 10(5): 2347-2360.

PANU U, SHARMA T, 2002. Challenges in drought research: Some perspectives and future directions[J]. Hydrological Sciences Journal, 47(S1): S19-S30.

PARK S, KANG D, YOO C, et al., 2020. Recent ENSO influence on East African drought during rainy seasons through the synergistic use of satellite and reanalysis data[J]. ISPRS Journal of Photogrammetry and Remote Sensing, 162: 17-26.

PASHO E, CAMARERO J J, MARTÍN D.L, et al., 2011. Impacts of drought at different time scales on forest growth across a wide climatic gradient in North-Eastern Spain[J]. Agricultural and Forest Meteorology, 151(12): 1800-1811.

PATEL N R, ANAPASHSHA R, KUMAR S, et al., 2009. Assessing potential of MODIS derived temperature/vegetation condition index (TVDI) to infer soil moisture status[J]. International Journal of Remote Sensing, 30(1): 23-39.

PEÑA-GALLARDO M, VICENTE-SERRANO S M, QUIRING S, et al., 2019. Response of crop yield to different time-scales of drought in the United States: Spatio-temporal patterns and climatic and environmental drivers[J]. Agricultural and Forest Meteorology, 264: 40-55.

PENG L, LI Y, FENG H, 2017. The best alternative for estimating reference crop evapotranspiration in different sub-regions of mainland China[J]. Scientific Reports, 7(1): 54-58.

PENNA D, BROCCA L, BORGA M, et al., 2013. Soil moisture temporal stability at different depths on two alpine hillslopes during wet and dry periods[J]. Journal of Hydrology, 477: 55-71.

PEREIRA A R, NOVA N A V, PEREIRA A S, et al., 1995. A model for the class A pan coefficient[J]. Agricultural and Forest Meteorology, 76(2): 75-82.

POTOP V, MOŽNÝ M, SOUKUP J, 2012. Drought evolution at various time scales in the lowland regions and their impact on vegetable crops in the Czech Republic[J]. Agricultural and Forest Meteorology, 156: 121-133.

POZZI W, SHEFFIELD J, STEFANSKI R, et al., 2013. Toward global drought early warning capability: Expanding international cooperation for the development of a framework for monitoring and forecasting[J]. Bulletin of the American Meteorological Society, 94(6): 776-785.

PRIESTLEY C H B, TAYLOR R J, 1972. On the assessment of surface heat flux and evaporation using large-scale parameters[J]. Monthly Weather Review, 100(2): 81-92.

PURCELL L C, SINCLAIR T R, MCNEW R W, 2003. Drought avoidance assessment for summer annual crops using long-term weather data[J]. Agronomy Journal, 95(6): 1566-1576.

QIAN C, ZHOU T, 2014. Multidecadal variability of North China aridity and its relationship to PDO during 1900—2010[J]. Journal of Climate, 27: 1210-1222.

QIAN W, SHAN X, ZHU Y, 2011. Ranking regional drought events in China for 1960—2009[J]. Advances in Atmospheric Sciences, 28(2): 310-321.

QIN J, CHEN Z, YANG K, et al., 2011. Estimation of monthly-mean daily global solar radiation based on MODIS and TRMM products[J]. Applied Energy, 88(7): 2480-2489.

QUIRING S M, PAPAKRYIAKOU T N, 2003. An evaluation of agricultural drought indices for the Canadian Prairies[J]. Agricultural and Forest Meteorology, 118(1-2): 49-62.

REN J, LIU H, YIN Y, et al., 2007. Drivers of greening trend across vertically distributed biomes in temperate arid Asia[J]. Geophysical Research Letters, 34(7): 589-607.

RHEE J, IM J, CARBONE, et al., 2010. Monitoring agricultural drought for arid and humid regions using multi-sensor remote sensing data[J]. Remote Sensing of Environment, 114(12): 2875-2887.

RICHARDSON C W, WRIGHT D A, 1984. WGEN: A Model for Generating Daily Weather Variables[R]. Washington D C: United States Department of Agriculture, Agriculture Reesearch Service.

RODELL M, HOUSER P R, JAMBOR U E A, et al., 2004. The global land data assimilation system[J]. Bulletin of the American Meteorological Society, 85(3): 381-394.

ROUSE J W, HAAS R H, SCHELL J A, et al., 1974. Monitoring vegetation systems in the great plains with ERTS[J]. NASA special publication, 351: 309.

ROYSTON J P, 1982. An extension of Shapiro and Wilk's W test for normality to large samples[J]. Applied Statistics, 31(2): 115-124.

SAHIN S, 2012. An aridity index defined by precipitation and specific humidity[J]. Journal of Hydrology, 444-445(12): 199-208.

SAKAKIBARA K, TSUJIMURA M, SONG X, et al., 2017. Spatiotemporal variation of the surface water effect on the groundwater recharge in a low-precipitation region: Application of the multi-tracer approach to the Taihang Mountains, North China[J]. Journal of Hydrology, 545: 132-144.

SAMANIEGO L, THOBER S, KUMAR R, et al., 2018. Anthropogenic warming exacerbates European soil moisture droughts[J]. Nature Climate Change, 8(5): 421-423.

SÁNCHEZ N, GONZALEZ-ZAMORA A, PILES M, et al., 2016. A new soil moisture agricultural drought index (SMADI) integrating MODIS and SMOS products: A case of study over the Iberian Peninsula[J]. Remote Sensing, 8(4): 287-312.

SANDHOLT I, RASMUSSEN K, ANDERSEN J, 2002. A simple interpretation of the surface temperature/vegetation index space for assessment of surface moisture status[J]. Remote Sensing of Environment, 79(2-3): 213-224.

SCHNUR M T, XIE H, WANG X, 2010. Estimating root zone soil moisture at distant sites using MODIS NDVI and EVI in a semi-arid region of Southwestern USA[J]. Ecological Informatics, 5(5): 400-409.

SCHUBERT S D, STEWART R E, WANG H, et al., 2016. Global meteorological drought: A synthesis of current understanding with a focus on SST drivers of precipitation deficits[J]. Journal of Climate, 29(11): 3989-4019.

SEAGER R, HOERLING M, SCHUBERT S, et al., 2015. Causes of the 2011–14 California drought[J]. Journal of Climate, 28(18): 6997-7024.

SEN Z, 1998. Probabilistic formulation of spatio-temporal drought pattern[J]. Theoretical and Applied Climatology, 61(3-4): 197-206.

SENAY G B, BUDDE M, BROWN J, et al., 2008. Mapping Flash Drought in the U.S. Southern Great Plains[C]. New Orleans: 22nd Conference on Hydrology.

SEVRUK B, 1982. Methods of Correction for Systematic Error in Point Precipitation Measurement for Operational Use, Operational Hydrology Rep[R]. Geneva: World Meteorological Organization.

SEVRUK B, 1986. Correction of Precipitation Measurements[C]. Switzerland: ETH/IAHS/WMO Workshop on the Correction of Precipitation Measurement.

SEVRUK B, HAMON W, 1984. International Comparison of National Precipitation Gauges with a Reference Pit Gauge[R]. Geneva: World Meteorological Organization.

SHABBAR A, SKINNER W, 2004. Summer drought patterns in Canada and the relationship to global sea surface temperatures[J]. Journal of Climate, 17: 2866-2880.

SHAFER B, 1982. Development of a Surface Water Supply Index (SWSI) to Assess the Severity of Drought Conditions in Snowpack Runoff Areas[C]. Fort Collins: Proceedings of the 50th Annual Western Snow Conference.

SHARMA T C, PANU U S, 2012. Prediction of hydrological drought durations based on Markov chains: Case of the Canadian prairies[J]. Hydrological Sciences Journal, 57(4): 705-722.

SHEFFIELD J, ANDREADIS K, WOOD E, et al., 2009. Global and continental drought in the second half of the twentieth century: Severity-area-duration analysis and temporal variability of large-scale events[J]. Journal of Climate, 22(8): 1962-1981.

SHEFFIELD J, WOOD E F, RODERICK M L, 2012. Little change in global drought over the past 60 years[J]. Nature, 491: 435-438.

SHI W, TAO F, 2014. Vulnerability of African maize yield to climate change and variability during 1961—2010[J]. Food Security, 6(4): 471-481.

SHI Z, SHAN N, XU L, et al., 2016. Spatiotemporal variation of temperature, precipitation and wind trends in a desertification prone region of China from 1960 to 2013[J]. International Journal of Climatology, 36(12): 4327-4337.

SHIRU M S, SHAHID S, CHUNG E S, et al., 2019. Changing characteristics of meteorological droughts in Nigeria during 1901—2010[J]. Atmospheric Research, 223: 60-73.

SHUKLA S, WOOD A W, 2008. Use of a standardized runoff index for characterizing hydrologic drought[J]. Geophysical Research Letters, 35(2): 226-236.

SINGH V, GUO H, YU F, 1993. Parameter estimation for 3-parameter log-logistic distribution (LLD3) by pome[J]. Stochastic Hydrology and Hydraulics, 7(3): 163-177.

SKAMAROCK W C, KLEMP J B, 2008. A time-split nonhydrostatic atmospheric model for weather research and forecasting applications[J]. Journal of Computational Physics, 227(7): 3465-3485.

SLATYER R O, MCILROY I C, 1961. Practical Microclimatology[M]. Canberra: UNESCO—Commonwealth Scientific and Industrial Research Organization.

SMITH R L, ALLEN R G, MONTEITH J L, et al., 1991. Report on the Expert Consultation on Procedures for Revision of FAO Guidelines for Prediction of Crop Water Requirements[R]. Rome: Land and Water Development Division, Food and Agriculture Organization of the United Nations.

SNYDER R L, 1992. Equation for evaporation pan to evapotranspiration conversions[J]. Journal of Irrigation and Drainage Engineering, 118(6): 977-980.

SOLMON F, MALLET M, ELGUINDI N, et al., 2008. Dust aerosol impact on regional precipitation over Western Africa, mechanisms and sensitivity to absorption properties[J]. Geophysical Research Letters, 35(24): 851-854.

SON N, CHEN C, CHEN C, et al., 2012. Monitoring agricultural drought in the Lower Mekong Basin using MODIS NDVI and land surface temperature data[J]. International Journal of Applied Earth Observation and Geoinformation, 18: 417-427.

SONG X, LI L, FU G, et al., 2014. Spatial-temporal variations of spring drought based on spring-composite index values for the Songnen Plain, Northeast China[J]. Theoretical and Applied Climatology, 116(3-4): 371-384.

SPINONI J, NAUMANN G, CARRAO H, et al., 2014. World drought frequency, duration, and severity for 1951—2010[J]. International Journal of Climatology, 34(8): 2792-2804.

STAGGE J H, TALLAKSEN L M, GUDMUNDSSON L, et al., 2015. Candidate distributions for climatological drought indices (SPI and SPEI)[J]. International Journal of Climatology, 35(13): 4027-4040.

STAGGE J H, TALLAKSEN L M, XU C, et al., 2014. Standardized Precipitation-Evapotranspiration Index (SPEI): Sensitivity to Potential Evapotranspiration Model and Parameters[C]. Montpellier: Proceedings of FRIEND-Water.

STOCKLE C O, KJELGAARD J, BELLOCCHI G, 2004. Evaluation of estimated weather data for calculating Penman-Monteith reference crop evapotranspiration[J]. Irrigation Science, 23(1): 39-46.

STRZEPEK K, YOHE G, NEUMANN J, et al., 2010. Characterizing changes in drought risk for the United States from climate change[J]. Environmental Research Letters, 5(4): 44012-44019.

SU Z, 2002. The surface energy balance system (SEBS) for estimation of turbulent heat fluxes[J]. Hydrology and Earth System Sciences, 6(1): 85-100.

SUMNER D M, JACOBS J M, 2005. Utility of Penman-Monteith, Priestley-Taylor, reference evapotranspiration, and pan evaporation methods to estimate pasture evapotranspiration[J]. Journal of Hydrology, 308(1): 81-104.

SUN C F, MA Y Y, 2015. Effects of non-linear temperature and precipitation trends on Loess Plateau droughts[J]. Quaternary International, 372: 175-179.

SUN G, LI Z, FENG J, 2014. Relationship between atmospheric low-frequency oscillation and two severe drought events in Southwest China[J]. Plateau Meteorology, 33(6): 1562-1567.

SUN Q, MIAO C, AGHAKOUCHAK A, et al., 2016. Century-scale causal relationships between global dry/wet conditions and the state of the Pacific and Atlantic Oceans[J]. 43(12): 6528-6537.

SUN S, CHEN H, JU W, et al., 2017. On the coupling between precipitation and potential evapotranspiration: Contributions to decadal drought anomalies in the Southwest China[J]. Climate Dynamics, 48(11): 3779-3797.

SUN W, WANG P X, ZHANG S Y, et al., 2008. Using the vegetation temperature condition index for time series drought occurrence monitoring in the Guanzhong Plain, PR China[J]. International Journal of Remote Sensing, 29(17-18): 5133-5144.

SUN Z, ZHU X, PAN Y, et al., 2018. Drought evaluation using the GRACE terrestrial water storage deficit over the Yangtze River Basin, China[J]. Science of the Total Environment, 634: 727-738.

SVOBODA M, LECOMTE D, HAYES M, et al., 2002. The drought monitor[J]. Bulletin of the American Meteorological Society, 83(8): 1181-1190.

SWAIN S, HAYHOE K J C D, 2015. CMIP5 projected changes in spring and summer drought and wet conditions over North America[J]. Climate Dynamics 44(9): 2737-2750.

SYED T H, FAMIGLIETTI J S, RODELL M, et al., 2008. Analysis of terrestrial water storage changes from GRACE and GLDAS[J]. Water Resources Research, 44(2): 472-486.

TABARI H, GRISMER M E, TRAJKOVIC S, 2013. Comparative analysis of 31 reference evapotranspiration methods under humid conditions[J]. Irrigation Science, 31(2): 107-117.

TAGESSON T, HORION S, NIETO H, et al., 2018. Disaggregation of SMOS soil moisture over West Africa using the temperature and vegetation dryness index based on SEVIRI land surface parameters[J]. Remote Sensing of Environment, 206: 424-441.

TAN H J, CAI R S, CHEN J L, et al., 2017. Decadal winter drought in Southwest China since the latter 1990s and its atmospheric teleconnection[J]. International Journal of Climatology, 37(1): 455-467.

TAO F, RÖTTER R P, PALOSUO T, et al., 2018. Contribution of crop model structure, parameters and climate projections to uncertainty in climate change impact assessments[J]. Global Change Biology, 24(3): 1291-1307.

TAO F, YOKOZAWA M, ZHANG Z, et al., 2004. Variability in climatology and agricultural production in China in association with the East Asian summer monsoon and El Niño southern oscillation[J]. Climate Research, 28(1): 23-30.

TATLI H, TÜRKES M, 2011. Empirical orthogonal function analysis of the palmer drought indices[J]. Agricultural and Forest Meteorology, 151: 981-991.

TAYLOR I H, BURKE E, MCCOLL L, et al., 2013. The impact of climate mitigation on projections of future drought[J]. Hydrology and Earth System Sciences, 17(6): 2339-2358.

TAYLOR K E, 2001. Summarizing multiple aspects of model performance in a single diagram[J]. Journal of Geophysical Research: Atmospheres, 106(D7): 7183-7192.

TEMESGEN B, ECHING S, DAVIDOFF B, et al., 2005. Comparison of some reference evapotranspiration equations for California[J]. Journal of Irrigation and Drainage Engineering, 131(1): 73-84.

THILAKARATHNE M, SRIDHAR V, 2017. Characterization of future drought conditions in the Lower Mekong River Basin[J]. Weather and Climate Extremes, 17: 47-58.

THOMPSON D W J, WALLACE J M, 1998. The Arctic Oscillation signature in the wintertime geopotential height and temperature fields[J]. Geophysical Research Letters, 25(9): 1297-1300

THORNTHWAITE C W, 1948. An approach toward a rational classification of climate[J]. Geographical Review, 38(1): 55-94.

TONG S, ZHANG J, BAO Y, 2017. Inter-decadal spatiotemporal variations of aridity based on temperature and precipitation in Inner Mongolia, China[J]. Polish Journal of Environmental Studies, 26(2): 819-826.

TOPALOĞLU F, 2006. Regional trend detection of Turkish River flows[J]. Hydrology Research, 37(2): 165-182.

TORRES G M, LOLLATO R P, OCHSNER T E, 2013. Comparison of drought probability assessments based on atmospheric water deficit and soil water deficit[J]. Agronomy Journal, 105(2): 428-436.

TOUCH V, MARTIN R, LIU D, et al., 2015. Simulation Modelling of Alternative Strategies for Climate Change Adaptation in Rainfed Cropping Systems in North-Western Cambodia[C]. Hobart: Proceedings of the 17th Australian Society of Agronomy conference.

TRAORE S, WANG Y, KERH T, 2010. Artificial neural network for modeling reference evapotranspiration complex process in Sudano-Sahelian zone[J]. Agricultural Water Management, 97(5): 707-714.

TRENBERTH K E, BRANSTATOR G W, KAROLY D, et al., 1998. Progress during TOGA in understanding and modeling global teleconnections associated with tropical sea surface temperatures[J]. Journal of Geophysical Research: Earth Surface, 103: 14291-14324.

TURNER A G, ANNAMALAI H, 2012. Climate change and the South Asian summer monsoon[J]. Nature Climate Change, 2(8): 587-595.

UNEP, 1993. World Atlas of Desertification[M]. London: United Nations Environment Programme.

UNGANAI L S, KOGAN F N, 1998. Drought monitoring and corn yield estimation in Southern Africa from AVHRR data[J]. Remote Sensing of Environment, 63(3): 219-232.

VALIANTZAS J D, 2013. Simplified forms for the standardized FAO-56 Penman-Monteith reference evapotranspiration using limited weather data[J]. Journal of Hydrology, 505: 13-23.

VAN ROOY M, 1965. A rainfall anomaly index independent of time and space[J]. Notos, 14(43): 6.

VAN VUUREN D P, EDMONDS J, KAINUMA M, et al., 2011. The representative concentration pathways: An overview[J]. Climatic Change, 109: 5-31.

VEREECKEN H, HUISMAN J A, PACHEPSKY Y, et al., 2014. On the spatio-temporal dynamics of soil moisture at the field scale[J]. Journal of Hydrology, 516: 76-96.

VERMOTE E, JUSTICE C, CSISZAR I, et al., 2014. NOAA Climate Data Record (CDR) of Normalized Difference Vegetation Index (NDVI)[R]. the United States: NOAA national centers for environmental information.

VICENTE-SERRANO S M, 2006. Differences in spatial patterns of drought on different time scales: An analysis of the Iberian Peninsula[J]. Water Resources Management, 20(1): 37-60.

VICENTE-SERRANO S M, BEGUERÍA S, LÓPEZ-MORENO J I, 2010. A multiscalar drought index sensitive to global warming: The standardized precipitation evapotranspiration index[J]. Journal of Climate, 23(7): 1696-1718.

VICENTE-SERRANO S M, BEGUERÍA S, LORENZO-LACRUZ J, et al., 2012a. Performance of drought indices for ecological, agricultural, and hydrological applications[J]. Earth Interactions, 16(10): 1-27.

VICENTE-SERRANO S M, CHURA O, LÓPEZ-MORENO J I, et al., 2015a. Spatio-temporal variability of droughts in Bolivia: 1955—2012[J]. International Journal of Climatology, 35(10): 3024-3040.

VICENTE-SERRANO S M, LÓPEZ-MORENO J I, BEGUERÍA S, et al., 2012b. Accurate computation of a streamflow drought index[J]. Journal of Hydrologic Engineering, 17(2): 318-332.

VICENTE-SERRANO S M, VAN DER SCHRIER G, BEGUERÍA S, et al., 2015b. Contribution of precipitation and reference evapotranspiration to drought indices under different climates[J]. Journal of Hydrology, 526: 42-54.

VU M T, RAGHAVAN V S, LIONG S Y, 2015. Ensemble climate projection for hydro-meteorological drought over a river basin in Central Highland, Vietnam[J]. KSCE Journal of Civil Engineering, 19(2): 427-433.

WAGLE P, BHATTARAI N, GOWDA P H, et al., 2017. Performance of five surface energy balance models for estimating daily evapotranspiration in high biomass sorghum[J]. ISPRS Journal of Photogrammetry and Remote Sensing, 128: 192-203.

WALSH J E, KATTSOV V, PORTIS D, et al., 1998. Arctic precipitation and evaporation: Model results and observational estimates[J]. Journal of Climate, 11(1): 72-87.

WALTER I A, ALLEN R G, ELLIOTT R, et al., 2000. ASCE's Standardized Reference Evapotranspiration Equation[C]. Phoenix: National irrigation symposium.

WANG B, LIU D L, ASSENG S, et al., 2015a. Impact of climate change on wheat flowering time in Eastern Australia[J]. Agricultural and Forest Meteorology, 209-210: 11-21.

WANG B, LIU D L, MACADAM I, et al., 2016a. Multi-model ensemble projections of future extreme temperature change using a statistical downscaling method in South-Eastern Australia[J]. Climatic Change, 138(1-2): 85-98.

WANG B, LIU D L, WATERS C, et al., 2018a. Quantifying sources of uncertainty in projected wheat yield changes under climate change in Eastern Australia[J]. Climatic Change, 151(2): 259-273.

WANG D, HEJAZI M, CAI X, et al., 2011. Climate change impact on meteorological, agricultural, and hydrological drought in central Illinois[J]. Water Resources Research, 47(9): 1995-2021.

WANG F, WANG Z M, YANG H B, et al., 2020. Utilizing GRACE-based groundwater drought index for drought characterization and teleconnection factors analysis in the North China Plain[J]. Journal of Hydrology, 585:124849.

WANG H, ROGERS J C, MUNROE D K, 2015b. Commonly used drought indices as indicators of soil moisture in China[J]. Journal of Hydrometeorology, 16(3): 1397-1408.

WANG L, CHEN W, 2014a. A CMIP5 multimodel projection of future temperature, precipitation, and climatological drought in China[J]. International Journal of Climatology, 34(6): 2059-2078.

WANG L, QU J, 2009. Satellite remote sensing applications for surface soil moisture monitoring: A review[J]. Frontiers of Earth Science in China, 3(2): 237-247.

WANG L, YUAN X, XIE Z, et al., 2016b. Increasing flash droughts over China during the recent global warming hiatus[J]. Scientific Reports, 6: 30571.

WANG Q, LIU Y Y, TONG L J, et al., 2018b. Rescaled statistics and wavelet analysis on agricultural drought disaster periodic fluctuations in China from 1950 to 2016[J]. Sustainability, 10(9): 3257.

WANG Q, SHI P, LEI T, et al., 2015c. The alleviating trend of drought in the Huang-Huai-Hai Plain of China based on the daily SPEI[J]. International Journal of Climatology, 35(13): 3760-3769.

WANG Q, WU J, LEI T, et al., 2014b. Temporal-spatial characteristics of severe drought events and their impact on agriculture on a global scale[J]. Quaternary International, 349: 10-21.

WANG Q, WU J, LI X, et al., 2017. A comprehensively quantitative method of evaluating the impact of drought on crop yield using daily multi-scale SPEI and crop growth process model[J]. International Journal of Biometeorology, 61(4): 685-699.

WANG W, AKHTAR K, REN G, et al., 2019. Impact of straw management on seasonal soil carbon dioxide emissions, soil water content, and temperature in a semi-arid region of China[J]. Science of the Total Environment, 652: 471-482.

WANG W, ERTSEN M W, SVOBODA M D, et al., 2016c. Propagation of drought: From meteorological drought to agricultural and hydrological drought[J]. Advances in Meteorology, 2016: 6047209.

WANG W, ZHU Y, XU R, et al., 2015d. Drought severity change in China during 1961—2012 indicated by SPI and SPEI[J]. Natural Hazards, 75(3): 2437-2451.

WANG X, CHEN F, HASI E, et al., 2008. Desertification in China: An assessment[J]. Earth-Science Reviews, 88(3-4): 188-206.

WANG Z, LI J, LAI C, et al., 2017a. Does drought in China show a significant decreasing trend from 1961 to 2009? [J] Science of the Total Environment, 579: 314-324.

WANG Z, XIE P, LAI C, et al., 2017b. Spatiotemporal variability of reference evapotranspiration and contributing climatic factors in China during 1961—2013[J]. Journal of Hydrology, 544: 97-108.

WELLS N, GODDARD S, Hayes M J, 2004. A self-calibrating Palmer drought severity index[J].Journal of Climate, 17(12): 2335-2351.

WEN Z, WU S, CHEN J, et al., 2017. NDVI indicated long-term interannual changes in vegetation activities and their responses to climatic and anthropogenic factors in the Three Gorges Reservoir Region, China[J]. Science of the Total

Environment, 574: 947-959.

WETHERBEE G A, 2017. Precipitation collector bias and its effects on temporal trends and spatial variability in national atmospheric deposition program/national trends network data[J]. Environmental Pollution, 223: 90-101.

WHITCHER B, GUTTORP P, PERCIVAL D B, 2000. Wavelet analysis of covariance with application to atmospheric time series[J]. Journal of Geophysical Research: Atmospheres, 105(D11): 14941-14962.

WIGNERON J P, SCHMUGGE T, CHANZY A, et al., 1998. Use of passive microwave remote sensing to monitor soil moisture[J]. Agronomie, 18(1): 27-43.

WILHITE D A, 2000. Drought: A Global Assessment[M].London: Routledge.

WILHITE D A, GLANTZ M H, 1985. Understanding the drought phenomenon: The role of definitions[J]. Water International, 10(3): 111-120.

WILKS D, 2011. Empirical distributions and exploratory data analysis[J]. International Geophysics, 100(1): 23-70.

WU J, CHEN X, YAO H, et al., 2017. Non-linear relationship of hydrological drought responding to meteorological drought and impact of a large reservoir[J]. Journal of Hydrology, 551: 495-507.

WU J, MIAO C, ZHENG H, et al., 2018. Meteorological and hydrological drought on the Loess Plateau, China: Evolutionary characteristics, impact, and propagation[J]. Journal of Geophysical Research: Atmospheres, 123(20): 569-584.

WU M, YI L, HU W, et al., 2020. Spatiotemporal variability of standardized precipitation evapotranspiration index in mainland China over 1961—2016[J]. International Journal of Climatology, 40(23): 1-19.

WU Z, HUANG N, 2009. Ensemble empirical mode decomposition: A noise-assisted data analysis method[J]. Advances in Adaptive Data Analysis, 1(1): 1-41.

XIANG K, LI Y, HORTON R, et al., 2020. Similarity and difference of potential evapotranspiration and reference crop evapotranspiration—a review[J]. Agricultural Water Management, 232: 106043.

XIAO L, CHEN X, ZHANG R, et al., 2019. Spatiotemporal evolution of droughts and their teleconnections with large-scale climate indices over Guizhou Province in Southwest China[J]. Water, 11(10): 2104.

XIAO Z, JIANG L, ZHU Z, et al., 2016. Spatially and temporally complete satellite soil moisture data based on a data assimilation method[J]. Remote Sensing, 8(1): 49-65.

XIE S, HU K, HAFNER J, et al., 2009. Indian Ocean capacitor effect on Indo-Western Pacific climate during the summer following El Niño[J]. Journal of Climate, 22: 730-747.

XIE S, KOSAKA Y, DU Y, et al., 2016. Indo-Western Pacific Ocean capacitor and coherent climate anomalies in post-ENSO summer: A review[J]. Advances in Atmospheric Sciences, 33: 411-432.

XU C, GONG L, JIANG T, et al., 2006. Decreasing reference evapotranspiration in a warming climate—a case of Changjiang (Yangtze) River catchment during 1970—2000[J]. Advances in Atmospheric Sciences, 23(4): 513-520.

XU C, XU Y, 2012. The projection of temperature and precipitation over China under RCP scenarios using a CMIP5 multi-model ensemble[J]. Atmospheric and Oceanic Science Letters, 5(6): 527-533.

XU G, ZHANG H, CHEN B, et al., 2014. Changes in vegetation growth dynamics and relations with climate over China's landmass from 1982 to 2011[J]. Remote Sensing. 6(4): 3263-3283.

XU H, WANG X, ZHAO C, et al., 2018. Diverse responses of vegetation growth to meteorological drought across climate zones and land biomes in Northern China from 1981 to 2014[J]. Agricultural and Forest Meteorology, 262: 1-13.

XU J, YANG D, YI Y, et al., 2008. Spatial and temporal variation of runoff in the Yangtze River basin during the past 40 years[J]. Quaternary International, 186(1): 32-42.

XU K, YANG D, XU X, et al., 2015a. Copula based drought frequency analysis considering the spatio-temporal variability in Southwest China[J]. Journal of Hydrology, 527: 630-640.

XU K, YANG D, YANG H, et al., 2015b. Spatio-temporal variation of drought in China during 1961—2012: A climatic perspective[J]. Journal of Hydrology, 526: 253-264.

YAN F, WANG Y J, WU B, 2010. Spatial and temporal distributions of drought in Hebei Province over the past 50 years[J]. Geographical Research, 29(3): 423-430.

YAN H, WANG S Q, WANG J B, et al., 2016. Assessing spatiotemporal variation of drought in China and its impact on agriculture during 1982—2011 by using PDSI indices and agriculture drought survey data[J]. Journal of Geophysical Research: Atmospheres, 121(5): 2283-2298.

YANG D, GOODISON B, METCALFE J, et al., 2001. Compatibility evaluation of national precipitation gage measurements[J]. Journal of Geophysical Research: Atmospheres, 106(D2): 1481-1491.

YANG D, GOODISON B E, ISHIDA S, et al., 1998. Adjustment of daily precipitation data at 10 climate stations in Alaska: Application of World Meteorological Organization intercomparison results[J]. Water Resources Research, 34(2): 241-256.

YANG D, KANE D, ZHANG Z, et al., 2005. Bias corrections of long-term (1973—2004) daily precipitation data over the northern regions[J]. Geophysical Research Letters, 32(19): 312-321.

YANG D, SHI Y, KANG E, et al., 1991. Results of solid precipitation measurement intercomparison in the alpine area of Urumqi River Basin[J]. Chinese Science Bulletin, 36(13): 1105-1109.

YANG P, XIA J, ZHANG Y, et al., 2017. Temporal and spatial variations of precipitation in Northwest China during 1960—2013[J]. Atmospheric Research, 183: 283-295.

YANG S, FENG J, DONG W, et al., 2014. Analyses of extreme climate events over China based on CMIP5 historical and future simulations[J]. Advances in Atmospheric Sciences, 31(5): 1209-1220.

YANG T, WANG C, YU Z, et al., 2013. Characterization of spatio-temporal patterns for various GRACE-and GLDAS-born estimates for changes of global terrestrial water storage[J]. Global and Planetary Change, 109: 30-37.

YAO J, TUOLIEWUBIEKE D, CHEN J, et al., 2019. Identification of drought events and correlations with large-scale ocean-atmospheric patterns of variability: A case study in Xinjiang, China[J]. Atmosphere, 10(2): 94.

YAO N, LI Y, DONG Q, et al., 2020. Influence of the accuracy of reference crop evapotranspiration on drought monitoring using standardized precipitation evapotranspiration index in China[J]. Land Degradation & Development, 31(2): 266-282.

YAO N, LI Y, LEI T, et al., 2018a. Drought evolution, severity and trends in mainland China over 1961—2013[J]. Science of the Total Environment, 616: 73-89.

YAO N, LI Y, LI N, et al., 2018b. Bias correction of precipitation data and its effects on aridity and drought assessment in China over 1961—2015[J]. Science of the Total Environment, 639: 1015-1127.

YAO N, LI Y, SUN C, 2018c. Effects of changing climate on reference crop evapotranspiration over 1961—2013 in Xinjiang, China[J]. Theoretical and Applied Climatology, 131(1-2): 349-362.

YAO Y, ZHAO S, ZHANG Y, et al., 2014. Spatial and decadal variations in potential evapotranspiration of China based on reanalysis datasets during 1982—2010[J]. Atmosphere, 5(4): 737-754.

YE B, YANG D, DING Y, et al., 2004. A bias-corrected precipitation climatology for China[J]. Journal of Hydrometeorology, 5(6): 1147-1160.

YEVJEVICH V, 1967. An Objective Approach to Definitions and Investigations of Continental Hydrologic Droughts[R]. Fort Collins: Colorado State University(Hydrology Paper).

YIN Y, WU S, DAI E, 2010. Determining factors in potential evapotranspiration changes over China in the period 1971—2008[J]. Chinese Science Bulletin, 55(29): 3329-3337.

YU M, LI Q, HAYES M J, et al., 2014. Are droughts becoming more frequent or severe in China based on the standardized precipitation evapotranspiration index: 1951—2010? [J] International Journal of Climatology, 34(3): 545-558.

YU Z, CARLSON T N, BARRON E J, et al., 2001. On evaluating the spatial - temporal variation of soil moisture in the Susquehanna River Basin[J]. Water Resources Research, 37(5): 1313-1326.

YUAN X, JIAN J, JIANG J, 2016. Spatiotemporal variation of precipitation regime in China from 1961 to 2014 from the standardized precipitation index[J]. ISPRS International Journal of Geo-Information, 5(11): 194.

YUAN X, MA Z, PAN M, et al., 2015. Microwave remote sensing of short-term droughts during crop growing seasons[J]. Geophysical Research Letters, 42(11): 4394-4401.

ZARCH M A A, SIVAKUMAR B, SHARMA A, 2015. Droughts in a warming climate: A global assessment of Standardized precipitation index (SPI) and Reconnaissance drought index (RDI)[J]. Journal of Hydrology, 526: 183-195.

ZHAI J, SU B, KRYSANOVA V, et al., 2010. Spatial variation and trends in PDSI and SPI indices and their relation to streamflow in 10 large regions of China[J]. Journal of Climate, 23(3): 649-663.

ZHANG B, HE C, 2016a. A modified water demand estimation method for drought identification over arid and semiarid regions[J]. Agricultural and Forest Meteorology, 230: 58-66.

ZHANG B, LONG B, WU Z, et al., 2017a. An evaluation of the performance and the contribution of different modified water demand estimates in drought modeling over water-stressed regions[J]. Land Degradation & Development, 28(3): 1134-1151.

ZHANG B, WANG Z, CHEN G, 2017b. A sensitivity study of applying a two-source potential evapotranspiration model in the standardized precipitation evapotranspiration index for drought monitoring[J]. Land Degradation & Development, 28(2): 783-793.

ZHANG H, FENG L, 2010. Characteristics of spatio-temporal variation of precipitation in North China in recent 50 years[J]. Journal of Natural Resources, 25(2): 270-279.

ZHANG J, 2004. Risk assessment of drought disaster in the maize-growing region of Songliao Plain, China[J]. Agriculture, Ecosystems & Environment, 102(2): 133-153.

ZHANG J, LI D L, LI L, et al., 2013. Decadal variability of droughts and floods in the Yellow River basin during the last five centuries and relations with the North Atlantic SST[J]. International Journal of Climatology, 33(15): 3217-3228.

ZHANG J, MU Q, HUANG J, 2016b. Assessing the remotely sensed drought severity index for agricultural drought monitoring and impact analysis in North China[J]. Ecological Indicators, 63: 296-309.

ZHANG Q, FAN K, SINGH V P, et al., 2019a. Is Himalayan-Tibetan Plateau "drying"? Historical estimations and future trends of surface soil moisture[J]. Science of the Total Environment, 658: 374-384.

ZHANG Q, XU C, CHEN X, 2011. Reference evapotranspiration changes in China: Natural processes or human influences? [J]. Theoretical and Applied Climatology, 103(3-4): 479-488.

ZHANG X, ZHANG G, QIU L, et al., 2019b. A modified multifractal detrended fluctuation analysis (MFDFA) approach for multifractal analysis of precipitation in Dongting Lake Basin, China[J]. Water, 11(5): 891.

ZHANG Y, CHEN W J, SMITH S L, et al., 2005. Soil temperature in Canada during the twentieth century: Complex responses to atmospheric climate change[J]. Journal of Geophysical Research, 110: D03112.

ZHANG Y, WANG C, ZHANG J, 2015. Analysis of the spatial and temporal characteristics of drought in the North China plain based on standardized precipitation evapotranspiration index[J]. Acta Ecologica Sinica, 35: 7097-7107.

ZHANG Y, WU M, LI D, et al., 2017c. Spatiotemporal decompositions of summer drought in China and its teleconnection with global sea surface temperatures during 1901—2012[J]. Journal of Climate, 30(16): 6391-6412.

ZHAO C, DENG X, YUAN Y, et al., 2013. Prediction of drought risk based on the WRF model in Yunnan Province of China[J]. Advances in Meteorology, 2013: 1-9.

ZHAO H, GAO G, AN W, et al., 2017. Timescale differences between SC-PDSI and SPEI for drought monitoring in China[J]. Physics and Chemistry of the Earth, 102: 48-58.

ZHONG S, YANG T, QIAN Y, et al., 2018. Temporal and spatial variations of soil moisture-precipitation feedback in East China during the East Asian summer monsoon period: A sensitivity study[J]. Atmospheric Research, 213(15): 163-172.

ZHOU J, WANG L, ZHANG Y, et al., 2014. Spatio-Temporal Variations of Evapotranspiration in the Lake Selin Co Basin (Tibetan Plateau) from 2003 to 2012[C]. San Francisco: AGU Fall Meeting.

ZHOU L, WU J, MO X, et al., 2017. Quantitative and detailed spatiotemporal patterns of drought in China during 2001—2013[J]. Science of the Total Environment, 589: 136-145.

ZHU G, PAN H, ZHANG Y, et al., 2019a. Relative soil moisture in China's farmland[J]. Journal of Geographical Sciences, 29(3): 334-350.

ZHU H, HU S, YANG J, et al., 2019b. Spatio-temporal variation of soil moisture in a fixed dune at the southern edge of the Gurbantunggut Desert in Xinjiang, China[J]. Journal of Arid Land, 11(5): 685-700.

彩 图

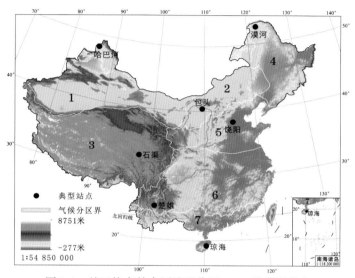

图 2-1 基于格点的中国地理分区(1~7)及高程分布

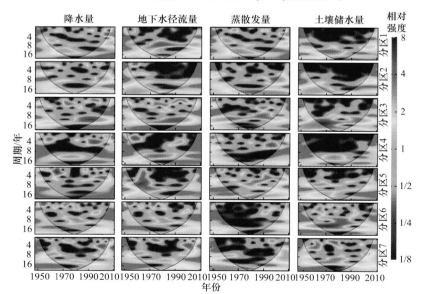

图 2-6 不同气候区年降水量、蒸散发量、地下水径流量和土壤储水量的连续小波变换谱

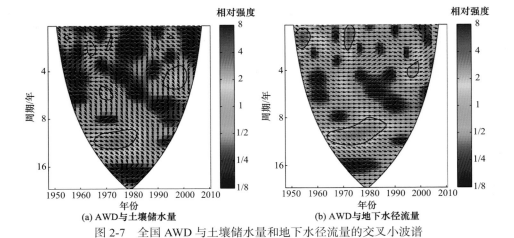

(a) AWD与土壤储水量　　　　　　　(b) AWD与地下水径流量

图 2-7　全国 AWD 与土壤储水量和地下水径流量的交叉小波谱

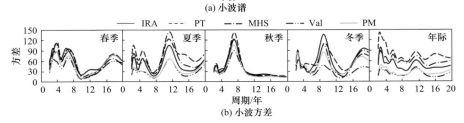

(a) 小波谱

(b) 小波方差

图 3-11　不同 ET₀ 方法计算的 SPEI 小波谱和小波方差的变化过程

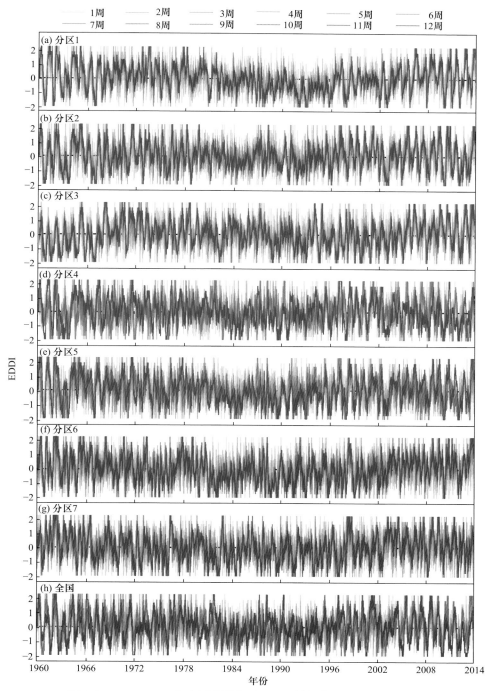

图 4-6   1961～2013 年中国不同分区 1～12 周尺度 EDDI 的时间变化

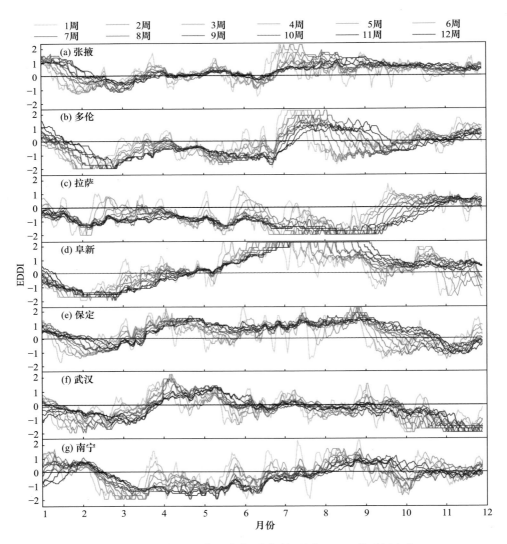

図 4-7 2000 年 7 个典型站点不同时间尺度 EDDI 的时间变化

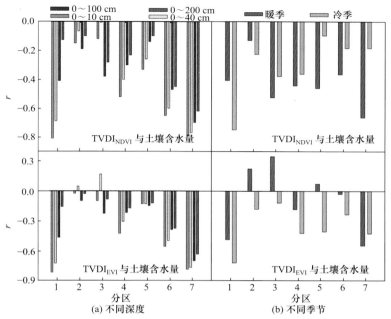

图 5-4 不同深度或季节土壤含水量与 TVDI_NDVI(或 TVDI_EVI)的 r

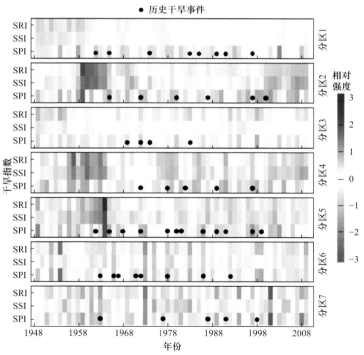

图 5-5 不同分区 1948~2010 年 12 个月尺度 SPI、SSI 和 SRI 与历史干旱事件对比

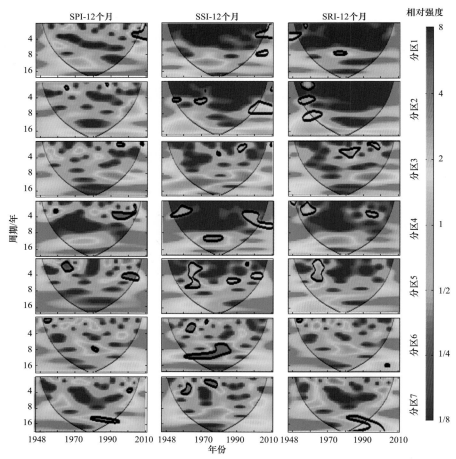

图 5-6 1948～2010 年不同分区 12 个月 SPI、SSI 和 SRI 的连续小波谱

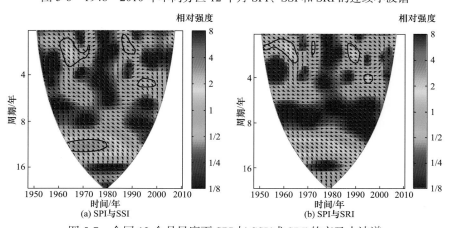

图 5-7 全国 12 个月尺度下 SPI 与 SSI(或 SRI)的交叉小波谱

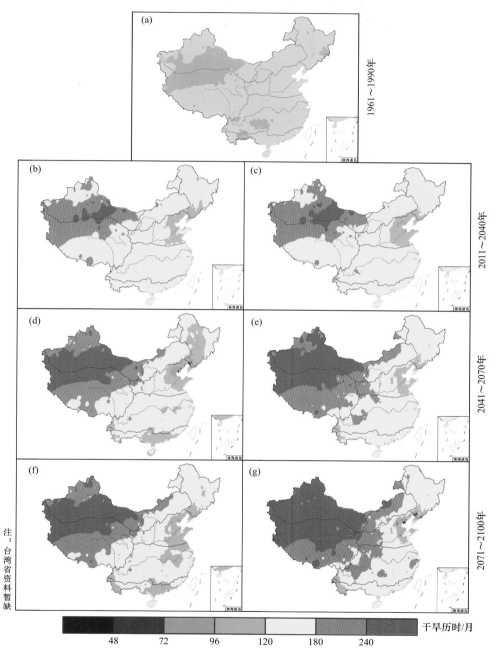

图 6-12　RCP4.5[(b)、(d)、(f)]和 RCP8.5[(c)、(e)、(g)]情景下不同时期干旱历时的空间分布

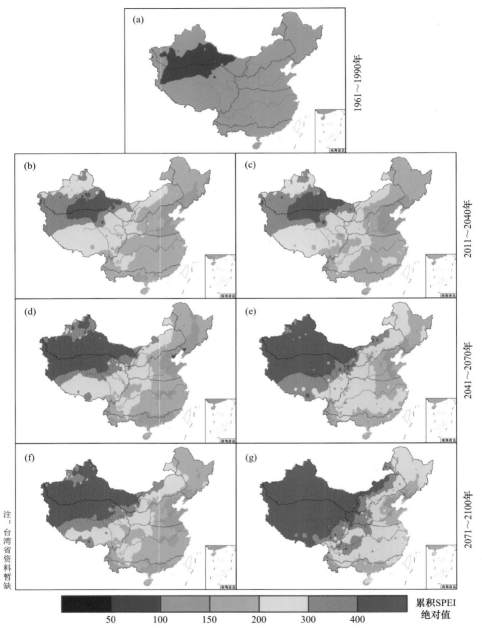

累积SPEI
绝对值

50 100 150 200 300 400

图 6-13 RCP4.5[(b)、(d)、(f)]和 RCP8.5[(c)、(e)、(g)]情景下不同时期累积 SPEI
绝对值的空间分布